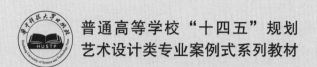

普通高等学校"十四五"规划
艺术设计类专业案例式系列教材

环境艺术
设计原理

■ 主　编　范蓓
■ 副主编　盛楠　白颖

华中科技大学出版社
http://www.hustp.com
中国·武汉

内 容 提 要

本书从环境艺术设计的基本概念、基本目的以及发展趋势切入，详细讲解了环境艺术设计的流派、设计方法，以及环境色彩设计、光设计和外部空间设计等。本书内容由浅入深，将理论化的知识以串联的形式展现，同时编入近 600 幅精美图片，力图提高读者的审美水平与设计技能，尤其是使读者更为全面地了解环境艺术设计的原理及相关知识。本书既可作为艺术设计类相关专业本科生、研究生的教材或参考用书，也可以作为环境艺术设计从业人员的培训用书。

图书在版编目（CIP）数据

环境艺术设计原理 / 范蓓主编 . — 武汉：华中科技大学出版社，2021.1（2025.1重印）
普通高等学校"十四五"规划艺术设计类专业案例式系列教材
ISBN 978-7-5680-2769-4

Ⅰ.①环… Ⅱ.①范… Ⅲ.①环境设计－高等学校－教材 Ⅳ.① TU-856

中国版本图书馆CIP数据核字（2017）第086324号

环境艺术设计原理
Huanjing Yishu Sheji Yuanli

范 蓓 主编

策划编辑：金 紫

责任编辑：梁 任

封面设计：原色设计

责任校对：李 弋

责任监印：朱 玢

出版发行：华中科技大学出版社（中国·武汉）　　电话：（027）81321913
　　　　　武汉市东湖新技术开发区华工科技园　邮编：430223

录　　排：华中科技大学惠友文印中心

印　　刷：武汉科源印刷设计有限公司

开　　本：880mm×1194mm　1/16

印　　张：15.5

字　　数：503 千字

版　　次：2025 年 1 月第 1 版第 4 次印刷

定　　价：69.80 元

前言
Preface

  本书围绕环境艺术设计概论及其设计方法等进行讲解，旨在给设计类学子提供一本特色教材。在编写过程中，笔者深感环境艺术设计所涉知识面之广，因此本书提供免费的线上课程，以适应读者的不同需求。

  笔者结合自身教学实践，将设计理论与案例分析相结合，为读者提供了一种线下看、线上听的学习模式，方便读者准确地掌握课程内容，提高学习兴趣，全方位理解环境艺术设计的相关知识。

  本书的编写获得了教育部产学合作协同育人项目、武汉工程大学 2019 年校级课程思政示范课堂建设项目的资助。同时，武汉工程大学 2020 年研究生精品教材建设项目还为本书的编写提供了支持和相关资料，使本书在编写过程中获得更为清晰的实践案例分析方法。

  本书由范蓓主编，盛楠、白颖担任副主编。本书在编写过程中，得到了以下研究生同学的支持：吕昊天参与编写第 1 章、李润坤参与编写第 2 章、卫钊参与编写第 3 章、周颖参与编写第 4 章和第 5 章、李谨璇参与编写第 6 章、韩哲澄参与编写第 7 章、韩琦参与编写第 8 章，在此一并表示感谢。

  本书在编写过程中使用了部分图片，在此向这些图片的版权所有者表示诚挚的谢意！由于客观原因，我们无法联系到您。如您能与我们取得联系，我们将第一时间更正任何错误和疏漏。同时，本书难免存在疏漏，恳请广大读者不吝指正，以期在下一步的教学和修订工作中进行改正和提高。

资源配套说明

Instructions of Supporting Resources

目前，身处信息化时代的教育事业的发展方向备受社会各方的关注。信息化时代，云平台、大数据、互联网＋等诸多技术与理念被借鉴于教育，协作式、探究式、社区式等各种教与学的模式不断出现，为教育注入新的活力，也为教育提供新的可能。

教育领域的专家学者在探索，国家也在为教育的变革指引方向。教育部在 2010 年发布的《国家中长期教育改革和发展规划纲要（2010—2020 年）》中提出要"加快教育信息化进程"；在 2012 年发布的《教育信息化十年发展规划（2011—2020 年）》中具体指明了推进教育信息化的方向；在 2016 年发布的《教育信息化"十三五"规划》中进一步强调了信息化教学的重要性和数字化资源建设的必要性，并提出了具体的措施和要求。2017 年十九大报告中也明确提出了要"加快教育现代化"。

教育源于传统，延于革新。发展的新方向已经明确，发展的新技术已经成熟并在不断完备，发展的智库已经建立，发展的行动也必然需践行。

作为教育事业的重要参与者，我们特邀专业教师和相关专家共同探索契合新教学模式的立体化教材，对传统教材内容进行更新，并配套数字化拓展资源，以期帮助建构符合时代需求的智慧课堂。

本套普通高等学校"十四五"规划艺术设计类专业案例式系列教材正在逐步配备如下数字教学资源，并根据教学需求不断完善。

❑ 教学视频：软件操作演示、课程重难点讲解等。

❑ 教学课件：基于教材并含丰富拓展内容的 PPT 课件。图书素材：模型实例、图纸文件、效果图文件等。

❑ 参考答案：详细解析课后习题。

❑ 拓展题库：含多种题型。

❑ 拓展案例：含丰富拓展实例与多角度讲解。

本书数字资源获取方式：

本书围绕环境艺术设计概论及其设计方法等内容进行讲解，将教学内容与网络课程有机结合。每一章都配有详细的网络课程，使所有教学环节实现了数字化。本书以现代教学理念为指导，以信息技术为支撑，不仅可以提高教学质量和教学效率，也便于学生掌握本书内容，为学生提供了灵活、个性、自主的学习方式。

微信扫描下方二维码可获取本书数字资源目录，方便查找相应知识点。

本书数字资源目录

目录
Contents

第1章
环境艺术设计概论

学习目的

（1）从环境艺术设计的概念入手，通过对环境艺术设计思想及设计语境的分析研究，帮助同学们建立正确的环境艺术设计观，这也是理解环境艺术设计原理的有效方法。

（2）学习环境艺术设计原理，能够通过学习设计规律，从中发现设计的特点和方法，以便在后期自主设计方案中有所创新。

环境是人类行为和文明的承载空间，与人类的生存和发展有着密不可分的关系。自远古时代开始，人类从未停止过对理想环境的追求，从气势磅礴的卢浮宫和凡尔赛花园（图1-1）到"造园如作诗文，必使曲折有法、前后呼应"的江南园林（图1-2），从被泰戈尔誉为"永恒面颊上的一滴眼泪"的泰姬陵（图1-3）到拿破仑眼中"欧洲最美丽的客厅"的圣马可广场（图1-4），世界各地的人们在居住环境的营造中倾注了无尽的热情和心血，发挥了无限的想象力和创造力。环境艺术承载着人类文明的历史，是人类宝贵的财富。然而，人们在对自然环境改造和利用的过程中，也逐渐意识到，环境既是开放包容

图1-1　凡尔赛花园

图1-2　江南园林（苏州拙政园小飞虹）

图1-3　泰姬陵

图1-4　圣马可广场

的，也是敏感脆弱的。面对生态危机、气候异常、资源枯竭、自然环境日趋恶化的现实，我们必须以更加理智严谨的态度去审视我们所处的环境和我们曾经对环境所做的一切。创造一个优美宜人、具有深厚文化底蕴的生存环境，已经成为 21 世纪全球范围内人类活动的共同主题。

1.1 环境艺术设计的基本概念

1.1.1 环境的概念

环境是一个极其广泛的概念，总是相对于某一主体而言，不能孤立地存在。环境研究的范围涉及艺术与科学两大领域，并借助自然科学、人文科学的各种成果得以发展。从宏观层面上我们可以按照环境的规模以及与我们生活关系的远近，将环境分为聚落环境、地理环境、地质环境和宇宙环境四个层次。其中，聚落环境作为人类聚居的场所和活动中心，与我们的生活和工作关系最直接、最密切，也是环境艺术设计的主要研究对象。聚落环境主要包括自然环境、人工环境和人文社会环境。

（1）自然环境。

自然环境也可称为地理环境，通常指环绕人类社会的自然界。它是生产资料和劳动对象等各种自然条件的总和，是人类生活、社会存在和发展物质基础的必要条件。

地球生态圈所呈现出的不同自然环境，是岩石圈、大气圈、水圈运动变化的结果。地震火山，沧海桑田，风雪雨雾，雷鸣电闪演化出各异的自然现象；高山平原，河流湖泊，森林草原，冰川沙漠构成各异的自然形态。

地球生态圈宛如一部复杂的机器环环相扣。太阳光成为这部机器运转的能量来源，为所有生物的生命活动提供能量。作为生产者的植物，依靠摄取太阳的光能，从环境中吸取二氧化碳、水和矿物质，在叶绿素的作用下，将太阳能转变为化学能而贮存于体内。这种光合作用使绿色植物成为生物能量流动的起点。而动物则只能靠吃植物和其他动物来获得能量，成为消耗者。当人类逐步进化到比任何动物都强大，进而主宰整个世界的时候，人类就成了最终的消耗者。

生态圈是一个自然循环的平衡系统。生长在同一地区相互供养的动植物群体所形成的食物链循环，称为食物网。每个小的生态系统都在循环中进化。地球生态圈正是由许多这样的系统构成的物质大循环。而水、碳、氮、氧等物质的循环又成为自然界中最基本、最重要的循环系统。人类作为最终的消耗者，如果只是一味地向自然界索取，甚至彻底打破自然循环的平衡系统，那么自然环境将报复于人类。

自然环境是人类社会赖以生存和发展的基础，对人类有着巨大的经济价值、生态价值以及科学、艺术、历史、游览、观赏等方面的价值。对自然环境的认识因东西方文化背景差异而不同。受基督教文化的上帝创世说的影响，欧洲古典文化中，自然作为人类的对立面出现，其中古希腊哲学家柏拉图的洞穴理论[①]，表现了这一矛盾关系；而在中国古代文明中，自然是自然而然的意识，包含"自"与"然"两个部分，即包含人类自身以及周围世界的物质本体部分。中国古代两大哲学派别——儒家和道家都主张"天人合一"[②]的思想，自然是被看作有生命的。唐代《黄帝宅经》中对住宅与周边环境的关系有这样的描述："宅以形势为身体，以泉水为血脉，以土地为皮肉，以草木为毛发，以舍屋为衣服，以门户为冠带。若得如斯，是事严雅，乃为上吉。"这段话是说：住宅的地形地势好像我们的身体，河流水系好像我们的血脉经络，土地高山好像我们的皮肤和肌肉，草木花卉好像我们的毛发，房屋建筑好像我们的衣服，门窗好像我们的帽子和腰带。如果这些都收拾得停停当当，既庄严又文雅，那就吉上加吉了。这种追求人与自然和谐关系的自然观对今天的环境设计仍然有着重要的指导意义。

---

① 柏拉图的洞穴理论描述的是只能看到影子而看不到真相的囚徒走出洞穴后看到美好景象的故事。
② "天人合一"的概念最早是由道家思想家庄子提出的哲学思想，主要是说：宇宙自然是大的天地；人则是一个小的天地；人和自然在本质上是相通的，一切人和事均应顺应自然规律，达到人与自然的和谐。

（2）人工环境。

人工环境是指经过人为改造过的自然环境（如耕田、风景区、自然保护区等），或经过人工设计和建造的建筑物、构筑物、景观及各类环境设施等，适合人类自身生活的环境。建筑物包括工业建筑、居住建筑、办公建筑、商业建筑、教育建筑、文化娱乐建筑、观演建筑、医疗建筑等多种类型；构筑物包括道路、桥梁、堤坝、塔等；景观包括公园、滨水区、广场、街道、住宅小区环境、庭院等；环境设施则包括环境艺术品和公共服务设施。人工环境是人类文明发展的产物，也是人与自然环境之间辩证关系的见证。

如果按照人工环境与自然环境融合的程度来区分建筑的发展阶段，可以看到以下演变历程。

①渔猎采集时期，生产工具极其简陋。生活方式和生产力水平决定了当时的人类不可能营造像样的建筑。正如《韩非子·五蠹》记载："上古之世，人民少而禽兽众，人民不胜禽兽虫蛇。有圣人作，构木为巢以避群害，而民悦之，使王天下，号曰'有巢氏'。"[1] 因此，这个时期的人工环境非常原始，基本上处在与自然环境共融的状态。

②农耕时期的建筑无论是单体型制、群体组合，还是比例尺度、细部装饰都达到了相当高的水平。世界文化名城几乎都建成于这个时期。其中空间构成与自然环境高度和谐统一。因为建筑内部的采暖通风设备处于相对自然的原始状态，所以除了建筑本身所耗的自然资源外，很少有向外的有害排放物；加之人口数量有限，建筑的规模相对较小，生产性建筑也极少，且建筑基本上是为农耕服务的水利设施，因此，农耕时代的人工环境在推动人类社会向前发展的同时，做到了与自然环境共融共生，但这时人类的生活质量仍处于较低的水平。

③工业化时代，人类的生产方式出现了革命性的变化。大量机器的使用解放了生产力。生产的高速运转加速了社会分工。城市化的发展趋势，使得建筑类型猛增。建筑空间的功能需求日趋复杂，农耕时代原有的传统建筑形式已很难适应新的功能需求。对功能的需求促进了新建筑理论的诞生。"形式随从功能""住宅是居住的机器"[2] 等言论，成为现代主义建筑的催化剂。随着钢筋混凝土框架结构和玻璃的大量使用，营造更大的内部空间成为可能。灵活多变的空间形式，完全打破了农耕时代传统建筑较为呆板的空间布局，创造出功能实用，造型简洁的建筑样式（图1-5）。

图1-5　高层办公楼

图1-5所示建筑由沙利文设计。根据建筑功能特征，他将高层办公楼建筑分成三段：底层和二层功能相似，为一段；中部办公室层为一段；顶部设备层为一段。这成了当时高层办公楼的典型建筑。

这个时期建筑的体量和规模都达到了前所未有的程度。大批生产性建筑涌现。机器轰鸣的巨大厂房，高耸林立的烟囱，一度成为这个时代的骄傲与象征。居住建筑与公共建筑内部开始大量使用人工的采暖通风设备，从而造就了隔绝于自然的封闭人工气候。这样的人工环境造就了现代的物质文明。虽然人类的物质生活水平达到了相当高的程度，但是人类违背自然规律的"自私"行为，却很快使我们尝到了苦果。温室效应导致了自然灾害的频发，臭氧层空洞预示着人类生存危机的到来。事实证明，工业化时代人工环境的建造，未能完全做到与自然环境的共融共生。

回顾人与自然关系的历程，可以看到这样的图景。距今10000年以前，人类渔、猎、采食天然动植物，处于自然生态系统食物链的天然环节——人与自然和谐；距今250～10000年时，人类获得了基本的生存条件和食物供给，初步稳定繁衍并进入简单再生产的初级循环——人与自然互动；距今0～250年时，人类依靠工业革命提高了获取自然资源的能力，消费欲望高度膨胀，生产力快速发展，随之而来的问题是人口剧增、资源短缺和环境恶化问题——人与自然对立。人工环境还将继续发展，如何与自然环

---

① 这段话译为白话文为：上古时代，人民少，可是禽兽却很多，人类受不了禽兽虫蛇的侵害。有位圣人出现了，在树上架木做巢居住来避免兽群的入侵，人民很爱戴他，便推举他做帝王，称他为"有巢氏"。

②19世纪八九十年代，芝加哥学派建筑师沙利文宣扬"形式随从功能"的口号，认为"功能不变，形式就不变"。勒·柯布西耶在《走向新建筑》一书中将住宅定义为"居住的机器"。

境共融共生，将是我们考虑的重要问题。

（3）人文社会环境。

人文社会环境是指由人类社会的政治、经济、宗教、哲学等因素形成的文化和精神环境。在人类社会漫长的历史进程中，不同的自然环境和地域特征的相互作用，形成了不同的生活方式和风俗习惯，造就了不同的民族和文化。而特定的人文社会环境反过来也影响着人与自然的关系，影响着地域人工环境的形成和风格。正如马克思所指出的："人创造环境，同样环境也创造人。"

原始社会是人类历史上延续时间最长的社会形态。这个以生产资料原始公社所有制为基础的社会制度，前后历经旧石器、中石器、新石器时代一百多万年，是渔猎采集阶段的主要社会形态。原始群体中的人只有社会性，而没有政治性，因此其人文环境异常简单。在这种社会环境下产生的人工环境，仅仅是以栖身之所为主组成的简陋建筑群落。

奴隶社会是人类历史上第一个产生阶级的社会形态。这个以奴隶主占有生产资料和生产者（奴隶）为基础的社会制度，前后历经新石器时代后期、青铜时代，处于农耕前期。高度的政治极权与无偿的劳动力占有，使奴隶社会环境下产生的人工环境呈现出公共建筑与居住建筑并存、规模宏大的城市形态。在这种社会环境下"神"居于主导地位，人工环境中的主体建筑虽然具有宏伟体量和严谨构图，但其使用者是"神"而非"人"。

封建社会是人类历史的阶级社会中变化最为复杂的社会形态。这个以封建领主占有土地、剥削农民剩余劳动为基础的社会制度，贯穿于铁器时代的农耕后期。由于农民有一定程度的人身自由，土地占有者以收取地租的方式进行剥削，生产的好坏与本身利益有一定联系，由此产生的劳动积极性提高了生产力水平，从而推动了社会的进步。封建社会在东西方的形成和发展中，呈现出完全不同的形态。在东方，专制的中央集权统一封建大帝国是政治统治的主要形式；而在西方，整个中世纪完全处于封建分裂状态，宗教占据了社会生活的主导，教会统治成为政治的主要形式，由此形成了东西方不同的人文社会环境。纵观封建社会人文社会环境下产生的人工环境，不难发现，以宫廷建筑和宗教建筑为中心的城镇建筑群落是其主导形态。皇权和神权的共同作用，使人工环境呈现出强烈的级差和高耸的尺度。

资本主义社会是以生产资料私人占有，以资本家剥削雇佣劳动者为基础的社会制度，萌芽于14世纪、15世纪的地中海沿岸，发展于17世纪、18世纪的西欧。在经过对广大农民和手工业者的生产资料剥夺和资本的原始积累后，随着大工业的机器轰鸣，在19世纪末至20世纪初，西方国家完成了从自由竞争资本主义到垄断资本主义的过渡。资本主义社会贯穿于整个工业化阶段。由于实行自由市场经济，将生产超过消费的余额用于扩大生产能力，而非投入金字塔、大教堂等非生产项目，生产力得以迅速发展，人工环境也受到了有史以来最大的影响。在这样的人工环境影响下，建筑开始进入一个崭新的阶段。人的需要成为衡量一切的标准，使用功能被摆到第一位。人工环境由此演变为居住建筑、公共建筑与生产性建筑并存的密集超大城市群落，并诱发出一系列破坏地球生态环境的问题。

社会主义社会是以共同的物质生产活动为基础而相互联系的人们的总体。人类是以群居的形式而生活的。这种生活体现在各种形式的人际交往联系上，就会产生丰富多彩的社会活动。社会活动的各种物质需求带来了艺术设计者的创作机会。深入了解社会环境的现实，成为设计者创造力完善的基础。同样设计者也不可能逾越当时社会环境条件的制约，去创造体现所谓个人价值的作品。融入社会环境是艺术设计者的唯一选择。

现代的艺术设计作为社会生产关系与生产力实现的技术环节，当属于工业化社会环境的产物，不可避免地带有时代的烙印。也就是说艺术设计的创意和最终确立的设计主导概念，只有转化为产品才具有存在的社会价值。需要明确的是，艺术的产品与艺术设计的产品有着本质的不同。艺术设计的创造力体现于最终形成的实用产品，既具有物质功能又具有精神功能，仅存在于头脑中或表现于纸面的创造对于艺术设计来讲是毫无意义的。

1.1.2　艺术与设计

艺术，即人类通过审美创造活动再现现实和表现情感的方法，是人们对世界的一种特殊表达方式。具体来说，它反映的是人们的现实生活和精神世界，也是艺术家们对感知、理想、意念等综合心理活动的有机产物。艺术有不同的表现形式。艺术载体有建筑、美术、音乐、舞蹈、影视、戏剧等，并由此发展出从个人到团体不同形态的创作与表演组织，通过不同传播方式推向社会。

在中国，"设计"一词原与军事有很深的渊源。《十一家注孙子》中有云："计者，选将、量敌、度地、料卒远近、险易，计于庙堂也。"这个"计"，便是经过计算而得出的计划、谋略。这个意义上的"设计"强调了如下两点：其一是对目标的预设；其二是对过程的指导，因此是思想和操控并重的。

英文的"design"来源于拉丁语的"desinare"[①]。这个词在英语中既是动词又是名词。自文艺复兴起，西方话语体系中的"设计"开始与美术相关，而且与科学理性的训练方式有关。米开朗基罗曾评论画家提香："提香如果有任何可能接受设计的训练，就像他接受自然的训练那样，那么就没有人会比他画得更好了。因为他的天赋和技巧都那么好。"1788 年出版的《大不列颠百科辞典》对"设计"的解释是"艺术作品的线条、形状，在比例、动态和审美方面的协调"。

1975 年的工业文明催生了现代设计理论与实践，包括现代建筑、工业产品设计、平面设计、服装设计等在内的西方现代设计。在历经工艺美术运动、新艺术运动、装饰艺术运动、现代主义运动、后现代主义运动等诸多潮流的洗礼后，现代设计不断发展和完善。其中现代设计与传统设计的重要区别在于现代设计是与机器化大生产相适应的。制作与设计的分工，终于使设计成为一个独立的学科。

从 20 世纪初至 20 世纪 30 年代，在现代科技革命的推动下，以工业化大生产为基础的现代主义设计运动席卷欧美。格罗皮乌斯、赖特等一批设计精英及其追随者奠定了现代主义设计的实践和理论基础。他们倡导的功能主义设计原则以及科学、理性的设计方法和美学趣味开创了一个现代主义设计的新时代。以包豪斯为代表的现代设计教育体系又进一步将这种影响力扩展至更广和更深的层面。20 世纪 30 年代以后，包豪斯的大批设计师移民到美国，现代主义设计运动以美国为中心继续发展，形成了国际主义设计风格，极大地改变了人们的生存环境、消费要求和审美趣味。其设计思想、原则和风格在 20 世纪 70 年代之前一直占据世界设计理论和实践的主流位置。同时也为其后的设计理论和实践的转向提供了一个批判的标准和参考。

现代艺术设计各专业的产生，完全是工业化的结果，如以印刷品为代表的平面包装设计；以日用器物为代表的工业产品造型设计；以建筑和室内为代表的空间设计；以手机 app 为代表的视觉传达设计；以动画大片为代表的动画设计。大批量、标准化、通用化等工业生产特征在这些行业得以充分体现，并以单一系统的产品显现其最终的价值。人的精神审美与行为功能需求构成了艺术设计工作的全部内容。可以说，设计的整个过程就是把各种细微的外界事物和感受，组织成明确的概念和艺术形式，从而构筑满足人类情感和行为需求的物化世界。设计的全部实践活动的特点就是使知识和感情条理化。这种实践活动最终归结于艺术的形式美学系统与科学的理论系统。也就是说，设计是艺术与科学的综合。

1.1.3　环境艺术的本质

"环境艺术"是指以人的主观意识为出发点，建立在自然环境美之外，在人对物质生活和美的精神的需要的引导下而进行的艺术创造。我们可以从以下几个方面来理解环境艺术的本质。

1. 环境艺术是多学科互助的系统艺术

与环境艺术相关的学科有城市规划、风景园林、造型艺术、社会学、美学、人体工程学、心理学、人文地理学、物理学、生态学、艺术学等。在环境艺术设计的范畴内，这些学科相互构筑成一个完整的体系。这里简单为大家列举 3 个重要的相关学科。

---

① "desinare"在拉丁语中是"作记号"的意思。

（1）城市规划。

城市规划属于建筑学的范畴。"城市的发展是人类居住环境不断演化的过程，也是人类自觉和不自觉地对居住环境进行规划安排的过程。"虽然在古代也有不少城市规划的典范，如古罗马的罗马城（图1-6），中国的故宫（图1-7），但是城市规划学科的形成则是在工业革命之后。大工业的建立使农业人口迅速向城市集中。城市的规模在盲目的发展中不断扩大，由于缺乏统一的规划，城市居住环境日益恶化。在这样的形势下，人们开始从各方面研究对策，从而形成了现代的城市规划学科。

6

图 1-6 古罗马城遗址　　　　　　　图 1-7 故宫

在建筑学的所有门类中，城市规划是一个较为宏观的专业，同时也是一个相对年轻的发展中专业，很多问题在学术界尚无定论。尤其是在出现了超大城市集团群落的当代，城市规划专业更多的是探讨研究课题，以求能够解决实际问题。于是，城市布局模式、邻里和社会理论、城市交通规划、城市美化和城市设计、城市绿化、自然环境保护和城市规划、文化遗产保护和城市规划等课题，就成为构成当代城市规划设计的全部内容。

从所包含的内容来看，城市规划更多的是关注总体性的宏观设计问题。虽然也有涉及实物的具体详细规划，但从城市规划设计的具体运作方式来看，规划设计部门所起的主要是政策性的宏观调控作用，很难直接影响到建筑物、街道、广场、绿化、雕塑等具体要素的造型设计性。这类工作往往由建筑师、园艺师、市政工程师承担，由于现代城市的庞大尺度以及城市功能、建筑功能的日趋复杂，这些专业设计师往往自顾不暇，远不能深入具体的环境艺术设计。建筑内外、建筑与建筑、建筑与道路、建筑与绿化、建筑与装饰之间的空间过渡几乎处于设计的空白。

尽管城市规划专业很难涉及具体的空间形态设计，但是城市规划的总体环境意识却是进行环境艺术设计必须掌握的观念。如果缺乏总体环境意识，很难做好环境设计。因此，了解城市规划专业的一般性知识，以城市规划设计的概念去主导环境艺术设计，就成为设计概念确立的重要环节。

（2）风景园林。

有关风景园林专业与景观设计专业的界定，学术界尚有争议，不同学科出于对自身专业的理解和发展的需求，出现了不同的专业解释和专业定位。但是，毋庸置疑的是，风景园林专业和景观设计专业都是建立在园林学的基础之上。园林的环境系统是由土地、水体、植物、建筑这四种基本要素构成的。在这四种要素中，前三种原本属于自然环境的范畴，在经过人工处理后，形成了造园的专门技艺，从而转化成为人工环境。而建筑这一要素，本身就是人工环境的主体。

园林有着悠久的历史。中国、西亚①和希腊是世界园林三大系统的发源地，从中产生了灿烂的古代园林文化。作为研究园林技术和艺术的专门学科——园林学，则是近代才出现的。由于社会环境的影响，东西方的文化传统呈现出不同的形态。园林也由此产生出东西方的差异。东方古典园林以中国为代表，崇尚自然，讲究意境，从而发展出山水园；西方古典园林则以意大利台地园②和法国园林为代表，从建筑的概念出发，追求几何图案美，从而发展出规整园。近代以后，城市化速度的加快以及人工建筑对自

① 西亚：亚洲西部，自伊朗至土耳其，是联系亚、欧、非三大洲和沟通大西洋、印度洋的枢纽。
② 台地园：建立在山坡地段，就坡势而做成。

然环境的破坏，促使人们日益重视自然环境和人工环境之间的平衡。而园林则以其自然要素占绝对优势的地位，很快就在城市规划系统中占据了重要位置。以绿化为主协调城乡发展的"大地景观"（earth landscape）概念，使有计划地建设城市园林绿地系统成为现代城市规划设计中重要的基础环节。而风景园林的概念则与建立在环境艺术设计概念之上，以视觉审美为主要内容的景观设计类同。

景观是一个地理学名词。景观一般泛指地表自然景色，专指自然地理区划中起始的或基本的区域单位；而在景观学中则主要指特定区域。在狭义的环境艺术设计中，建筑的外部空间组合设计也属于特定区域，因此将以建筑、雕塑、绿化诸要素综合进行的外部空间环境设计称为景观设计。

景观设计基本的环境系统要素就是构成风景园林专业的基础要素，但是，基于视觉的景观设计的特定区域性更强。就社会场所体现的一般意义而言，风景园林设计是以自然环境要素的和谐组合为主，追求真山真水的自然意境；而出自艺术概念的景观设计，则是以人工环境的主体（建筑）所组成的特定场所（如广场、街区、庭院）为背景，以一个标识性强的主体艺术品（如建筑小品、壁画、雕塑）为该特定场所的中心，所形成的具有一定审美意趣且可供观赏的人工风景，因此，这样的景观设计是以协调主体观赏点与所处环境的关系为主旨的。景观设计研究的内容并不是环境系统本身，它只是以风景园林专业的基础要素作为自己的环境系统，在对自然因素的研究方面远没有达到园林学所涉及的深度和广度。

（3）造型艺术。

美术和建筑同属于空间造型艺术。美术亦称"造型艺术"，通常指绘画、雕塑、工艺美术、建筑艺术等。它的特点是通过可视化形象创造作品，可见建筑艺术属于美术的范畴，但是建筑艺术又有着自身的特殊性。建筑是建筑物和构筑物的统称，是工程技术和建筑艺术的综合创作形式。建筑学在研究人类改造自然的技术方面和其他工程技术学科相似，但是建筑物又是反映一定时代人们的审美观念和社会艺术思潮的艺术品。建筑学有很强的艺术性质，这一点和其他工程技术学科又不相同。建筑除给人们提供社会生活所需的使用功能外，又以其自身空间和实体所构成的艺术形象，在构图、比例、尺度、色彩、质感、装饰等方面给人以美的感受。

2. 环境艺术是整体的艺术

环境艺术设计将城市、建筑、室内外空间、园林、广告、灯具、标志、小品、公共设施等看成一个多层次、有机结合的整体，它面临的虽然是具体的、相对单一的设计问题，但在解决问题时还应兼顾整体环境。

在公共空间以外的领域，特别是现代商业空间设计及居室设计中，品牌战略、体验设计、用户理解、可持续设计这些新的理念，使室内设计与制造产业、文化媒体产业、商业服务业的关系更加紧密，对使用者更加理解、更加尊重。

即便是在某些公共空间中，广告、陈列、标识和指示系统也很可能成为与空间同等重要的元素，如飞机场等候大厅中的导视系统。

3. 环境艺术是多渠道传递信息的体验艺术

环境艺术设计充分调动各种艺术和技术手段，通过多种渠道传递信息，综合利用环境要素及其构成关系，以创造一定的环境气氛，使人们共同参与审美活动。

环境空间中的形、色、光、质感、肌理、声音等要素之间构成各种空间关系，对人们产生视觉、听觉、味觉、嗅觉、触觉等多重刺激，进而激发人的知觉、推理和联想，然后产生情绪感染和情感共鸣，从而满足人们的物质、精神、审美等多层次的需求。例如，日本枯山水以白砂和石组为主要元素，不引流，亦不用水，通过铺设白砂、勾勒砂纹、放置石组做成庭园。尽管不是真的山水，但人们由它的形象和题名的象征意义可以自然地联想到真实山水，这种处理可以引起人们情感上的联想和共鸣，有时比真实的山水更含蓄、更有魅力（图1-8）。

4. 环境艺术是具有功能性的实用艺术

环境艺术设计强调最大限度地满足使用者多层次的需求，既包括休息、工作、生活、交通、聚散等物质要求，也包括交往、参与、安全等心理要求。

首先，环境艺术设计应满足人的生理需求。经过精心设计的环境空间，其大小、容量应与相应的功能匹配，能为人们提供具有遮风避雨、保温、隔热、采光、照明、通风、防潮等良好物理性能的空间；空间与设施的设计应符合人体工程学的原理，满足不同年龄、性别人群的坐、立、靠、观、行、聚集等各种需要。例如商业空间中的休憩环境应为儿童提供游戏玩乐的空间，为成年人提供交谈休闲的空间等。而校园中的户外环境则应满足师生课外学习、散步、休息、集会、娱乐、

图1-8　日本枯山水

缓解精神压力的空间。其次，环境艺术设计应满足人们不同层次的心理需求，如对私密性、安全性、领域感的需求。最后，环境艺术设计还应促进人与人的交往。随着生活水平的提高，人们对环境的认识也在不断加深，越来越多的人开始厌倦城市钢筋水泥的冰冷和单调，厌倦千篇一律、缺乏文化特色的环境。而环境艺术则可满足人们对自然、历史、情感等的心理需求（图1-9、图1-10）。

图1-9　武汉新华书店陈列区

图1-10　武汉新华书店阅读区

5. 环境艺术是具有生态学特征的"时间艺术"

环境艺术设计是一个渐进的过程，每一次的设计，都应在可能的条件下为下一层次的设计或今后的发展留有余地。这种设计是一个连续动态的渐进过程，而不是传统的、静态的、激进的改造过程，这也符合弗朗西斯·培根①所说的"后继者原则"。因此设计师既要展望未来，又要尊重历史，以保证每一个单体与总体在时间和空间上的连续性，在它们之间建立和谐的对话关系。

"罗马不是一日建成的"，任何成熟的环境都是经过漫长的时间逐渐形成并且不断变化的。从这个意义上说，环境艺术作品永远都处于未完成状态。环境艺术是人类文明的体现，只要人类社会不断发展，环境的变化就不会停止。每一次文化的进步、技术的发展，都会给环境建设的理念、技术、方法带来新的突破，因此，环境艺术设计是一个动态的、开放的系统，它永远处于发展的状态之中，是动态中平衡的系统。

环境是人类行为的空间载体，而人及其活动本身就是环境的组成部分，游乐场里玩耍的儿童、广场上跳舞的老人、湖畔牵手漫步的情侣，这一切都充满了动感和活力。而同一环境也会随着人们观赏的时间、角度的变化而呈现出多姿多彩的景观。

1.2　环境艺术设计的基本目的

1.2.1　使用性和精神性

环境艺术设计的首要目的是通过创造室内外空间环境为人服务，始终把满足人们的使用需求和精神

① 弗朗西斯·培根是英国文艺复兴时期的散文家、哲学家，实验科学和近代归纳法的创始人。

需求放在首位，综合解决使用功能、经济效益、舒适美观、艺术价值等各种要求。这就要求设计者具备人体工程学、环境心理学和审美心理学等方面的知识，科学地、深入地研究人们的生理特点、行为心理和视觉感受等因素对室内外空间环境的设计要求。

1943 年，美国人文主义心理学家马斯洛在《人类动机理论》一书中，提出了"需要等级"的理论。他认为，人类普遍具有五种主要要求，由低到高依次是：生理需求、安全需求、社会需求、自尊需求和自我实现需求。在不同的时间、不同的环境，人们各种需求的强烈程度会有所不同，但总有一种需求占优势地位。

这五种需求都与室内外空间环境密切相关，如生理需求与空间环境的微气候条件，安全需求与设施安全、可识别性等，社会需求与空间环境的公共性，自尊需求与空间的层次性，自我实现需求与环境的文化品位、艺术特色和公众参与等，可以发现它们之间都有一定的对应性。只有当某一层次的需求获得满足之后，才可能实现更高一层次的需求。当一系列需求的满足受到干扰而无法实现时，低层次的需求就会变成优先考虑的对象，因此，环境空间设计应在满足较低层次需求的基础上，最大限度地满足较高层次的需求。随着社会的发展，人的需求亦随之发生变化，使得这些需求与承担它们的物质环境之间始终存在着矛盾。一种需求得到满足之后，另一种需求又会随之产生。正是由于这个永不停息的动态过程，才使得建设空间环境的活动和研究也始终处于不断发展中。

1.2.2　地域性和历史性

既然城市空间总是处于一定地域和时代的文化空间，就必然离不开地域的环境启示，也不可能摆脱时代的需求和域外文化的渗透。各个地区文化不同，设计原则也必定不同。虽然在功能性、合理性方面，各地区存在共同点，但是，在历史、传统和地区文化方面，必须承认其多样性。可以说，地域差异是永远存在的，不同区域的文化差异同样应得到尊重。外来文化和本土文化的冲突与协调，对于推进城市空间文化的发展同样重要。例如同样是院落式住宅，中国北方民居多采用宽敞的四合院，以获得更多的日照；而南方民居则更多采用天井式住宅，以利于遮阳通风。建筑材料的运用也能体现出地域特征，在我国少雨的陕北地区，地形多高差，多黄土层，因此冬暖夏凉的窑洞是良好的居住形式（图 1-11）；而西南地区潮湿多雨，利于竹子的生长，傣族竹楼也就应运而生了（图 1-12）；四川盆地多是山地丘陵，且盆地炎热多雨、阴雾潮湿，因此，与许多地区封闭严密的形式相反，该地区住宅相对开敞外露、外廊众多、深出檐、开大窗，给人以舒展轻巧的感觉（图 1-13）。除此之外，环境艺术还反映居民的生活方式、宗教信仰、传统习俗和文化观念。我国西北部的蒙古高原上，轻便易携、易拆易装的蒙古包反映了游牧民族逐水草而居的迁徙生活方式（图 1-14）。穆斯林聚居区中最高大、精美的建筑一定是清真寺，而教民的住宅也都会围绕清真寺来布局（图 1-15），本书第 2 章对此进行了详尽的阐述。

当今世界，尽管各民族都有自身的利益，但不同民族的存在和文化正受到比以往任何时候都更大的尊重；同样，在每个民族内部，不同的价值选择也应受到更多的尊重。因此，在发展中国家，虽然现代模式适应社会的快速发展，但复兴民族传统文化的愿望使得地域主义表现出非凡的活力。而且，在不同

图 1-11　陕西窑洞

图 1-12　傣族竹楼

图 1-13 四川盆地建筑

图 1-14 蒙古包

民族、文化与价值观念中，艺术可以显示出特有的宽容，自然充当了交流的纽带，使不同的文化交织在一起。这就要求我们不仅要提高对相同文化的研究和总结，还要具备跨文化沟通、思考与交融的能力。积极发展多元文化与地域文化，以自己的文化成就，构建新时代的具有文化内涵的环境空间。亨德里克·威廉·房龙[①] 在《人类的艺术》一书中指出："各种风格，不论建筑的好坏，音乐也好，绘画也好，都一定代表某一特定时代的思想和生活方式。"时代不同，艺术也不同。

图 1-15 清真寺

反而言之，环境艺术也让我们看到一定历史时期特定的社会生活特征。例如欧洲中世纪是教会力量鼎盛的时期，宗教建筑成为城市中的标志性建筑，教堂内部空间在纵深和垂直方向超大尺度的形态、向高空升腾的尖券和束柱，以及彩色玻璃窗所营造的神秘光影变化，都充分表现出宗教力量在当时的社会生活中至高无上的地位。

1.2.3 科学性和艺术性

从建筑和室内设计的发展历程来看，新的风格和潮流的兴起总是与社会生产力的发展水平相适应的。社会生活和科学技术的进步，人们价值观和审美观的转变，都促进了新材料、新技术、新工艺等在空间环境中的运用。环境艺术设计的科学性，不仅体现在物质和设计观念上，还体现在设计方法和表现手段上。

环境艺术设计需要借助科学技术，来达到艺术审美的目标，因此，人性化的科技系统将被更多的设计师掌握，它说明了环境艺术设计的科技系统具有丰富的人文科学内涵，具有浓厚的人性化色彩。自然科学的人性化，是为了消除工业化、信息化时代科学对人的异化、对情感的淡忘。如今节能、环保等许多前沿学科已进入环境艺术设计，而设计师设计手段的电脑化以及美学本身的科学化，又开拓了室内设计的科学技术天地。

建筑和室内环境正是这种人性化、多层次、多维度的综合，是实用、经济、技术等物质性与美的综合，受各种条件的制约，因此，没有高超的专业技巧，同样难以实现从物质到精神的转化。

1.3 环境艺术设计的发展趋势

1.3.1 可持续发展

城市环境本身就是一个运动不止的体系。只要人群存在，社会发展，生命不止，运动就不会停息。

[①] 亨德里克·威廉·房龙（Hendrik Willem Van Loon）：荷裔美国人，学者，作家，历史地理学家；1882 年出生于荷兰鹿特丹，出色的通俗作家，在历史、文化、文明、科学等方面都有著作，而且读者众多。

这也使得城市空间环境具有成长的特性。

　　生命周期是指一个对象的生老病死。该理论被广泛应用在经济学和管理学。随着设计的"软化"，这些概念也越来越多地进入设计领域。近年来，随着可持续设计以及生态设计研究和实践的深入发展，产品、建筑甚至是城市地"生命周期"越来越频繁地得到关注。基于"生命周期"的设计研究，已经成为可持续设计的一个重要参照体系。

　　正是这种成长性，设计师应在规划设计之前对未来的环境发展进行科学的预测，预想到多种可能性和灵活性，使城市的环境既具有历史文化传统，又保持鲜明的时代特征。

　　可持续发展（sustainable development）是指既满足当代人的需求和福利，又不对后代人满足其需求的能力构成危害或使后代人的福利减少的发展模式，这一观念已经渗透到了生态、社会、文化、经济等各个领域。我们对于城市空间环境既要从整体上考虑，又要有阶段性分析，在环境的变化中寻求机会，并把环境的变化与人民的生活、感受以及环境景观的构成联系起来。我们应将空间环境看作一个不断适应城市功能和结构的持续发展过程，而这种持续发展过程是以城市的识别性与历史文脉的延续性作为基础的。而且，如果我们想通过人工的手段来达到目的，就要使美丽的景观变成自然的而不是某个人的作品，这样所付出的努力才没有白费。只有当文化体系和生态环境同步、同构、同态时，才能获得长期持续发展的可能性。

1.3.2　以人为本

　　可持续发展的核心是人与自然和谐相处。美国生态建筑学家理查德·瑞杰斯特认为，生态城市是指生态方面健康的城市。它寻求健康并充满活力和持续力的自然环境。

　　早在中国古代，"天人合一"的思想促进了建筑与大自然的相互协调与融合，并逐步形成了风水理论。在建筑规划方面，风水理论所体现出来的阴阳有序的环境观对我国及一些周边国家古代民居、村落和城市的形成与发展产生了深刻的影响（图1-16）。例如，不同聚落的选址、朝向、空间结构及景观构成等，都有着独特的环境意向和深刻的人文含义。再如，风景开合、空间对比、引导与暗示、藏与露、渗透与层次、叠石观水等造园艺术手法，都透露出人与自然和谐发展的意蕴。特别是造园遵循的"中和"原则，从山水诗词、山水绘画及其理论中获取启示，充分发挥传统的"有法无式"的设计理念，以达到感性与理性、写意与写实、自由与规整和谐统一的效果，让人们在自然中得到精神的颐养。

　　除此之外，室内物品也可基于风水观念进行摆放，从而形成一种人与天地和谐的氛围（图1-17）。风水理论关注人与环境的关系，强调人与自然的和谐，是一种将天、地、人三者紧密结合的整体思想。

　　同样，我国传统道家思想所追求的人与自然和谐共存的理念，在我国传统建筑中也有所体现，如人们会在建筑中运用大量隐喻性物件以趋吉避凶。最为典型的就是在传统的厅堂的两边各设置一瓶一镜，即"东瓶西镜"，寓意一生平平静静。还有门窗上大量图案（如万字纹、牡丹纹等）的应用，则是寓情于物，营造出充满人情味的空间。

图 1-16　客家建筑——风水林　　　　　　　　图 1-17　室内物品摆放

这些思想对现代环境艺术设计、建筑学和城市规划，对"回归自然"的新环境观与文化取向有重要的启示。这就要求我们努力将自然环境与人工环境并举，在融合、共生、互荣中塑造城市空间环境，并从宏观层面去认识自然环境与人工环境之间的辩证关系。

1.3.3　注重环境整体性

现代环境艺术设计需要对整体环境、文化特征及功能技术等多方面进行考虑，使得每一部分和每一阶段的设计都成为环境艺术设计系列中的一环。

"整体设计"注重能量循环，低能耗、高信息，开放系统、封闭循环，材料恢复率高、自调节性强，多用途，多样性、复杂性和生态形式美等。实际上，整体化和立体化也是环境艺术设计的重要特点。

建筑室内外空间环境就是一个微观生态系统。也是生态环境和生态活动的场所，这是一个整体。我们应该把环境艺术设计从室内外空间扩展到整个城市空间，把构成空间和环境的各个要素有机地结合在一起，把人类聚居环境视为一个整体，并从政治、文化、社会、技术等各个方面，系统地、综合地加以研究，使之协调发展。除此之外，我们还应把那些具有恒久价值的因素以一种新的方式与现代生活相结合，并对空间环境中的各种宏观及微观因素进行创造性的利用，以个体环境促进对整体环境的发展。城市是由建筑、景观、人等多种要素构成的优美艺术环境。作为个体的建筑，其形象理应具有完整性和表现力，但构成建筑组群时，每幢建筑又作为群体组合的一部分而存在，我们需要进一步考虑个体与群体之间的完整性。不同内容的建筑物、景观和环境通过有序的组合，既有外在的表现力，又有内在的秩序感，给人以整体之美。这就要求我们恰当地使用技术，耐心地推敲构造，使环境形式以可行的方式呈现出来。组合不是各种要素简单地堆砌，而是挖掘出各要素之间的共通性，找出它们的契合点，科学地、合理地、动态地对其进行组合，从而创造出满足人们生活需求和精神需求的环境。

1.3.4　重视运用新技术

设计师们热衷于运用最新设备创造出良好物理环境，以各种方法探讨室内设计与人类工效学、视觉照明学、环境心理学等学科的关系，反复尝试新材料、新工艺，在设计表达等方面开始运用各种最新的计算机技术。

当前新技术的运用还表现出与生态理念相结合的趋势，出现了双层立面、太阳能、地热利用、智能化通风控制等一系列新技术，设计师试图利用新技术来解决生态问题，追求人与自然的和谐。

新能源是指除传统能源之外的各种能源形式，大多是直接或者间接地来自太阳或地球内部深处所产生的热能，如太阳能、风能、地热能、水能和海洋能。相较于传统能源，新能源普遍具有污染少和储量大的特点，对于解决当今世界环境严重污染问题和资源（特别是石化能源）枯竭问题具有重要意义。

新能源给设计方式带来的变革是多方面的。北京奥运会基于"绿色奥运"建设的一批新能源工程，标志着北京奥运场馆及奥运村建设由此成为以太阳能为代表的新能源基地。奥运村内占地 3000 平方米的微能耗建筑就是由自然冷能、太阳能光热光电、地源热能以及风能等组成的可再生能源系统，在同行业中率先实现跨季节综合蓄冷技术，比同类节能建筑还要节能 2/3 以上能源。数据显示，在国家体育馆等 7 个奥运场馆和奥运工程中，太阳能光伏并网发电系统年发电量 70 万千瓦·时，相当于节约标准煤 170 吨，减少二氧化碳排放 570 吨。其中，奥运会主场馆"鸟巢"采用的太阳能光伏发电系统总装机容量达到 130 千瓦；建在青岛奥帆赛场及周边场馆的风能灯、太阳能灯每年可节约用电 2 万多度。在奥运帆船基地，太阳能可转化成冷能或热能，实现了生活用水、制冷、供暖"三位一体"。可以说，北京奥运会期间的太阳能光热光电建设，是我国太阳能行业发展的一个典范。总之，新技术正在对环境艺术设计产生各种各样的影响。

1.3.5　注重旧工业建筑再利用

旧工业建筑包括具有历史价值的工业建筑。工业遗产是工业文明的遗存，具有历史价值、艺术价值、科学价值和社会意义。它们包括建筑，机械，工厂，车间，矿产加工场地，仓库，能源生产、运输和利用的场地，交通基础设施，以及与工业生产相关的其他社会活动场地（住宅、宗教和教育设施）。普通的废弃工业建筑则是指距今时间较短，并无太大历史意义的产业类建筑。虽然它们没有太大的保护价值，但是在特定的条件下，却具有改造和再利用的现实意义。城市的更新是其发展的中间过程。第二次世界大战以后，当时欧美国家出现经济萧条、社会治安和生活环境质量衰退的现象，各国政府开始大规模推广城市更新运动。这些城市更新的方式可归纳为重建、改建和维护三种。

在这三种方式中，重建是一种最激进、耗资最大但最具创意的方式，该方式是先对城市中严重衰退的地区进行清除，然后再做合理的使用。第二次世界大战后，在国际建筑师协会倡导的物质规划理论下所进行的大规模的拆除重建运动就是这种更新方式的典型。虽然大量新建的国际化建筑在短时间内会给城市中心区带来繁荣，但其千篇一律、冷漠缺乏人性的城市面貌继会引发新的城市问题。因此，一般情况下，不主张采取重建这种方式来更新改造城市。

改建就是对城市中整体功能仍能适应需求但出现衰退迹象的地区，进行环境改善或局部拆除重建。这种方式不需要庞大的资金，且能在较短时间内迅速完成，同时也可避免拆迁安置问题，是一种比较温和、折中的更新方式。

维护是针对城市中环境状况良好的地区予以保护和维修，并适当补充或扩充必要设施以防止衰退现象发生的一种方式。它适用于建筑物仍保持良好的使用状态，整体运行情况良好的地区，是一种最为缓和、经济的更新方式，属于预防性措施。例如华盛顿联合车站（Union Station），其内部大厅有一系列展板展示其维护历史，从外观、装修、功能上来说，在世界各地的交通枢纽很难有与其比肩的（图1-18）。华盛顿联合车站外观设计的灵感源于拜占庭凯旋门，内部则源于罗马大浴场，代表正义、力量、智慧的诸神雕像守护着车站。白色大理石、花岗岩建造的华盛顿联合车站显得格外宏伟（图1-18、图1-19）。

　　图 1-18　华盛顿联合车站室内　　　　　　　　图 1-19　华盛顿联合车站室外

几十年来的经验证明，大规模的以形体规划为指导思想的城市改造并不成功。城市更新要解决的问题并不仅仅是建筑的老化与衰败，更重要的是地区经济的衰退。许多学者也觉察到，用传统的形体规划或大规模的整体规划来重建城市难以取得预期的成效。美国著名学者简·雅各布斯认为："几十年来的大规模城市更新改造一定程度上摧毁了有特色的建筑物、城市空间以及城市文化。"同时，他在考察了美国的许多城市特别是大城市后得出结论："那些充满活力的街道和居住区，都拥有丰富的多样性，而失败的城市地区往往都明显缺乏多样性。"面对这种情况，西方国家的城市更新开始发生转变，不再是以简单化的大规模拆除重建为主，而是将重点放在改建上，注重解决城市的社会问题和经济问题。

随着社会和经济的发展，从 20 世纪 90 年代中后期开始，我国也出现了对该领域的研究，主要包括政府直接关注的城市滨水区的改造和再利用。此类项目多采取"自上而下"的整体运作方式，研究的主要内容包括两个方面：一是许多城市传统的滨水码头区、工业区和仓储用地的改造，二是一些有识之士特别是艺术界专业人士对旧工业建筑的改造和再利用。旧工业建筑的改造，最重要的是对其改造方式进行研究。了解国内外改造不同类型的旧工业建筑的方式和特点，才能在改造旧工业建筑时选用最契合的改造方式，成功地进行改造。相应地，成功的改造也能促进对旧工业建筑的保护和再利用。

旧工业建筑的空间结构改造应遵循因地制宜的原则，一般应满足以下条件：旧工业建筑具有空间改造的可能性，新旧建筑结构体系具有一定的相似性，旧工业建筑具有水平或竖向加建的可能性。

（1）旧工业建筑具有空间改造的可能性。

当旧工业建筑原有的空间不能满足新的功能要求时，可以调整原有建筑的空间结构（如将大空间划分为多个小空间）以适应新功能的需要。这类旧工业建筑具有良好的结构承重体系，一般属于二类工业建筑，改造时应结合其结构特点，把工业建筑的大空间分割为小空间，以满足居住、办公、商业等新功能的需要。美国 20 世纪七八十年代风靡一时的"阁楼"，就是将废弃的厂房、仓库等工业建筑改造再利用，在原有大空间中灵活分割出居住或办公空间的典型做法。正是工业建筑的大空间便于灵活划分的结构特点，为其再利用提供了可能。这种改造方式对工业建筑的空间进行再创造，保留了工业建筑的景观特征，且造价中等。

雀巢公司总部（图 1-20）的扩建正是运用了这种方式。19 世纪 20 年代湄尼尔在伊洛斯尔的马恩河上建立了一个工厂。这一建筑最初用作制药厂，后来被用来制作巧克力（图 1-21），在接下来的一个世纪中稳步发展成综合性建筑。19 世纪 60 年代，工厂进行了扩建（铁质框架被覆盖上石头和带花纹的砖），工厂的最高一层没有圆柱支撑，主要是薄壳结构。19 世纪 80 年代，古斯塔夫·埃菲尔设计了新机车车库（埃菲尔大厅）。工厂是湄尼尔领地的中心地带，其中包含家庭住宅、工人住房、农田、森林和休闲公园。虽然在对旧建筑物进行扩建和安装时，建筑师并没有"为了保持而保持"，但是却用了传统的自然而不装腔作势的工业设计手法。设计者的目的是要在新旧建筑间形成呼应，因此他们对材料的使用没有顾虑，例如使用了不锈钢和磨砂玻璃等一些新材料。当原建筑物作为巧克力工厂的时候，原材料和成品穿过厂房内部的轻轨铁路系统出入工厂。轻轨铁路现已被改造成供人们穿行的拱形长廊，混凝土结构的冷却库被改造成大礼堂。但是，埃菲尔设计的机车库和大礼堂却被恢复保留，没有进行改变，成了展览和接待场所。

图 1-20　雀巢法国总部

图 1-21　波伊特画的 19 世纪 60 年代的
湄尼尔巧克力厂的水墨画

（2）新旧建筑结构体系具有一定的相似性。

当新旧功能所需的建筑空间结构大体相似时，新旧功能的置换可以在不改变原有建筑结构的情况下完成，这对于所有的建筑类型都是适用的。其中，厂房、仓库等工业建筑改造为展示空间、市场、图书馆等再利用项目。

厂房原有的大空间结构与展示空间、市场、图书馆等具有一定的相似性，建筑结构基本不需要进行改造即可适应新功能。且钢筋混凝土的框架或排架结构，也使得空间的再次划分受到较少的结构上的限制。不改变建筑整体结构，仅对其细部（如窗、门、立面等）进行改造，即可适应新的功能和再造新的景观环境。

这类工业建筑一般具有良好的承重结构，属于一类或二类工业建筑。改造时可充分利用其大空间的特点，赋予其展览、创作、办公等新功能。这种改造方式，着重于建筑整修，对外墙、门窗、非承重墙等进行替换，加电梯间、卫生间等辅助空间，用艺术品创造新的景观环境，以满足新功能的需求。这种改造类型不仅能最大程度地保留工业建筑的景观和建筑特征，还具有造价低的特点。

美国洛杉矶的临时现代博物馆是由一些仓库建筑群改建而成的，其改造费用低、实用性好，对艺术博物馆设计具有极大影响（图1-22、图1-23）。临时现代博物馆原是位于偏僻地段的一个只剩框架的空库房，在改造过程中，修缮和加固原有建筑，增加一些服务设施和入口。原有建筑内部空间大，没有恒久的设施，为改建成舞台提供了一个最佳场所。临时现代博物馆于1992年关闭，到1995年重新开放。地方综合开发计划宣告要将其重新修缮做长期使用。设计师再次在原有的基础上增建了教学设施、阅览室和商场，又在广场的四周增建了咖啡店、书店和演出场所。于1997年最终完成了工作室、教室、传媒场所、管理办公室和安全系统的完善工作。正是由于设计师开发了一个个仍可利用的古旧建筑，从而使洛杉矶的人们意识到了古旧建筑的再利用价值。

图1-22 美国洛杉矶临时现代博物馆外部

图1-23 美国洛杉矶临时现代博物馆内部

（3）旧工业建筑具有横向式竖向加建的可能性。

当仅仅通过对旧工业建筑原有空间结构进行改造却不能满足新功能的需求时，可以考虑在其横向或竖向进行加建，如通过顶部加建、地下增建或侧面贴建等办法使改造后的建筑本体和新的使用功能相吻合。

例如匈牙利的设计师埃里克为ING&NNH银行大厦所做的扩建设计，他先对原大楼进行整修，然后扩建了一个5000平方米的全新建筑。这两部分融合在一起，形成既精致又引人注目的新旧结合的建筑（图1-24～图1-26）。1992—1994年，这个建筑被全面整修，忠实地恢复了原始特征。该建筑的亮点是顶楼的会议厅，取绰号为"鲸"，位于庭院的顶部（图1-27）。

图1-24 ING&NNH银行大厦

图1-25 以天空为背景映出的轮廓

图1-26 新旧建筑衔接毫无违和感

目前，我国城市中仍有许多旧建筑，尤其是在我国城市工业发展中遗留下来的大量旧工业建筑，成了城市中的新问题。而旧工业建筑经过修整、翻新、改造直至改变功能后，不仅重新焕发活力，还具有新建筑无法比拟的优势和特点，因此，延长建筑物的生命周期并合理使用，有利于改善城市生态环境，保持城市固有文脉，并创造与时代相符的城市新空间。改造设计所体现的积极理念和社会意义是毋庸置疑的，其产生的经济效益与社会效益也是有目共睹的。人们要积极利用旧工业建筑，进行有目的、有意义的改造，使旧工业建筑的经济、文化、社会和环境价值更清晰地展示在人们面前，并真正为人们的日常生活服务，使城市更加美丽。

图 1-27　"鲸"

1.3.6　模数化设计

"模数化"这一概念源于专业化、社会化大生产的出现，是从为解决产品多样化和标准化的技术参数所设置的数值概念延伸而来的。在专业化、社会化大生产过程中，人们希望产品的零部件配比尺寸能够按照一个基本参数指标来规范生产，这一指标参数多是人为规定的数值，主要是便于计算、制造和检验，业内就把这个比值叫作模数（module）。这种模数制与专业化、社会化大生产相适应，强调产品的设计与生产应具有模数化、标准化和批量化的特点，显示出由内到外的功能性、合理性设计特点，进而体现出专业化、社会化大生产的统一性功能。如此一来，在模数化社会背景下产生的设计方式，便成为设计师将设计元素从结构到形式进行的多样化、模数化组合，使得不同结构和形式的设计产生更加丰富的边缘性联系。

其实，第二次世界大战刚结束时，为了追求包豪斯早期的理想主义，在德国建立的乌尔姆设计学院就重申了"艺术与科学结合"的主张。这所学院对设计教育最大的贡献是系统设计和设计院校同企业挂钩。可以说，从德国开始现代设计以来，第一次有可能把理想的功能主义完美地在工业生产上体现出来。由此，乌尔姆设计学院的教育体系对战后的设计界起到了引导作用，使得德国设计师开始更多地考虑设计和人的物理关系（如尺寸、模数的合理性等）。所以说，德国的设计是冷静的、高度理性的，正是缘于模数化社会背景下产生的设计方式。同样，美国的设计体系与欧洲的设计体系之间泾渭分明，欧洲的设计是先由理念切入，然后才有明确的设计目标，而美国的设计则是在做完设计以后才加以总结。这是因为美国的设计起源于商业，加之没有以社会意识形态而是以市场走向为依据，这就使得美国的设计在市场条件下注重模数的合理性体现，并以其雄厚的经济实力兼收并蓄、容纳各种积极因素，很快就屹立于世界领先地位。

贝聿铭建筑事务所的模数化设计，体现出模数制的精妙之处。例如，中国银行总行，就是贝聿铭建筑事务所应用模数表现建筑的一次精彩演绎（图 1-28）。在此工程设计中，贝聿铭采用了非常精妙的模数制，贯彻设计始终。最基本的模数源于立面上的一块石材，它的尺寸为 115 厘米 ×57.5 厘米，是 2∶1 的比例关系。而建筑的基本轴网为 690 厘米，层高为 345 厘米，它们分别为石材长宽的 6 倍。建筑物的门高为 230 厘米，与层高的比例为 2∶3，且为四块石材的高度，同时也是办公建筑的理想门高。建筑各处的尺寸都符合这个模数设计，这样一来，最后的装修效果非常完美，到处都是整块的石材，绝不会出现不合模数的情况。而且，在施工过程中，一块标准尺寸的石材不经切割，在任何位置都可以使用，大大方便了施工，建筑与装修真正融为一体。

作为模数观念的提出者，现代主义建筑思潮代表人物勒·柯布西耶，在他的建筑理论中就提倡现代主义建筑应当随时代发展而发展，现代主义建筑应同工业化社会相适应；强调建筑师要研究和解决建筑的实用功能和经济问题；主张积极采用新材料、新结构，在建筑设计中发挥新材料、新结构的特性；主张坚决摆脱过时的建筑样式的束缚，放手创造新的建筑风格；主张发展新的建筑美学，创造建筑新风格。萨伏伊别墅是现代主义建筑运动中的著名代表作，它是勒·柯布西耶纯粹主义的杰作，也是最能体现其建筑观点的作品。从这座建筑中，我们可以看到现代主义建筑精神的体现，包括简单的外部装饰和对使

图1-28 中国银行总行

用功能的重视，模数化设计在此方案中得到了淋漓尽致的体现，后被广泛应用。

宋代作监李诫所著的《营造法式》，是北宋一部官方修订的建筑设计、施工的规范，是我国古代建筑技术的专门著作（图1-29）。时至今日，我们在仿古典建筑设计工作中都需要遵守这些规则，否则，设计的作品就会不伦不类，因此，在仿古建筑的过程中应按传统等级制式的尺度进行设计和建造。

图1-29 《营造法式》

1.3.7 极少主义及强调动态设计

约翰·帕森（John Pawson）定义极少主义为：当一件作品的内容被减至最低限度时，它所散发出来的完美感觉；当物体的所有组成部分、所有细节以及所有连接都被减少或压缩至精华时，它就会拥有这种特性。

极少主义的思想源于"少即是多"的观念。极少主义的特征是：致力于摒弃琐碎、去繁从简，通过强调建筑最本质元素的活力，而获得简洁明快的空间。极少主义室内设计的重要特征：高度理性化；家具配置和空间布置有分寸；习惯通过硬朗、冷峻的直线条，光洁而通透的地板和墙面，利落而不失趣味的设计装饰细节，来表达简洁、明快的设计风格，这种风格十分符合快节奏的现代都市生活，能使人感到心情放松，营造一种安宁、平静的生活空间。

2000年修建的柏林的天主教中心，由霍格·希尔设计，考虑到持有不同宗教信仰的人可以任意参观，中心的建筑有意回避了天主教的痕迹。建筑主体是雄浑的立方体结构，四周围绕着表面点缀有玻璃砖的石墙。夜幕下，密集的玻璃砖在室内光线的映射下投射出清晰的阴影，使墙面显得更加生动，平滑的玻璃砖与布满凿痕的粗糙石墙形成视觉对比。外部光线可透过室内墙面上的一层白色雪花石板射入，设计细节简洁生动（图1-30）。

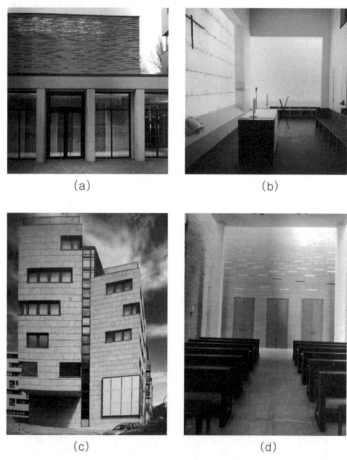

（a）　　　　　　　　　　　（b）

（c）　　　　　　　　　　　（d）

图1-30　柏林天主教中心

内部空间的动态设计，古代已有涉及，清代学者李渔提出了"贵活变"的思想。对于内部空间设计，我国不少餐馆、理发店（图1-31）、服装店（图1-32）的更新周期在2～3年；旅馆、宾馆的更新周期在5～7年。随着竞争的激烈，更新周期将进一步缩短。

图1-31　理发店　　　　　　　　　　　　图1-32　服装店

设计师应树立更新周期的观念，在选材时反复推敲，综合考虑资金、美观和更新的众多因素，谨慎选择耐用的材料。尽量通过家具、陈设、绿化等进行装饰，增加内部空间动态变化的可能性，因此，目前环境艺术设计主张简化硬质界面上的固定装饰，尽可能通过陈设物来美化空间。

本章思考

（1）请简述什么是"环境艺术设计观"。

（2）在环境艺术设计中如何平衡标准化与艺术创新？

（3）请简述什么是"少即是多"。

第 2 章
环境艺术设计的产生和发展

学习目的

（1）学习中外古建筑形式，使学生们能够清晰地认识环境艺术设计的发展历程。

（2）了解中外环境艺术设计的历史，帮助同学们认识现代环境艺术其实源于古代艺术。

环境艺术设计是在 20 世纪 60 年代才逐渐形成的一门新兴学科，但环境艺术的产生和发展却一直伴随着人类的发展。可以说，环境艺术的发展过程是人类用自己的力量构造理想生存环境的历史。

在生产力十分低下的远古时代，人类的生存环境相当严酷，自然界的各种恶劣气候、毒虫猛兽和人类自身的疾病瘟疫都对人类的生存构成威胁。在这种情况下，人们意识到人类生存面临的最大问题是如何创造一个安全的环境。虽然当时人类没有大规模改造环境的能力，但已经懂得有意识地选择和适应自然环境。正如《诗经》中所描绘的那样"笃公刘，既溥既长。既景乃冈，相其阴阳，观其流泉"[1]，又如"秩秩斯干，幽幽南山。如竹苞矣，如松茂矣"。诗中体现了当时人们的理想环境是：地势高，背山面水，松竹成林，阳光灿烂。

2.1　中国传统建筑空间

中国建筑是中国文化的一个典型代表，其建筑的整体面貌呈现出社会的空间属性，始终连续地发展。在中国人的观念中，建筑不是独立发展的事物，中国建筑与西方建筑的不同在于西方建筑始终注重建筑永固的体量与垂直的构图、光影与雕塑般的造型，而中国建筑恰恰相反，建筑不在于单体而重视群体，是一种依附于大地并向水平方向延展的群体组合。由群体所围合的空间便是中国建筑的最大特征。

中国建筑不像西方建筑那样，每个时期都有鲜明的风格特征和技术进步。中国建筑的总体进程是缓慢的，缺少变化和演进，甚至有些人认为中国建筑没有创新和活力。事实上，中国建筑是以传统哲学思想为基础，不着意于建筑实体部分的变化和永久，注重"有无相生"[2]的辩证哲学观，同时保持了文化的整体性和一种朴素的生态环境观。

2.1.1　传统建筑中的空间观

"空间"一词，在中国人的心目中有两种观念：一是以方位建立的空间观，即东西南北的方位性；二是以数字为基础的平面布局，即"居中为尊"的奇数排列空间，二者是从感性认识到理性认识的过程。

---

[1] 从"相其阴阳，观其流泉"可以看出，风水师在中国周代就已经出现了。中国有着悠久的建城历史，在建城之前，必然先由风水师精心选址、规划和布局。

[2]《道德经》引导出了"有无相生"的论点，有可以转化成无，无也可以转化成有，"有无相生"既是哲学命题，又反映了生命的本质，这是无极与太极的转换，属于生命演化过程中的比较。

因此，中国人的空间意识在水平向度的体系中建立，与西方的垂直体系不同，中国更注重数字的神秘以及前后、左右与中心等空间方位的分辨。人们对空间的领悟是由萌生、积淀逐渐形成的相对固定的空间模式，并发展出具有本民族特色的空间认识观。

2.1.1.1 空间的格局

中国建筑的布局注重整体序列，轻视单体建筑的形态及室内空间的变化。单体建筑多平淡无奇，大同小异，并不体现个性。设计的意念不在建筑形式上，而像是控制一种"组织程序"，即外部空间序列的安排根据环境及场地特质的不同变化。尽管整体格局似乎程序化，但是在实际空间关系和格调上却常常表现出不一样的视觉景观。人们在行进中体验时空连续所带来的景色变化的同时，感受中国院落的层层递进，在空间的转换中所产生的情绪和心理的变化正是设计的一种控制与把握，也是设计的立意所在。

1. 中心论

中国建筑是以"中心"为基准贯穿建筑的一种空间图式，直到今天，"居中为尊"的思想依然根深蒂固。中国建筑设计崇尚自然、尊重环境，轴对称布局是中国传统建筑思想的典型代表，无论是古代都城，还是民宅建筑，都体现了一种对称的理念。中国人把建筑布局视为人生的坐标，与道德、伦理有关，希望通过一种手段建立强有力的次序、保持一种严密的组织关系。理性而严整的建筑构图成为中国建筑一贯坚持的模式，直到今天，中国人仍普遍接受对称的建筑布局。

中国建筑在对称中还注重数字观，即发展出了"五"和"九"的空间图式。所谓"九五之尊"历来都有不同的理解，"九"在数字中最大，而"五"是数字的中位，因而含有"至尊中正"的意思。而在建筑中，强调奇数的空间排列是中国建筑空间构成的一大特征，它代表了中国古代哲学思想，如老子《道德经》中的"道生一，一生二，二生三，三生万物"[①] 的世界观与中国传统建筑思想有着某种契合。"三"则成为中国建筑最基本的空间单元。

2. 南北纵向的空间发展

中国建筑历来强调南北方向的纵轴线的空间布局，与西方建筑有着很大的不同。在基督教文化中，教堂布局一般是东西向的，建筑坐东朝西，西立面则成为其主要立面。虽然东西向在中国文化中也占有一定的地位，但南北轴向的建筑布局依然是主导性的，无论是合院建筑的布局，还是宫城的总体规划，都强调了以南北纵轴线为主的思想，在一些自由式的园林布局中，还会布置一些以南北纵向为主的院落。中国建筑的这种南北纵向布局的空间，如同中国卷轴画一样慢慢展开，一个院子接着一个院子，直到全部走完才能真正领略全部空间，因而中国人把"空间意识转化为时间进程"，并形成独特的建筑空间观。这种"空间"概念直到今天，仍然是建筑空间创造中的一个重要因素。

中国传统空间的营造还与传统绘画有着某种内在联系，例如中国画中的散点透视法注重全景式构图，与西方绘画的焦点透视法完全不同。特别是中国长卷式绘画，给人一种边走边看的全景感受，如著名的北宋画家张择端的《清明上河图》，为人们展现了纷繁热闹的全景式的场景。这种构图是把全部景致组织成一幅气韵生动、有节奏、有变化的艺术画面，不受焦点透视法的制约。中国画的这种动态布局在中国建筑空间中能够充分显现，在行走中体验空间，并感受由步伐不断向前移动所带来的景致变化，这种散点式的空间序列成为中国建筑空间的独特属性。

3. 院落式建筑

如果西方建筑是以"座"为单位的建筑体，中国建筑则是以"院"为单位的建筑群。合院建筑强调总体布局，弱化单体建筑，中国传统建筑模数的基础就是以院落群为基准的空间单元，是一种用"数"所构成的建筑群体。单元建筑仅如同西方建筑中的一个"房间"，不足以形成整体的空间意象，建筑平面的组织也是由一个个露天院子所构成的建筑群。中国建筑的意向在于外部空间环境而非室内，与西方

---

① 第一次变化引起第二次变化，这个变化生出了老阴、老阳、少阴、少阳；第二次变化引起第三次变化，生出了一乾、二兑、三离、四震、五巽、六坎、七艮、八坤；第三次变化接着引起了蝴蝶效应般的无穷变化，最终生出了万事万物。

建筑正好相反。

中国传统建筑的院落观是由"门堂之制"所构成。门是脸，堂是心，一种内与外、表与里的关系形成了合院空间的精神。"门"在中国古代建筑中不仅是形成空间边界的重要元素，也是组织空间层次的一种手段。空间的序列正是通过一道道门的设置而形成的，并像卷轴画一样逐渐展现。"堂"有"居中向阳之屋，堂堂高显之意"，是单座建筑中的主体内容，在大小建筑中都有不同规模的"堂屋"的概念。因此，堂屋作为群落建筑中的一个核心空间，与周围的连廊和庭院形成"堂下周屋"[①]，承担起了"正房""正厅"的所有功能。我们还可以把露天的庭院视为没有屋顶的大厅，与堂屋形成完整的环境空间，并赋予其室内的功能（图 2-1）。

2.1.1.2　空间中的风水

风水术是中国古代建筑环境观的具体体现，有着浓厚神秘色彩，其中最重要的思想是人与自然的交融。这种在中国古代观念中被视为"仰则观象于天，俯则观法于地"[②]的学问，实际上是以阴阳五行说为基础的一种带有某些玄幻色彩的"占卜术"，或者称为"堪舆学"[③]。因而，观天象成为古代人们选择建筑地点的必要内容之一，也是对环境综合评判的一个重要标准。例如浙江兰溪市的诸葛村，诸葛村是诸葛亮第 28 代世孙宁五公选中的定聚点，处于一块复夹诸峦、四望四合的宝地之中，地势西北高而东南低，全村的主要建筑大公堂正位于这块宝地的中心穴位上，它的朝向为南偏东 40 度，轴线联西北处的天池山峰，南至桃源案山。在村之南更有菰塘畈作为进口，10 千米之外还有龙山桥堰作为水口守门。在《阳宅十书·论宅外形》中说："凡宅左有流水谓之青龙，右有长道谓之白虎，前有污池谓之朱雀，后有丘陵谓之玄武，为最贵地。"诸葛村就是这样一块贵地（图 2-2）。

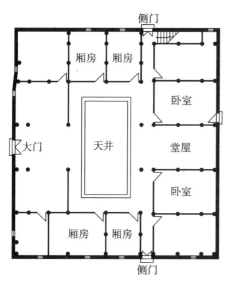

图 2-1　中国传统院落式住宅平面图

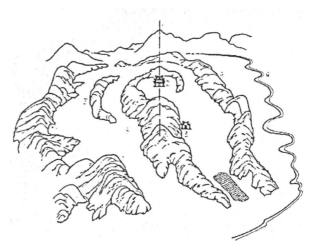

图 2-2　浙江诸葛村环境风水图

1. 喜水忌风

择址定居是古代人非常看重的事情，也是人们安居乐业的基本保证。"仰观天文，俯察地理"的风水术是建筑生成的重要方式，并广为流传，影响深远。然而，风水术在建筑及环境方面体现了"生气"与"聚水"的概念，正所谓"无水则风到气散，有水则气止而风无"，风之害被认为是居住环境的大忌，所以要"藏风得水，生气才能旺盛"。"生气"实质上是"聚人"，人丁兴旺才能家庭幸福，传宗接代，这是中国人的一种传统观念。"聚水"则体现为"聚财"，中国素有"肥水不流外人田"的说法，而且水又具有滋养万物的含义。因此，在建筑空间中常常设置与水相关的内容，如"四水归堂""近水之利"等，可表

---

① 从即堂下四周的廊屋。
② 从这段话出自《易·系辞下》，说明我国古代风水是与天文、地理有关的一门综合性科学知识。
③ 从堪舆学即风水学，传统五术之一——相术中的相地之术，即临场校察地理的方法，用于宫殿、村落、墓地等的选址。

达人们喜水的心境。一般有两种设法锁住水流，其一适用于水流量不大的村子，需要在出口处筑坝、挖塘蓄水；其二是水流充足，无需蓄水，则需要在出水处筑建桥、亭、堤、塘，以起到锁住水流、留得财源的象征作用，并非真正为了蓄水。例如浙江武义县的郭洞村就是采用第二种办法（图2-3、图2-4）。

图2-3　浙江郭洞村水口平面图

图2-4　浙江郭洞村水口

2. 向阳之愿

对于房屋而言，房子的朝向、开间以及使用功能的合理布局是非常重要的。中国人向来认同阴阳学说，在环境中"阳"指地势高、日照多，而"阴"则指地势低、日照少。在古人眼里，阴阳两极包含一切事物，择地要"负阴而抱阳""背山而面水"，而室内则以规整方正、向阳之屋为吉。古人的这种风水理论体现了一些朴素的生态观和一种"南向文化"在房屋构成中所起到的重要作用。从自然环境的角度来看，注重建筑与环境的协调发展就是出于人类生存与生态平衡的需要，也是对和谐与统一的深度理解。房屋的规划还关系到人们生活与环境的质量，其中房屋进深与开间是重要的要素，一般不宜小于1：2，以1：1、2：3或3：5等为宜，以适应人们日常生活的需要。地区的差异性在建筑布置中不可忽视，例如在炎热的南方，应注重隔热、保持通风，因此进深大一些的房间较为适宜；而在寒冷的北方，则应保证室内可以获取更多日照、光线充足，因此大开间、小进深的房间更为合适。

3. 吉凶之向

在古代，人们把房屋的方位与五行八卦相联系，并明确了吉凶之向。中国人向来注重"坐北朝南、定之方中"的空间理念，认为"东南门，西南圈，东北角上来做饭"是房屋定位的基本格局。房屋多以南向为主，强调了气候日照的自然环境，关注于吉凶方位的空间关系，如养生、沐日等宜布置于吉利方位，而生活污秽之事物宜布置于凶煞方位等。这种鲜明的空间方位意识实际上多少出于对自然地理环境方面的考虑，并非只是某些人为观念。另有，室内空间的容积也是一个重要的因素，如"正房宽敞出贵人""堂屋有量不生灾"就体现了生态的居住观。不过，室内空间也不是越高大越好，也有"室大多阴，室小多阳，阴胜则阳病生，阳胜则阴病生"的空间认识。由此可见，房间的高度与平面尺寸、窗地比的关系以及通风采光等都是评价室内环境优劣的重要方面。这种古人对居室大小应适中的论述也是基本符合科学道理的，只是限于当时的科学水平而表述得含糊莫测。从实际调查中了解到，劳动人民在长期的生活实践中总结出了适应当时当地情况的建筑经验，所建居室大多是合理的。

2.1.1.3　室内空间

中国传统建筑的规模在于"数和间"所构成的群体上，而西方古典建筑则在于"体和量"的扩大上。与西方建筑以座为单位的外整内繁的空间相反，中国建筑把主要精力放在了总体布局上，室内空间则比较简单，且直截了当。单座建筑通常采用标准式的设计，空间形式没有什么变化，平面形式则是以间为单位的排列方式。室内常常以屏风、帷帐、格架及隔扇等来划分和组织空间，具有相当的灵活性，与主体结构不发生力学上的联系。这种隔而不断的空间，在使用上也存在着一些不足之处，如隔声性和私密性较差。

中国传统的单座建筑的平面生成方式，主要是根据建筑的结构、材料及形制要求而定的，而不是根据各自不同的使用功能形成多样的室内空间关系。人们把生活的内容化整为零，分设而立，而不是像西方建筑那样集中式布局。这是因为风水术直接影响建筑的空间布局，例如与生活紧密相关的卫生间就一定要另设，不能放到房间中，厨房也有一定的布置原则。另外，中国的建筑设计受伦理观影响深刻，如墨子的"宫墙之高，足以别男女之礼"^①，就充分说明了建筑中男女空间的限定。礼在中国传统建筑中占有很重要的地位，例如在住宅中，"北屋为尊，两厢次之，倒座为宾，杂屋为附"^②的空间排序就体现了中国礼制精神在建筑上的反映，并且一直影响着中国建筑的发展。

2.1.2　建筑装饰

房屋作为一种容器在中国建筑中体现得非常明确。中国建筑设计的标准化，使各类建筑看上去大同小异，并没有形成各自的"性格"，即使不同用途的建筑也会采用相同的形制和布局，以至于在西方人眼中中国建筑过于单纯，千篇一律，从来没有变化。那么，中国建筑真的没有"性格"吗？实际上，中国人是把环境理解为精神，把建筑当作一种图式表达的载体，在大量的纹样与图案表现中，平面装饰焕发出一种生命的活力和神韵。这种平面装饰更多是通过建筑装修的手段来实现其性格，传达出一种人文的品质。

2.1.2.1　立面构图

中国传统建筑有"三分说"的理论，早在北宋著名匠师喻皓所著的《木经》^③一书中就有"凡屋有三分。自梁以上为上分，地以上为中分，阶为下分"之说，这实际上是说建筑是由屋顶、屋身和台基三部分构成。然而，中国传统建筑的立面构成是屋顶最为突出，其次是屋身，再次是台基的整体组合。"三分说"又可以各自分立，形成独立发展的趋势，自成一体。

1. 屋顶

屋顶是中国传统建筑最显著的特征，其形式几乎完全是基于视觉要求而创作的。有人说，中国建筑是一种屋顶设计的艺术。这种大屋顶的建筑深刻反映了中国美学精神在建筑中的表现力，其"形"和"量"的声势远大于世界上的任何建筑。但是，中式大屋顶却与自然保持一种和谐的状态，与西方的穹顶建筑及哥特式尖顶建筑完全不同。在构图上，大屋顶的凹形曲线有着向下的趋势，表达了一种谦卑和对天空的接受态度，但其屋脊的曲线向上翘起反倒使屋顶又有轻盈飞起之感，同时在建筑的外轮廓上形成了优雅的曲线和丰富的边界。另外，屋顶上象征吉祥的装饰和色彩也增强了视觉感染力，使建筑形态呈现出强烈而显著的特征，与西方建筑形成了鲜明的对比。

2. 屋身

中国传统建筑的立面往往需要和具体的环境相融合，成为环境中的元素。由于建筑置身于院落中，建筑的正立面对着庭院，形成庭院的四壁，庭院就如同没有屋顶的大厅一般。屋身包括柱础、柱身和斗拱。柱础高为柱径的1/5，折合为1.2斗口^④，柱高则相当于柱径的10倍，折合为60斗口。

事实上，大多数情况下，建筑的立面都具有二重性，既是建筑的外立面，又是庭院的四壁。建筑的"外"与庭院的"内"构成了环境的整体，因此可以认为庭院内的房屋立面是具有室内性质的界面关系。这种墙壁式的立面效果，并不是指室内外没有区别，而是一种非常微妙的内外转换的统一。建筑立面的构图着重于近观性的装饰处理方法，例如一些细部装饰的刻画精致入微，适合于人们从近处细细地观赏，比例也符合人的视觉尺度，所以，中国建筑立面的艺术表现在于"戏剧性地一幕幕安排和推出一连串的

---

① 这句话的意思是宫墙的高度足以分隔内外，使男女有别。
② 住宅按"北屋为尊，两厢次之，倒座为宾，杂屋为附"序列安排。家长住在北房，即正房，它是全院中最高、面积最大的房屋，以基台柱石增加其高度。儿女子孙住在东西厢房。西厢房的高度及宽度，都比东厢房略矮小。
③《木经》是一部关于房屋建筑方法的著作，也是我国历史上第一部木结构建筑手册，对建筑物各个部分的规格和各构件之间的比例作了详细具体的规定，一直被后人广泛应用。
④ 斗口是中国古代建筑专业术语，即平身科斗拱坐斗在面宽方向的刻口，在清代作为衡量建筑尺度的标准。

封闭空间的景象"。

3. 台基

古代将重要建筑放在高台基上以增加气势，因此有"高台榭，美宫室"之说。台基作为建筑结构的基础，是一种力学上的合理形式，如同一个平台把建筑整体抬起，形成板块基础（图2-5）。清式做法中称为台明高。普通台基高等于檐柱高的15%。然而，台基在建筑中又有等级限定和空间表现力，随着院子进深的变化，台基的高度也随之升高，到达院子的堂屋或最重要的建筑物时，台基一定是最高的，这也表现了建筑中的空间序列关系和视觉平衡。因此，台基在中国建筑空间的序列变化中起到相当重要的作用，并成为了一种固定的建筑形制。

除了一般形式之外，台基还有"平座式""须弥座"和"高台式"等（图2-6）。台基的立面装饰颇为丰富且有等级标准，如台基的大小、高低与房屋主人的权势、地位有关，体现出了封建权贵的空间意识。

在台基四周多有栏杆相围，栏杆有栏板、望柱和浮雕装饰（图2-7）。望柱柱头做成各种动物、植物或几何形体，排水口雕成动物形的螭头[①]，使整座台基富有生气而不显笨拙。成排的木柱础为了防潮防腐，柱脚下都垫有石柱础（图2-8），柱础最接近人的视线，往往被加工成各种艺术形象，从简单的线脚、莲花瓣到复杂的鼓形、兽形，由单层的雕饰到多层的立雕、透雕，式样千变万化。柱础成了古代艺匠表现其技艺的场所。

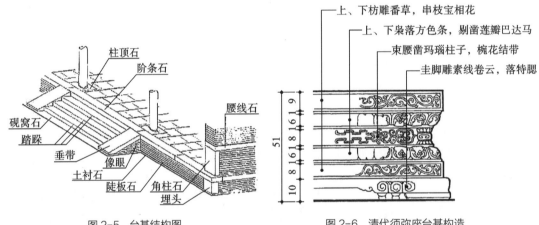

图2-5　台基结构图　　　　　　　　　图2-6　清代须弥座台基构造

图2-7　建筑台基及栏杆

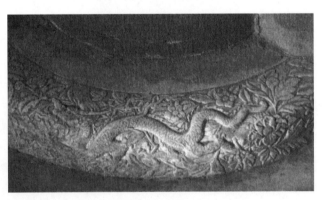

图2-8　石柱础

2.1.2.2　结构与工艺之美

结构与审美相结合是中国传统建筑所遵循的原则之一。建筑结构构件实则是建筑实用性与美观性的

---

① 古代碑额、殿柱、殿阶及印章等上所刻的螭形花饰。螭是古代传说中的一种动物。

综合体现。虽然建筑结构构件都是以标准制式加工制作的，但是这些以直线为主、以曲线为辅的构件，既形成了精准、清晰的受力关系，又符合中国传统的美学观点，体现了一种刚柔并济的特点。

1. 结构暴露的美

木结构建筑的一大特征，就是木材不宜置于完全封闭的状态下，木料一旦被泥土或砖石掩埋就容易腐烂，因此，木材只有处于通风的环境中，才能延长使用寿命，这就是中国传统建筑结构暴露的原因。

木材具有易加工和雕琢的特点，它既能作为房屋的主体结构，起到支撑作用，又能作为艺术载体。中国古代工匠会在不影响建筑结构受力的前提下，对所有的构件进行审美上的处理，以此达到一种视觉上的愉悦。例如，斗拱作为中国传统建筑结构中的基本单元（图 2-9），受力性能良好，外形优美，是表现传统建筑精神的一个符号。虽然到了明清时期，斗拱在力学和构造中的重要性逐渐降低，但它仍然具有很高的审美价值，在后来的建筑中作为装饰性构件延续使用。

2. 功能与审美的结合

中国传统建筑有大木作和小木作之分。大木作是指建筑的主要承重部分，如柱、梁、坊、斗拱、檩、椽等。小木作则是指建筑的非承重部分，如门、窗、木隔断、栏杆、天花、罩等。这些结构或构件都具有功能性，又具有审美性。例如，藻井顶棚（图 2-10）、卷棚式弧形顶（图 2-11）以及碧纱橱①（图 2-12）等，在功能与装饰方面是以真实性为基础的，这些构件体现了一种非多余的建筑装饰观，也表达了一种功能与审美完美结合的、反映真实性的美学态度。

图 2-9　山西大同恒山悬空寺斗拱

图 2-10　藻井顶棚

图 2-11　卷棚式弧形顶

图 2-12　碧纱橱

2.1.2.3　建筑的装饰

在中国古代建筑中，"构件的装饰"多于"装饰的构件"。建筑装饰的目的是美学与力学、视觉效果与使用效果相统一，并非单纯为了装饰。即便有一些装饰性构件，也会赋予其象征意义。那些拥有大量象征美好含义的图式纹样的建筑，既表现了精湛的工艺，也反映了人们乐观向上的生活态度。建筑中的"福""禄""寿""喜"等图式纹样，无论是雕饰还是彩饰都代表着人们对美好生活的祈盼和向往。

———————————
① 碧纱橱又称隔扇门、格门，是中国古代建筑室内分隔的构件之一，类似于落地长窗。

雕饰的运用使中国建筑的木结构在本来就具有造型意味的基础上，形成更加强烈的装饰效果。无论是官式建筑还是民居建筑中的雕饰工艺，如木雕、砖雕和石雕，其内容繁多，纹饰图案丰富且自由随意，堪称中国建筑的三绝。其中，木雕是中国传统建筑中运用最多的一种，广泛用于建筑木结构的各个部位，大到梁、柱、门、窗、隔扇等，小到椽头（图2-13、图2-14）、雀替（图2-15）、花罩（图2-16）和天花等。例如：古代的窗在没有用玻璃之前，多用纸或鱼鳞片等半透明的物质遮挡风雨，因此需要较密集的窗格。对这种窗格加以美化就出现了菱纹、步步锦、动物、植物、人物等千姿百态的窗格花纹。为了保持整扇窗框方整不变形，古代人们用铜片钉在窗框横竖交接的部分，在这些铜片上压制花纹又成了窗扇上极具装饰性的看叶与角叶（图2-17）。石雕因其工艺难度大，材料昂贵，在一般民居建筑中使用较少。另外，砖雕因其工艺独特，在宋元时期曾被当作建筑等级的划分依据，其艺术价值颇高，亦是中国建筑所独有的。

图2-13　椽头

图2-14　椽头纹

图2-15　雀替

图2-16　花罩

图2-17　寺庙窗上的花格

2.1.3　中国传统住宅

地域主义是地方传统文化和世界性文化的对立和统一。城市空间环境因其所受的文化影响千差万别，时代背景也不同，带有不同时期的地域特征。中国传统住宅则反映了地域的地理环境和气候特点。

2.1.3.1　徽州明代住宅

安徽南部徽州地区的歙县、绩溪、休宁、黟县等地，仍保存不少明代至清初的住宅房屋（图2-18）。这一带住宅为苏南、浙江、皖南常见的楼房建筑：平面正房三间，或单侧厢房，或两侧厢房，用高大墙垣包绕，庭院狭小，成为天井。形式虽简单，外观却能作很多变化，如变化屋顶的高度、窗口的形状和位置、屋檐的形式（披檐、雨篷等）等。

图 2-18　宏村

徽州明代住宅的特点之一是楼上和楼下分间常不一致。有时楼上分间立柱点下层无柱支撑，只能立于梁上，这是其他地方建筑未有的形制。各间梁架中间两缝常用偷柱法，而山面则每步有柱落地，这样一来，内部空间比较开敞而结构的整体稳定性也较好。

楼层地面铺方砖，防火性能和隔声性能均较好。徽州明代住宅多为富商所建，木雕、砖雕、石雕装饰富丽，但布局比较灵活，没有繁缛排场所需的形式与拘谨的格局，这也是它区别于官僚府邸的特色。

2.1.3.2　北京四合院

北京四合院可以视作华北地区明清住宅的典型。这种住宅的布局特点受到强烈的封建宗法制度的影响且有着成熟的尺度和空间安排：住宅严格区别内外，尊卑有序，讲究对称，对外隔绝，自有天地。

大门一般朝南，位于住宅东南方（图 2-19）。大门形式可以分为屋宇式（有门屋）和墙垣式（无门屋），在墙上辟门。屋宇式常为一间，但依房主地位可以有三、五、七间。七间是亲王府第用。多间并非每间都有门，只有部分开启。门扇装在中柱缝（脊檩缝）的叫广亮大门，门扇有门钉，上槛用门簪，抱框用石鼓门枕，并有适合主人地位的雕刻和彩画（按等级规定）。

大门正对的街侧设影壁，类似现在的屏风。影壁表面用清水砌水磨砖，加以线脚、雕花、图案、福禧字等进行装饰，影壁前有石台盆花。入门折西，则为前院。前院与内院以中门院墙相隔。前院外人可到，内院非请勿入。前院常常很浅，以倒座 [①] 为主，用作门房、客房、客厅；或有隔角杂务小院。

中门常为垂花门 [②] 形式，在住宅中轴线上，界分内外，形体华美，为全宅最突出醒目的地方。屋顶常用勾连搭，或清水脊悬山与卷棚相连，或两卷棚相连。

由垂花门入内，左右包绕庭院至正房的走廊称为抄手（超手）廊，廊深一步（单步）或两步（双步）。简单四合院仅分内外院，内院由正房（上房）及耳房和两侧厢房组成；而其间数进深则伸缩很大。正房为长辈起居处，厢房为晚辈起居处。正房以北有时仍辟小院，布置厨房、厕所、贮藏室、仆役住室等，称后罩房。

无论多少进，主房（正房、厅）、垂花门必在中轴线上。大的住宅先是纵深增加院落，再次横向发展，增加平行的几组纵轴，称为跨院，在厢房位置辟通道开门相通。跨院对外不开门。院落纵深可多至四五进，垂花门位于第三进入口处。北京胡同南北相距只可容纳四五进的纵深。大型宅除进数多、跨院多之外，往往另辟地经营花园、布置山池。

室内常设炕床取暖。内外地面铺方砖。室内分间用各种形式的罩、博古架等，也是艺术装饰的重点。顶棚常用纸裱，或用天花顶格。色彩以青灰为主；贵族府第才可以使用琉璃瓦、彩画、朱红门和金

① 四合院跟正房相对的房屋，通常坐南朝北。
② 垂花门是指檐柱不落地，悬在中柱穿枋上，下端刻花瓣联珠等富丽木雕。

色装饰；一般仅在大门、中门、上房、走廊处加简单彩画[1]（箍头），影壁、墀头[2]（图2-20）、屋脊等饰砖雕，整体比较朴素淡雅，有良好的艺术效果。

图2-19　院落住宅

图2-20　墀头

2.1.3.3　苏州住宅

苏州为江南经济文化中心之一，生活富裕，物产丰盛，从前一向是富商、官僚聚集之处，住宅规模也很大。

住宅外围包绕着高大的垣墙，这是因为南方房舍净高较大，多楼房，且防火亦需用高墙隔断。建筑纵深为若干进，每进有天井或庭院，但很浅，厢房也浅或无；各进房屋一般为三间。大的住宅可以有平行的两三条轴线。主轴线上排列大门、轿厅、客厅、正房（属内院，另设门分隔，有时为楼）；两侧轴线则排列花厅、书房、卧室乃至小花园、戏台之类。

屋顶多为硬山，或山面出于屋面上，构成防火墙，形式有"五山屏风墙""观音兜"等。苏州地区建筑多雕饰，极少彩画，墙为白，瓦为青灰，木料则为棕黑色或暗红色，色调极为淡雅。

院、天井，是一宅之中的采光通风口。天井高深，则风产生的吸力增强，通风量大。因此，苏州住宅常于建筑与垣墙留一间隙，其宽不过一米，用以拨风采光，效果颇好（图2-21）。

图2-21　苏州网师园

---

[1] 彩画原采用木结构，防潮、防腐、防蛀，后来才突出其装饰性。
[2] 墀头是中国古代传统建筑构件之一，是山墙伸出至檐柱之外的部分，突出在两边山墙边檐，用以支撑前后出檐。墀头本来承担着屋顶排水和边墙挡水的双重功能，但由于其特殊的位置，远远看去，像房屋昂扬的颈部，于是含蓄的屋主用尽心思去装饰它。

2.1.3.4　闽南土楼住宅

福建南部永定、南靖一带的农村，散布许多富有特色的客家土楼住宅，夯土技术令人赞叹。土楼的特点是体积大，且用夯土墙作为承重结构，平面形式有方形、圆形、五角形、八卦形、半月形等，以方形和圆形为主，其中又以圆楼最为奇特（图2-22、图2-23）。圆楼的平面是圆形的，周围整齐排列着房屋，有的多达数十间，高达三四层，有时还不止一圈房屋相套，中央围成一个圆形院落，所以将它列入合院式住宅类别，只是它们不是用四面房屋围成方形庭院，而是用周围相连的房屋围成一个圆形庭院。一座大型的圆楼可以容纳几十户人家、数百人。

图2-22　福建省南靖县裕德楼（一）　　　　　　图2-23　福建省南靖县裕德楼（二）

由于福建地区古时战乱频繁，社会不得安宁，中国农民多聚族而居，多座住屋围着自己的宗族祠堂而建，形成团块与村落，相互依靠，患难与共。当地的木材、山石、泥土等自然资源和所拥有的工匠技术使这种住宅变成现实。

福建省永定县承启楼建于清朝康熙四十八年（1709年），历时3年完工，为客家人江姓氏族所建。圆楼直径达62.6米，里外共分4环，最里面一环是全楼的祖堂，由一座堂厅和半圈围屋组成，面朝南方；第二环有房20间；第三环有房34间；最外环有房60间，并有4间楼梯间，朝南一座大门，与祖堂共处于中轴线上，东、西各有一座旁门。外环共4层，底层为厨房，二层为谷仓，三、四层为卧室，全楼共有房间300余间。承启楼建成后，江氏族人80多户搬进圆楼，共有600余人同时在里面生活。

2.1.3.5　贵州吊脚楼住宅

在贵州省的东南地区，少数民族苗族和侗族在此聚居。这一地区具有贵州典型的地貌和气候，即"地无三尺平，天无三日晴"，高高低低的山峦一个接着一个。这一地区气候湿热，尤其在夏天，走在山脚下还是晴日当空，但爬到山顶就可能遇见倾盆大雨。在这种潮湿炎热的山区，当地人民创造出一种住宅——吊脚楼。吊脚楼依山势而建，用当地盛产的杉木作为两层楼的木构架，柱子随着山势高低架立在陡坡上。房屋的下层多空畅而不作隔墙，里面养猪、牛等牲畜或堆放农具和杂物。上层住人，分客堂和卧室，四周向外伸出挑廊，主人可以在廊里做活、休息。这些廊子的柱子为了便于人与牲畜在下面通行，因而多不落地，而是靠楼层上挑出的横梁承托，使廊子悬吊在半空。吊脚楼的优点是人住楼上通风防湿，又可防止野兽的侵害。所以在贵州、广西、四川、湖北、云南等地气候潮热的山区多采用这种住宅形式（图2-24、图2-25）。

2.1.3.6　云南一颗印住宅

云南地处高原地区，四季如春，无严寒，多风，因此住宅墙厚、瓦重。一颗印住宅因其地盘方正，外观也方正而得名，多分布于昆明一带，是云南最普遍的住宅形式。

一颗印住宅最常见的形式为"三间四耳"，即正房三间，耳房（厢房）东西各两间。稍大则有"三间六耳""明三暗五"（正房三间加暗室两间）。正房常为楼房，下有前廊；上下皆廊称"宫楼"。较大的住宅，由两个一颗印串联而成。两个院子之间则为过厅，用作礼仪饮宴之所，其门扇可全部拆卸，成为敞厅，以便众人聚集时通风散热。如果串联两组仍不够用，可以用两条轴线（每条轴线上两至五组）

32

图 2-24　贵州吊脚楼

图 2-25　贵州侗族村

并列的方式扩大；两条轴线之间的交通由耳房位置设"两面口"来解决；每条轴线称一"所"。最大的一颗印单元，称作"明三暗五六耳五间厅"，临街一列称为"倒八座"，相当于北京四合院的"倒座"①。

住宅外围为高墙，用夯土、土坯筑，或外砖内土——称为"金包银"。木雕精美，常用镂空雕刻，集中于檐下挂枋上，承以蹬天狮子；又集中于桶扇上。门窗多用杂木（核桃、黄梨、椿树等），用清油露木纹；用黑漆，边缘涂金，对比鲜明；其他色彩用处不多，檐下木雕微以彩色勾勒，不满施彩绘。

城内一颗印，往往正、耳、倒各处均为楼房，且均有前廊，于是楼上各廊相接，环行无阻，称为"跑马楼"。院内栽植花木，宅对外则不开窗，形成封闭隔绝的环境（图 2-26、图 2-27）。

图 2-26　云南住宅内景

图 2-27　云南住宅外貌

2.1.3.7　河南窑洞住宅

我国华北、西北有广大的黄土高原，黄土覆被深厚。这种土层经多年冲刷成为冲沟、断崖，土质疏松便于开掘。长期以来，人们就在土层中挖穴为居室。据宋代郑刚中《西征道里记》记载，北宋末年陕西境内有深达数里、曲折复杂的窑洞。窑洞冬暖夏凉，施工便利，无运输材料之劳，经济简便，因此，在黄土地带使用相当广泛。我国有 4 个大的窑洞区：陕北、陇东、豫西、晋中。其中豫西的河南荥阳至渑池一带，比较典型（图 2-28）。

窑洞都是挖土成洞，有两种常见的形式。一种是靠着山或山崖横向挖洞，洞呈长方形，宽约 3 米，深约 10 米，洞上为圆拱形，拱顶至地面约 3 米。洞口装上门窗就成了简单的住房，因此，农民仅需一

---

① 四合院中跟正房相对的房屋，通常坐南朝北。

把铁锹就可以有自己的房屋，开始可以只挖一个洞，有条件再多挖。为了生活方便，在洞前用土墙围出一个院子，就成了有院落的住宅。另一种是在平地向下挖出一个约 15 米深、7 ～ 8 米宽的方形地坑，再在坑内向四壁挖洞，组成一个地下四合院，称为地坑式或井式窑洞。这也是由四面房屋围合而成的四合院，只是这种房屋不是地面建筑而是地下窑洞。为了在冬季取得较长时间的日照，多将坐北朝南的几孔窑洞当作主要的卧室，在这些洞里，用土坯砖建造的土炕放在靠近洞口的地方，可以得到更多的光线与日照，窑洞的底部往往用来存物。地井东西两边的窑洞也可以作卧室或作他用。一个家庭的厨房、厕所、猪圈都可以有专门的窑洞，只是洞的大小、深浅不同，甚至有的水井也设在窑洞内。为了保护窑洞表面少受雨水的侵蚀，有条件的多用砖或石贴在窑面壁上，在洞内也用白灰抹面，使室内更为清洁明亮。

图 2-28　窑洞

2.1.3.8　蒙古包

在内蒙古蒙古族和新疆哈萨克族等的聚居地，流行着一种可移动的住房——毡包，因为蒙古族用得最多，所以也称为蒙古包（图 2-29）。蒙古包平面呈圆形，一般直径为 4 米，高为 2 米，一侧开门，中央顶部留圆形天窗，用以采光和通风，做饭和冬季烧马粪取暖的烟也从天窗排出。毡包的外表简洁朴素，而在包内，只要经济条件允许，多铺挂地毯和壁毯，色彩很鲜艳，这也是常年生活在茫茫草原的游牧民族在心理上的一种渴望（图 2-30）。

图 2-29　蒙古包室外

图 2-30　蒙古包室内

2.1.3.9 傣族干阑式住宅

干阑式建筑在我国有悠久的历史，是最早的住宅形式之一。史前时期的遗址屡有发现，如浙江余姚河姆渡、云南剑川海门，两处皆为著名例证。"干阑"一词，出自《旧唐书·南蛮传》："山有毒草及虺蝮蛇，人并楼居，登梯而上，号为'干阑'。"干阑式住宅的特征是居住面是用支柱架离地面的楼层，须登梯而上。这种住宅利于防水、防虫蛇毒害，在古代相当广泛地分布于长江以南地区。迄今仍然采用干阑式住宅的民族有傣族、景颇族、崩龙族、佤族、哈尼族（以上为云南境内），侗族、水族（贵州境内）等。

傣族人民在自然条件下创造了干阑式住宅（图2-31、图2-32），由于地区盛产竹材，住宅多用竹子建造，所以称为"竹楼"。竹材易于加工，粗竹做房屋骨架，竹编篾子做墙体，楼板或用木板或用竹篾，屋顶铺草。竹楼的平面呈方形，底层架空四周不用墙，供饲养牲畜与堆放杂物，也在这里进行室内春打粮食等农活。楼上有堂屋与卧室，堂屋里设有火塘，是烧茶做饭、一家人团聚的地方。堂屋外有开敞的前廊和晒台。前廊有顶，是主人白日工作、吃饭、休息与待客的地方；晒台露天无顶，多在楼的一角，是主人盥洗、存放水罐和晾晒衣物和农作物之处，这一廊一台是竹楼不可缺少的部分。这样的竹楼用料简单，施工方便迅速，下面与地面架空，四周墙壁透气，所以整座竹楼既防潮防湿，利于通风散热，又避免虫兽侵袭。由于这里雨量集中，常引起洪水，架空竹楼也利于洪水通过。竹楼成了这个地区少数民族人们普遍采用的住宅形式。

图2-31 云南西双版纳傣族干阑式住宅示意图

图2-32 云南西双版纳干阑式住宅

2.1.3.10 伊斯兰风格

自从伊斯兰教创立之后，伊斯兰精神开始渗入阿拉伯地区的传统艺术之中，并与之相结合产生了伊斯兰与阿拉伯艺术，随着伊斯兰教的传播和影响的扩大，这种艺术便简称为伊斯兰艺术了。在伊斯兰艺术中，装饰艺术十分重要，甚至有的学者认为伊斯兰与阿拉伯艺术本身就是一种装饰艺术。这种艺术集中表现在伊斯兰教的建筑上（图2-33）。

伊斯兰建筑普遍使用拱券结构。拱券的样式富有装饰性。由于伊斯兰教做礼拜时要面向位于南方的圣地麦加，故建筑空间多横向划分。伊斯兰建筑装饰有两大特点：一是券和穹顶有多种样式；二是大面积的图案装饰。券的形式有双圆心尖券、马蹄形券、火焰形券及花瓣形券等。室外墙面主要用花式砌筑进行装饰，后又陆续出现了平浮雕式彩绘和琉璃砖装饰（图2-34）。室内用石膏作大面积浮雕，涂绘装饰以深蓝、浅蓝两色为主。

图 2-33　伊斯兰建筑　　　　　　　　图 2-34　建筑墙面装饰

2.2　西方古典建筑设计

西方的环境设计，也是从旧石器时代到新石器时代漫长的发展过程。古埃及的艺术设计对西方产生了不容忽视的影响，因此，研究西方古代的艺术设计从古埃及着手顺理成章。古埃及对于艺术设计的贡献巨大，世界上完全用石头建造的建筑物就是出于埃及的金字塔。埃及人是首先使用圆柱和楣梁的民族，其他民族则是以这些建筑为楷模，并从中获得了灵感。

希腊式文明和基督教文明以其不同的精神取向，代表着西方人有时相合、有时决然对峙的精神追求，表现在环境设计文化中，则分别体现为西方设计的两大美学价值和精神，影响、规范着西方古代设计师的美学追求及其实践。在西方设计史上，打着古典主义、新古典主义、立体主义等旗号，重视形式、秩序等造型因素的设计流派，一般受到希腊式美学思想的激励和影响；而拜占庭式、哥特式、巴洛克式、洛可可式等设计风格和流派，一般受到基督教美学思想的影响。

2.2.1　西方古代建筑

在西方古代环境设计史中，欧洲的建筑遗产极为丰富。建筑艺术超越了建筑功能、技术的发展。西方古代文化是由希腊式古典文明和基督教文明作为强大的精神源头而运作的。古希腊、古罗马文化形成了整个西方的古典建筑文明。公元前 7 世纪和公元前 6 世纪，希腊向埃及精心学习了刻石艺术，并于公元前 5 世纪发展出伟大的、对西方艺术设计影响深远的，乃至推动艺术设计成长的希腊建筑和雕刻。

2.2.1.1　古埃及金字塔和坟墓殿堂建筑

古埃及是世界文明古国之一。埃及人处于奴隶制和中央集权统治之下，在数学、天文、历法、医学、宗教等方面都取得过重大的成就。中王国时期是埃及的鼎盛期，建造的大批石窟墓、王陵，众多的太阳庙、神庙、陵墓群，规模宏大，威严壮观。南部山区石窟庙中凿山而成的巨大帝王像——阿布辛贝勒的阿蒙神大石窟庙[①]等，呈现了一种粗犷、浑厚、博大的气势。

严整而科学的城市规划是古埃及建筑的又一大特色。以经历数千年风雨的都城底比斯为例，按照日出和日落的启示，划河为界，尼罗河东岸主要为宫殿和城市，称为"生之谷"；西岸则主要是墓地和神殿，称之为"死之谷"。这种棋盘式的格局在许多古城遗址中可以看到。

然而，充分反映古埃及人高超科学技术和建筑才能的杰作，当推金字塔王陵建筑。古埃及人相信冥冥之中有神灵主宰命运，因此流行宗教信仰，他们把现实生活中的住宅仅仅看作临时寄居的客栈，而把

① 阿蒙神大石窟庙位于埃及阿斯旺以南 290 千米，公元前 1300—前 1233 年坐落在纳赛尔湖西岸，依崖凿建的牌楼门，巨型拉美西斯二世摩崖雕像，由前后柱厅及神堂组成。

陵墓当作永久的栖息地。古埃及的奴隶主总是梦想着依托陵墓这个"永久地"来维护自己的永久地位。因此，历代法老王都不遗余力地营造陵墓——金字塔。埃及金字塔在建筑设计上突出了高大、稳定、沉重和简洁的风格，以恢弘的气势、单纯朴实的造型体现了奴隶主阶级的威严，对世人产生一种威慑力。最早的金字塔是第三王朝法老王左塞尔（Zoser）[1]在萨卡拉建造的陵墓，最著名的金字塔是位于开罗附近吉萨的金字塔群，因胡夫（图2-35）、哈夫拉、孟卡拉三大金字塔而著称于世。其中，第四王朝（约公元前2723—前2563年）建成的胡夫金字塔是世界上的人造奇迹之一。塔基边长230米，塔高146米，形体呈现方锥形，四面正向方位，用230万块平均重约2.5吨的石块堆砌而成，塔身倾斜角度为51°52′，入口在北面距地面17米处，通过长甬道[2]与上、中、下墓室相连，地上两墓是法老与皇后的墓室（图2-36）。埃及金字塔以其宏大的规模和精美的形式，反映出古埃及人的智慧和力量，高高竖起古代埃及人民文明创造的历史丰碑。

图2-35　胡夫金字塔

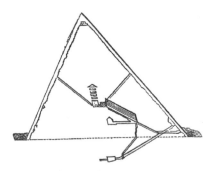

图2-36　金字塔横截面图

　　埃及艺术有两大动机：一是坟墓的艺术要求；二是自然神教的艺术要求。因前者产生了金字塔，因后者产生了神庙。埃及建筑同金字塔一样伟大。最伟大的当属卡纳克神殿。卡纳克神殿里住的是阿蒙神及其妻子穆特和儿子孔斯，卡纳克神殿的前面宽110米，长366米（图2-37）。门外路的两侧蹲着无数狮身人面的斯芬克斯，为神殿的门卫，上面覆着深绿的棕榈树（图2-38）。殿自外而内，须经过六个巨门。第一个巨门宽110米，厚15米，高46米。门上雕着帝王的功业。门前有一对方尖塔，塔尖上涂以白金，在太阳下闪闪发光。塔的四周用象形文字记载着帝王的事迹。门口有一对图特莫斯大帝的大石像。又有一对大斯芬克斯。殿内分三进：第一进，四周是巨大的石柱，中央陈列着种种高贵的供物，如大瓶的香油，盛黄金的象牙的箱，肥大的牡牛、骏马等；第二进，四周仍是巨大的石柱，柱上刻着浮雕，赞美神的恩惠；第三进，是一个巨大而幽暗的柱堂，宽104米，深52米，共有大石柱130余根，分作16列，中央两列石柱最大，直径3.5米，高21米，柱头作花形，左右两旁各8列石柱稍小，直径2.6米，

图2-37　卡纳克神殿遗址废墟

图2-38　卡纳克神殿入口处的雕像

----

① 左塞尔（Zoser）是埃及第三王朝最为著名的法老。他曾令其手下的官员伊姆霍特普修建了埃及历史上的第一座金字塔——位于萨卡拉地区的左塞尔金字塔。
② 甬道是指楼房之间有棚顶的通道。

高 21 米，柱头作蕾形。传记作者曾称：每根大石柱的莲花柱头上可以站立 100 个人。又说：巴黎圣母院可以全部纳入这柱堂内。各柱全体为浮雕，涂金，非常庄严伟大。

2.2.1.2　古希腊建筑

古希腊是欧洲文化的摇篮，古希腊建筑是西欧建筑的典范。公元前 12 世纪左右，爱琴文明突然中断，从巴尔干半岛北部南下的多利亚人，在希腊半岛开创了灿烂的文明，其早期的成就是希腊神殿建筑，并且非常明显地受到埃及承柱式①（图 2-39）和传统的迈锡尼②加隆式样的影响。典型的圆柱式希腊神殿是公元前 6—前 5 世纪间形成的，现存的遗址如奥林匹亚的赫拉神庙（图 2-40）。

图 2-39　卡纳克神殿——埃及承柱式的代表

图 2-40　奥林匹亚的赫拉神庙

希腊建筑的最高成就是雅典阿克罗波里斯圣城（图 2-41）。公元前 5 世纪后半叶，著名艺术家菲迪亚斯受雅典君主伯里克利委托，领导一个由建筑师和雕刻家组成的设计组将其设计建造而成。迈锡尼时代，这里就是雅典城的外围防卫设施的重要制高点，并得到了雅典卫城的称号。

雅典卫城建筑群（图 2-42）大多建于高山之巅，主要建筑有膜拜雅典娜的帕特农神庙、伊瑞克先神庙、胜利女神庙及卫城山门。其中，帕特农神庙（图 2-43、图 2-44）最引人注目，它不但是整个卫城的中心，而且是这一时期整个希腊最宏伟的建筑。

建筑群有军事和宗教双重功能：军事上，居高临下利于防卫；宗教上，因有洞窟流泉、丛林幽谷，给人以神仙洞府之感。它不但是雅典奴隶主民主政治时期国家宗教的活动中心，而且自战胜入侵的波斯军队后，更被视为国家的象征。

图 2-41　雅典阿克罗波里斯圣城

图 2-42　雅典卫城入口（东北侧）

---

① 从第四王朝开始，埃及人选择了砖石结构来构建房屋，通常称为"承柱式"技术体系。这种结构是用垂直的立柱和墙作为支撑体，在邻近的柱和墙之上，横向放置石梁，组成室内封闭空间。

② 迈锡尼文明是古希腊青铜时代的文明，它由伯罗奔尼撒半岛的迈锡尼城而得名，以迈锡尼、泰林斯、派罗斯为大邦。迈锡尼文明是爱琴文明的一个重要组成部分，继承和发展了克里特文明。公元前 1900 年左右，迈锡尼人开始在伯罗奔尼撒半岛定居，到公元前 1600 年才立国。迈锡尼文明从公元前 1200 年开始呈现衰败之势，后多利亚人南侵，宣告了迈锡尼文明的灭亡。这是古希腊青铜时代的最后一个阶段，包括《荷马史诗》在内，大多数的古希腊文学和神话历史设定皆为此时期。

图 2-43　帕特农神庙

图 2-44　帕特农神庙鸟瞰图

　　帕特农神庙在设计中，巧妙地利用人的视差现象，对神殿各部分的尺度做了巧妙的安排。例如 8 根柱子，只有中央两根是垂直于地面的，两边的柱子都向中央倾斜，以凝成雄伟崇高之态。又如，两端两个柱子的间隔比中间各柱子间隔略小，而中间是以神殿内部的黑色空间为背景的，根据"面积相等时，白色块显得大，黑色块显得小"的光渗错觉规律，以调整馈补的方式达到视觉平衡。整个建筑群没有严格按照对称布局，而是依据地形自由安排。柱的表面都刻着细沟，每根柱周围有 20 道沟。沟的作用一是使柱增加垂直感，二是希腊在西欧，日光强烈，光滑的大理石柱面反射太强，刺激人眼，会使人产生不快之感，设细沟则可以减少反射。柱的头上必加曲线，其作用是使柱与楣的接合处柔和自然，好似天成，从而减少柱的负重感。各部分石材结合的地方，绝对不用胶，全用凿工镶合，毫厘不差，天衣无缝，因此，帕特农神庙好像一套积木玩具，假如有巨人来玩，可以把它全部一块块地拆开，再一块块地搭起来。而且希腊人非常讲究力学，虽然构造上全部不用胶，但非常牢固。神庙的建筑方向设计也非常讲究。在庆典日时，日出时分，太阳正好出现在神庙的中轴线上。

　　古希腊雕刻艺术在这一时期也是非常值得学习的。雕刻作为建筑的配套装饰，成为独立的艺术品种。举世闻名的是《米洛斯的阿芙罗蒂德》雕塑（图 2-45）。阿芙罗蒂德是古希腊神话中象征美和爱的女神，被称为"维纳斯"，是一种审美的典型。古典艺术时期，希腊雕刻最为繁荣，经典作品有爱盖那岛阿菲亚神庙东西两面的山墙雕刻《赫拉克里斯》（图 2-46）、家具宝座上的装饰性雕刻《路德维奇宝座浮雕》[1]

图 2-45　《米洛斯的阿芙罗蒂德》

图 2-46　《赫拉克里斯》

[1]《路德维奇宝座浮雕》是在拆除罗马皇帝路德维奇的别墅时发现的，三块浮雕分别位于其家具宝座的后背和左右两侧，据推测是古希腊雕塑家卡拉美斯的作品。位于宝座后背的浮雕最大，宽 1.44 米，被命名为《阿芙洛蒂忒的诞生》，取材于希腊神话中爱与美之神维纳斯从海洋中诞生的故事。宝座的左侧是焚香的妇女形象，右侧则是吹笛的裸女形象。三块浮雕都表现了相当高的艺术水平。

等。《伊瑞克先神庙女像柱》（图 2-47）则是古希腊建筑柱式的一大创举，是雕刻与建筑良好结合的典范。这些神像雕刻，是古希腊"神人同形同性说"中，比人更理想、和谐和美的经典，并成为后来文艺复兴的主要精神境界。

古希腊建筑是相对稳定的石质梁柱结构。希腊神殿建筑的式样，称为"楣式建筑"。楣是屋顶下面的水平横木，在石造建筑上是一根横石条。这石条下面有许多支柱，称为"柱列"。柱列为楣式建筑的主要部分。所以楣式建筑的派别常以柱列的形式为标准进行区分。这与埃及的神殿建

图 2-47　伊瑞克先神庙

39

筑相同。不过埃及神殿的柱不在外面而在里面，希腊神殿的柱则支在殿的四围，其殿称为"柱堂"。埃及神殿较大，人走进殿内去礼拜；希腊神殿的柱堂较小，里面仅供神像，人都在柱堂外面的空地上礼拜，因此希腊神殿外观非常重，即柱列的形式非常讲究。

古希腊时期，人们先后创立了多立安柱式（doricorder）（健全）、爱奥尼亚柱式（ionicorder）（典雅）和科林斯柱式（corinthianorder）（华丽）（图 2-48～图 2-51），这三种柱式体现了不同的风格和美学思想。古希腊的建筑形式、结构方式和设计原理，对后来的古罗马建筑和 19 世纪欧美的古典主义建筑，甚至是对世界现代建筑都有广泛而深刻的影响。

伊瑞克先神庙位于埃雷赫修神庙的南面，传说这里是雅典娜女神和海神波塞东为争做雅典保护神而斗争的地方，建于公元前 421—公元前 405 年，这里本为放置八圣徒遗骨的石殿，是雅典卫城建筑中爱奥尼亚样式的典型代表，建在高低不平的高地上，建筑设计非常精巧。它是培里克里斯制订的重建卫城计划中最后完成的一座重要建筑。

图 2-48　多立安柱式、爱奥尼亚柱式和科林斯柱式

图 2-49　多立安式柱头

图 2-50　爱奥尼亚式柱头

图 2-51　科林斯式柱头

2.2.1.3　古罗马建筑

地中海沿岸的古代文明，经历了埃及、两河流域、爱琴文明和希腊文明之后，约 1—3 世纪，位于

亚平宁半岛上的古代罗马帝国时期的设计开始兴盛起来。古代罗马人和他们的祖先伊特拉斯坎人①，以实用主义的态度对待一切异文化，尤其对希腊文化的成就采取了宽容的、兼收并蓄的态度，使各族文化优秀成果都成为罗马人的艺术营养。

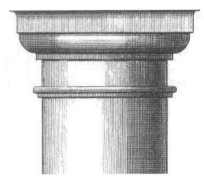

图 2-52 塔司干柱式

罗马人设计的伟大成就也是建筑，它和古希腊建筑都是古典式建筑的楷模。古罗马建筑是对古希腊建筑艺术成就的继承和发展，并将古希腊建筑的三种柱式加上原有的罗马塔司干柱式②（图 2-52），同时又增加了由爱奥尼亚柱式与科林斯柱式结合的"混合柱式"，共 5 种柱式。古罗马人把西方古典建筑艺术推到一个辉煌的高峰。罗马人修建了道路，像波斯王的"国道"一样，把能够运送兵车和辎重的道路修到四面八方。他们拥有造桥专家，在多瑙河、莱茵河上都有他们的桥梁；他们修造高架水渠，飞山越岭，把水送到宫廷园囿之间；他们建造雄壮的凯旋门，让得胜的将士们从门圈中通过，振奋士气；他们修建了圆形斗兽场，供贵族们观赏人兽格斗的残酷现场……

古罗马建筑广泛采用砖石，以天然的火山灰混凝土来砌筑，构建各类柱式与拱圈相结合的"券柱式"体系，使各种复杂功能的建筑获得理想的空间。古罗马建筑规模宏大，结构严谨，气势雄伟，装饰富丽，包括城市广场、公共建筑、桥梁、神庙、住宅等，其典型作品如穹隆式半球屋顶的罗马万神庙（图 2-53、图 2-54）、竞技场、公共浴场、希罗德·阿提库斯剧场（图 2-55）、凯旋门和记功柱等。

图 2-53 万神庙

图 2-54 万神庙内景

图 2-55 希罗德·阿提库斯剧场

① 伊特拉斯坎人（Etruscan）亦译埃特鲁斯坎人，是古代意大利西北部伊特鲁里亚地区古老的民族，居住在亚平宁山脉（Apennines）以西及以南台伯（Tiber）河与阿尔诺（Arno）河之间的地带，西元前 6 世纪时，其都市文明达到顶峰。伊特拉斯坎文化的许多特点，曾被之后统治这个半岛的罗马人吸收。

② 塔司干柱式是罗马最早的建筑形式，它是多立克式的一种变体，更粗短，也有人认为它是希腊柱式基础。但是，罗马建筑最典型的特征是使用非结构柱式，经常是将柱子全部或部分埋入墙中，称为附墙柱或半身柱，有的柱子做成扁平状，这时人们就称其为壁柱。塔司干柱式柱身长细比为 6，多立克柱式柱身长细比多为 7。

希罗德·阿提库斯剧场建于 161 年，是罗马大帝时代的哲学家希罗德·阿提库斯为纪念妻子而建造的，为世界上最古老的剧场，也是同时期最杰出的建筑物之一。三层楼的建筑共有 32 排座位可容纳 6000 名观众。半圆形的露天剧场，直径 38 米，在场内任何位置都能清楚听到舞台上表演的声音。舞台背景为罗马式的窗型高墙，壁龛处以雕像作为装饰。直到 267 年受到外来入侵，剧场历经无数灾难，最后因一场大火烧毁了原有的西洋杉屋顶。

古罗马的建筑结构技术相当成熟，当时已十分重视建筑设计。希腊建筑由列柱与横楣组成外观，在罗马则被连续伸展的墙和拱代替。罗马人也使用柱子，但只用来构建回廊或门面，或者作为一种装饰贴在墙面上。罗马人创造了一种建筑样式"巴西利卡式"①。它是一种长方形的大厅，内部有两排列柱，一端有半圆形凹龛，可作议事厅、会堂、法院等，后来受基督教的冲击，多用作教堂。最古老的"巴西利卡式"建筑是罗马的马克森提乌斯教堂。

古罗马伟大的建筑设计师维特鲁威在《建筑论》中论述了造物活动中美和功能的关系，维特鲁威在该书第三篇第 2 章 "建筑的基本原则"中说："建筑必须讲求规律、配置、匀称、均衡、合宜以及经济。"他对美的理解有两种含义。一种含义是通过比例和对称，使眼睛感到愉悦。他还说："当建筑的外貌优美宜人，细部的比例符合正确的均衡时，就会保持美观的原则。"另一种含义是通过适用和合宜的目的使人快乐。建筑房屋要考虑到宅地、卫生、采光、造价，以及主人的身份、地位、生活方式和实际需要。

维特鲁威的建筑理论中的功能美和形式美之间保持着某种平衡。在他这种思想的感召下，罗马人的建筑及环境设计事业极其繁荣，他们所理解的建筑已不只是指房屋的建造，而且延伸到钟表制作、机器制造和船舶制造等许多方面。

2.2.2　中世纪建筑

公元前 146 年，在亚平宁半岛兴起的罗马帝国征服了希腊，出现了横跨欧、亚、非三大洲的大罗马奴隶制帝国，直到 476 年西罗马帝国灭亡，标志着欧洲奴隶社会的结束，封建制度逐步建立起来。在长达近千年的历史中，欧洲封建时期的基督教会在思想意识的各个领域占有绝对统治地位，形成政教合一的政治局面，支配着中世纪文化艺术和社会生活的各个方面。中世纪的设计毫无例外地受到宗教势力的影响，倾向于上帝和神明的精神性表现，并成为超脱世俗、沟通天堂的重要工具，设计的目的也直接为基督教统治服务，为一切通向天堂或向往天堂的人设计。

2.2.2.1　拜占庭式建筑

4 世纪后，古罗马分裂为东、西两帝国。当时北方日耳曼人侵入西罗马后，罗马的文明也就随着转移到地处君士坦丁堡的东罗马，史称"拜占庭帝国"，从而使基督教思想完全渗透当时的"拜占庭艺术"之中。

拜占庭艺术也是以宗教建筑为中心的。君士坦丁大帝教徒护令一下，基督教徒重见天日，开始堂而皇之地在地上建教堂，这就叫作巴西利卡，是教堂建筑的萌芽。这种建筑基本上是"巴西利卡式"的发展（图 2-56），但在平面结构上则分为三类，即"巴西利卡式""集中式"和"十字形平面式"。这三种形式在结构上的共同点是屋顶为穹隆形。这种穹隆的处理与古代罗马的穹隆不同，古代的穹隆顶是由墙壁支撑的，而拜占庭式穹顶是由独立的支柱利用帆拱②形成的（图 2-57），因此，这可以使成组的穹隆集合在一起，形成广阔而富有变化的空间。这些建筑从外部看很朴素，而内部装饰却竭尽华丽之能事。

拜占庭建筑在形制、结构和艺术上有不少发展，特别是对罗马古典风格穹顶的改造。同时由于地理因素，它也吸收了两河流域的东方国家的艺术成就，形成独特的体系，如著名的圣索菲亚大教堂（图

---

① 巴西利卡这个词源于希腊语，原意是 "王者之厅"的意思，拉丁语的全名是 basilica domus，本来是大都市里作为法庭或者大商场的豪华建筑。

② 帆拱是对古罗马 "穹拱"一种地域性的变异及重新诠释。在 4 个柱墩上沿方形平面的 4 条边长做券，在 4 个垂向券拱之间砌筑一个过 4 个切点的相切穹顶，水平切口和 4 个发券之间所余下的 4 个角上的球面三角形部分，即为帆拱。

2-58）就是典型的拜占庭式建筑风格。圣索菲亚大教堂既是东正教的中心，也是皇帝举行重要仪典的主要场所。这一教堂的突出成就首先在于把穹顶支承在四根独立的支柱上，并创造了这种体系；其次在于教堂内部（图 2-59）灿烂夺目的色彩效果。柱子与墙全用彩色大理石贴面，镶嵌金箔；穹顶和拱顶采用半透明彩色玻璃装饰，为了保持玻璃镶嵌画面的统一色调，在玻璃背面用金色作底，显得格外辉煌。

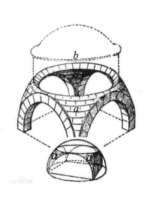

图 2-56　意大利罗马圣母堂（内部结构）　　　　图 2-57　帆拱

图 2-58　圣索菲亚大教堂　　　　　　　图 2-59　圣索菲亚教堂内部

　　拜占庭式风格除了教堂建筑之外，还表现在家具与建筑的组合配套设计方面。拜占庭式家具设计主要沿袭了古罗马家具的基本式样，又加入了波斯等国的装饰，显示出一种教会思想笼罩下的沉闷、笨重的特征。典型代表如基督教主教椅，坐椅是箱座框架镶板结构，背板上端常作弧形和连拱券装饰，仿照拜占庭式建筑，通体绘制卷草纹和圣徒形象，镶嵌象牙、金银和宝石，这种风格在当时十分流行（图 2-60）。

　　西罗马帝国覆灭后，欧洲各日耳曼族王国对罗马古代文化非常羡慕，竞相模仿罗马式风格，罗马式风格随在阿拉伯半岛的阿拉伯帝国崛起，并经小亚细亚希腊化时期手工艺人的演绎，于 5—13 世纪流行于欧洲阿尔卑斯山、法兰西、英格兰等地区。

2.2.2.2　罗马式建筑

　　罗马式建筑发展于意大利，流传于德国和法国，到了 12 世纪盛行于全欧。这种建筑形式庄重而典丽，外形上的显著特色是拱门形式的改变。教堂向来用纯罗马式的半圆形拱门，但自十字军东征，东西文化融合后，东洋风的三叶形、马蹄形的拱门逐渐被巧妙地应用在教堂建筑上，成为罗马形式（后来的哥特式所盛用的尖头拱门，便是从这里开始的）。有名的比萨教堂、洗礼堂及斜塔便属于这样的建筑（图 2-61）形式庄重而有艺术的统一，为罗马式建筑的佳作。斜塔所属的教堂建于 11 纪末，以巴西利卡式为基本，加以拜占庭式风格的构造和东洋风格的装饰。12 世纪中期，其旁边又建造了洗礼堂和斜塔。洗礼堂取圆形的基地，全部用大理石建造，形式简明而新颖。斜塔为七层的圆筒形塔，上有小圆塔，其倾斜幅度约 3.96 米，从远处望去好像要倾倒。倾斜的原因，一说是故意为之，又一说是地盘沉落使然。

教堂、洗礼堂和斜塔都庄重而有艺术的统一，为罗马式建筑的佳作。

　　这种教堂形式异于前时代的建筑之处主要有三点。第一，基督教兴起，教会制度复杂，参加祭礼的僧侣人数大增，教堂建筑上应扩大僧侣住处。因此，教堂的基地以前是丁字形，罗马式建筑则扩充成十字形。第二，占地面积变大，构造自然也需要变化。以往教堂上面的盖板以简洁素雅的天花板为主，现在改用拱门式，相交叉的半圆形梁的末端安置在支柱上，稳固又活跃，富有"崇高"的趣味。教堂经过改革而具有了艺术的统一性。第三，在建筑外形美上统一。以往的巴西利卡式建筑，因为注重实用性，只讲究内部的布置，而忽略外观。罗马式建筑则在外观上追求艺术统一，采取的做法是添造高塔，塔是罗马式建筑的重要特色。凡是教堂，旁边定会添筑高塔，作为教堂的一部分。以前的教堂远望平坦，与普通房屋无异，缺乏宗教的感觉，有了这塔，远望全景，就不觉得它是实用型建筑，而是纪念型建筑。塔不止一个，有的用三塔，有的用五塔，有的用七塔（图 2-62）。因此，罗马式建筑的特点是将拱门和塔两种建筑要素用艺术的形式

图 2-60　马克西米那斯主教座椅

马克西米那斯主教座椅的造型是典型的中世纪风格，然而在木质基座上却有华丽的象牙雕刻。人物表现的是基督和圣徒的形象，植物的纹样是东方式的，图案主要由鸟兽、果实、叶饰和几何纹样组成。这件家具反映了象牙雕刻术在拜占庭手工艺中所占的重要地位。

43

图 2-61　意大利比萨教堂、洗礼堂及斜塔

图 2-62　英国达勒姆大教堂（罗马式建筑）

统一起来。拱门向上隆起，使内部增加崇高之感；塔指向天空，使外部增加崇高之感。教堂以具有实用性的巴西利卡式建筑为基础，逐渐发展出具有艺术性的罗马式建筑，当艺术性大于实用性时，就产生了哥特式建筑。罗马式建筑是基督教全盛期的产物，可以说是教堂艺术的巅峰。

2.2.2.3 哥特式建筑

哥特式艺术是欧洲封建盛期以法国为中心形成的一种以新型建筑为主的艺术风格，包括与之相配套的雕塑、绘画、家具和室内装饰工艺。哥特式风格流行于 12—15 世纪，是欧洲封建城市经济开始占主导地位时的主体风格。

"哥特"一语由意大利文艺复兴时代的艺术家首次提出，是对 12 世纪建筑及其相关艺术的一种嘲笑。哥特人原是参加覆灭罗马奴隶制的日耳曼"蛮族"之一，15 世纪文艺复兴运动反对封建神权，提倡复兴古罗马文化时，把当时非罗马式的建筑风格称为"哥特"，对其加以否定。哥特式建筑仍以教堂为主，但由于城市经济的发展，反映其特点的市政厅、城市广场、手工艺行会、商人公会与关税局等类型的建筑也大大增加，市民住宅也有很大的发展。"哥特式"建筑是欧洲封建社会上升时期，城市经济开始占主导地位时产生的艺术，是一种以新颖建筑为主的风格。它虽脱胎于罗马艺术，但已毫无古罗马精神及罗马精神对其的影响，自成为以宗教为主的体系。

哥特式风格融入了方方面面。首先，在高度上创造了许多崭新的记录。这种建筑风格一反罗马式建筑的厚重、阴暗的圆形拱门的教堂式样，广泛运用线条轻快的尖拱券、造型挺秀的小尖塔、轻盈通透的飞扶壁、修长的主柱或簇柱以及彩色玻璃镶嵌的花窗，造成一种崇高感和神秘感，反映了基督教观念和中世纪物质文化的面貌。哥特式教堂不仅高，向上的动势也非常强，轻盈的垂直线条直贯整体。意大利的米兰教堂虽然不是很高（42 米），但它外部却有 135 个小尖塔，显出蓬勃生机。如表 2-1 所示列出了几个具有代表性的哥特式建筑。

哥特式教堂另一个特征是把雕刻、绘画及装饰艺术融为一体。雕像常以修长的形体、拘谨的姿态所产生的垂直而静止的效果著称。通过有意识地拉长、变形人体与高耸飞升的建筑相呼应。所有的建筑细部（如华盖、歌坛、祭坛、壁龛）及各类装饰均格调统一，十分精致。值得一提的是，设计师们从拜占庭教堂的琉璃嵌画中汲取灵感，创造了镶嵌彩色玻璃的窗画，即在大窗户上先用铅条组成各种类似东方线条装饰画的形象轮廓，然后用小块彩色玻璃镶嵌，其基本色调为蓝、红、紫三色。单纯的轮廓线与彩色玻璃的结合，使教堂内部在阳光照射下呈现出一种色彩缤纷的神秘气氛。

表 2-1 哥特式建筑

名　称	图　片	详　情
法国 亚眠教堂		亚眠教堂建于 1220 年，是哥特式建筑顶峰期建造的大教堂。内部由三座殿堂、一个十字厅（长 133.5 米、宽 65.25 米、高 43 米）和一座后殿组成，布局严谨。教堂的墙壁上雕饰有基督教先知、信徒和法国历代国王的画像，并有著名的宗教题材的雕像，表现各种宗教修行、圣人传记以及创造大地的历史，被称为"石头上的百科全书"。正门的雕塑是《最后的审判》，北门的雕塑是殉道者，南门的雕塑是圣母生平。这一组组雕像被称为"亚眠圣经"，是雕刻中的精品，高 42 米
法国 巴黎圣母院大教堂的塔楼		巴黎圣母院大教堂位于法国巴黎市中心的西堤岛，是天主教巴黎总教区的主教堂。圣母院属于哥特式建筑形式，是法兰西哥特式教堂群里非常具有代表意义的一座。该教堂始建于 1163 年，是巴黎大主教莫里斯·德·苏利决定兴建的，整座教堂在 1345 年全部建成，历时 180 多年，高 60 米

续表

名　称	图　片	详　情
法国 夏特尔大教堂的 南塔楼		夏特尔大教堂是早期法国哥特式建筑的典范。两座塔楼兴建的时间相隔几百年，简单的八角形南尖搭建于 13 世纪初，较精致的北尖塔兴建于 1507 年左右，值得注意的是两座塔楼本来就要建得不一样，塔楼高 107 米。夏特尔大教堂是法国保留最完好、最具有代表性的哥特式教堂，彩绘玻璃、雕刻和地砖几乎都是原始的
法国 斯特拉斯堡教堂		斯特拉斯堡教堂始建于 1176 年，直到 1439 年才全部竣工，用孚日山的粉红色砂岩石料筑成。正面顶上，一边是一座高 142 米的尖塔，另一边却只有一座平台，此处原应该是一座对称的尖塔，由于当时的财力有限而未建成，如今反倒成了它的特色，斯特拉斯堡教堂也因此极负盛名，高度是 142 米
德国 乌尔姆教堂		教堂位于德国巴登 - 符腾堡州乌尔姆市。乌尔姆市位于德国南部，是一座拥有 11 万人的现代化城市。整个城市围绕着市中心的敏斯特教堂布局。这座教堂是典型的哥特式建筑，高度为世界第一。这座砖石结构的教堂从设计到建成经历了近 600 年。凝结了数代工匠的智慧和血汗，高达 161 米

　　哥特式教堂建筑的发展阶段按建筑形式与装饰风格不同，可分为早期、中期、晚期。例如英国属于中期的"装饰式"，以花棂取代早期的矢形窗。晚期的"垂直式"强调用线造型的垂直感。晚后期的外露屋架，喜用显示贵族古堡遗风的红砖墙，并用凹凸竹节线脚装饰窗框，称为"都铎式"。法国晚期的建筑则在花窗棂中饰以流畅图案，称为"火焰式哥特"等。

　　教堂建筑由朴素的地上礼拜堂逐步发展形成华丽的拜占庭式、端庄的罗马式、犹如"锦绣的森林"的哥特式，宗教建筑的发展即达到极点。这种极度发展的教堂建筑，其结构的复杂，规模的壮大，可以说是建筑史上的一大奇观（图 2-63 ～图 2-66）。

米兰大教堂
主体以白色
大理石砌成，
被美国作家
马克·吐温称
为"大理石之
诗"。

图 2-63　德国科隆大教堂　　　　　图 2-64　英国威斯敏斯特大教堂

图 2-65　法国巴黎圣母院　　　　　图 2-66　米兰大教堂

2.2.3　近世纪建筑

十字军东征失败后，罗马教会逐渐失势，意大利以此为契机繁荣起来。意大利人对古希腊罗马文化有着强烈的憧憬，期待着古代希腊罗马文化再生。"文艺复兴"的时代就这样开始了。文艺复兴以后，法国站在历史的聚光灯下，从建筑、服饰到沙龙①演绎了新的国家形象。巴洛克和洛可可样式在路易王朝中孕育发展，民众的文化启蒙运动壮大，随之而来的是革命和时代的变迁，以法国为中心的古典风尚在欧洲再次来潮。

2.2.3.1　文艺复兴时期的建筑

西欧在历经千余年的封建统治之后，14 世纪进入了资本主义的萌芽时期。在人文主义思想指导下，一场新兴资产阶级的反封建、反神权，要求回归人权、复兴希腊，罗马古典文化的文艺复兴运动在意大利的佛罗伦萨拉开序幕，15 世纪开始波及欧洲。"这是一次人类从来没有经历过的、最伟大的世界变革，是一个需要巨人而且产生了巨人——在思维能力、热情和性格方面，在多才多艺和学识渊博方面的巨人——的时代。"这场前后延续 200 多年的运动，一直到 16 世纪末结束，由此带来环境设计的繁荣和发展。

文艺复兴新思想的核心是争取个人在现实世界中的地位，并得到发展，历史学家称之为"人文主义"（即"人本主义"）。按人文主义的世界观，主宰世界的是人，而不是神；人生的目的不是死后的"永生"，而是现实的享受；人的各种自然欲望不应被限制，而应予以满足。这与中世纪的基督教世界观中否定人

①"沙龙"一词最早源于意大利语单词"salotto"，是法语 salon 一词的音译，原指法国上层人物住宅中的豪华会客厅。从 17 世纪起，巴黎的名人常把客厅变成著名的社交场所。进出者多为戏剧家、小说家、诗人、音乐家、画家、评论家、哲学家和政治家等。他们志趣相投，聚会一堂，呷着饮料，欣赏典雅的音乐，促膝长谈，无拘无束。后来这种形式的聚会便被人们称作"沙龙"，并风靡欧美各国文化界，19 世纪是它的鼎盛时期。

生、否定现实、提倡禁欲主义是针锋相对的。新生的资产阶级知识分子终于找到了这一武器，这就是古希腊、古罗马的思想和文化。于是，文艺复兴运动首先在意大利掀起，并出现了空前未有的繁荣导象。

文艺复兴式教堂的特点有三：第一，不求高而求美；第二，不求华丽而求调和；第三，注重作家的个性。以往的建筑工作多数委托于很多人，但现在委托于一个人，由这个人充分发挥他的个性，创造独特的形式。这三点，是文艺复兴时代一切艺术的共通之处。

资本主义的萌芽使城市建筑发生很大的变化，世俗建筑成为主要的建筑活动，反映在风格上，是排斥和反对象征神权统治的哥特式建筑风格。文艺复兴罗马时期的建筑形式，强调以人为中心，运用以人体尺度为基本比例的古典柱式作为建筑造型的基本要素。采用古罗马的半圆形拱券，水平向厚檐、厚石墙，具有下重上轻的稳定感。建筑轮廓平缓，不用尖塔形，常以穹隆为中心，立面柱子与窗子格调统一，具有整齐而富有规律性的节奏感，入口处通常给予重点装饰，以区分主次。建筑形象规整、简洁、稳定，与哥特式建筑的高耸、纤巧、轮廓参差的形象形成强烈对比。其形式广泛应用于资产阶级和贵族的府邸、王宫、教堂和城市广场建筑群中，如罗马法尔尼斯府邸（图 2-67）、维琴察的园厅别墅（图 2-68）、法国的枫丹白露宫（图 2-69）、罗马的圣彼得大教堂（图 2-70）和威尼斯的圣马可大教堂（图 2-71）及其广场等。

图 2-67　罗马法尔尼斯府邸

图 2-68　维琴察的园厅别墅

图 2-69　法国的枫丹白露宫

图 2-70　罗马的圣彼得大教堂

文艺复兴时期不但涌现出但丁、莎士比亚等文学家，更不乏伟人的艺术家如达·芬奇（图 2-72）、米开朗基罗、拉斐尔等。他们在艺术方面都取得了不朽的功勋。更重要的是，不少著名建筑师的登台亮相，如布鲁奈列斯奇、伯拉孟特、阿尔伯蒂、帕拉第奥和维尼奥拉等，开创了环境艺术世俗化的风范。

布鲁奈列斯奇（1379—1446 年）是意大利文艺复兴的奠基人。他的第一件作品是佛罗伦萨

图 2-71　威尼斯的圣马可大教堂

47

大教堂穹顶的设计建造。1421 年，他设计的佛罗伦萨育婴院最具革命性的贡献（图 2-73）。他的代表性作品是 15 世纪上半叶设计建成的巴齐礼拜堂（图 2-74），成为文艺复兴风格的标准建筑。

48

1419 年，布鲁奈列斯奇设计的一座位于佛罗伦萨的四合院，正面向安农齐阿广场的一侧，展开长长的券廊。育婴院建筑的主要特征集中在立面上的拱廊部分。拱廊由科林斯式和上部的半圆拱构成，拱廊部分的顶棚采用了垂拱形式，用铁条克服侧推力，上部的窗顶采用了希腊式额墙。建筑整体构图轻快、开敞，在趣味上显示了向古罗马时代的回归，是早期文艺复兴风格的标志性作品。

图 2-72　达·芬奇画作《维特鲁威人》[①]　　　图 2-73　佛罗伦萨育婴院

　　文艺复兴盛期的"首席"建筑师是伯拉孟特（1444—1514 年），他的整体风格平和秀丽，代表作品是坦比哀多神堂（图 2-75）。这件作品形体虽小，但构图充实、比例和谐、层次丰富，"增一分太多，减一分太少"。作品极大的灵活性和适应性被奉为楷模，在世界各地繁衍，著名的圣彼得大教堂的穹顶、圣保罗大教堂、巴黎的万神庙以及华盛顿的白宫等建筑的设计创造，都从小小的坦比哀多神堂汲取了灵感。

巴齐礼拜堂建立了与环境和谐得体的秩序，强调对称构图，柱廊上用壁柱与檐部线脚划分成方格，整个立面简洁典雅。

图 2-74　巴齐礼拜堂　　　　　　图 2-75　坦比哀多神堂

　　莱昂·巴蒂斯塔·阿尔伯蒂（1404—1472 年）是文艺复兴盛期多才多艺的建筑理论家。他的《建筑论——阿尔伯蒂建筑十书》[②] 一书，阐述了以数学和谐为基础的美学理论。他推崇基本几何形体（方形、圆形、立方体、环体）的统一与完整的和谐美，他把建筑美学定义为部分比例的理性结合。他在建筑方

① 这幅由钢笔和墨水绘制的手稿，是大约 1500 年前维特鲁威在《建筑十书》中的描述，达·芬奇绘出了完美比例的人体。描绘了一个男人在同一位置上的"十"字形和"火"字形的姿态，并同时被分别嵌入一个矩形和一个圆形当中。这幅画有时也被称作卡侬比例或男子比例。《维特鲁威人》现被收藏于意大利威尼斯学院的美术馆中。
② 《建筑论——阿尔伯蒂建筑十书》由莱昂·巴蒂斯塔·阿尔伯蒂撰写，是第一部有关建筑理论与实践的现代论著。

面采用了古罗马基本建筑的格局，拱券、壁柱、叠柱式构图等体现着严密精确的比例，他设计的圣玛利亚教堂、曼图亚·圣安德亚教堂、萨罗地拉府邸等成为理论付诸实际的里程碑作品。

威尼斯建筑界代表性人物还有安德烈亚·帕拉第奥（1508—1580 年），他在建筑理论方面也很有建树，他的《建筑四书》[①]对欧洲产生了巨大的影响。

科莫·维尼奥拉（1507—1573 年）是意大利文艺复兴时期著名的建筑师与建筑理论家。他青年时代曾在波洛尼亚学习绘画与建筑，1530 年定居于罗马。1562 年，他发表了名著《五种柱式规范》[②]。

文艺复兴时期的室内外空间形象设计，比古罗马式和哥特式更豪华、壮丽、自由、活泼，开阔的圆形大厅布满了浮雕、壁画，墙面和天花板上壁灯造型精美，楼梯回廊形式多样，富丽堂皇。同时文艺复兴时期的建筑注重环境协调统一，建筑周围的大台阶、雕塑、水池喷泉等构成了空间环境的艺术美。

文艺复兴时期的家具设计也很有建树，主要流行款式融入了人文主义精神，特点是华丽、精美，效仿建筑装饰手法，采用尖拱、束柱、垂饰罩、浅雕或透雕镶板装饰，整体风格厚重庄严，线条粗犷，外形呈严肃的直线轮廓。对于家具设计，意大利以富丽丰厚见长，讲究重点雕饰、多功能和实用性；德国、丹麦和瑞典则着意于朴实平凡的风格；英国前期称为都铎式[③]，简约粗笨，而后期称为雅可宾式，古朴严整，明显特征是球形脚和佛兰德的卷涡形透雕拉脚档，这种款式历经了五代王朝；西班牙的家具纤巧华丽，荷兰的家具呈馒头形、螺形器具形，这些均为文艺复兴式家具的典型式样。

文艺复兴时期的环境设计与中世纪相比，活动的中心已从教会转向宫廷和社会，中世纪盛行的装饰已呈衰颓趋向，设计与生产开始和人的生活需要发生密切联系，室内装饰和家具工艺取得了长足进展。其次，许多著名艺术家的投入，使环境设计更注重造型和色彩等方面的比例与协调，进而，以文艺复兴为起点，"设计"和"纯艺术"开始分流，进入设计艺术史的又一历史阶段。

2.2.3.2　巴洛克风格的建筑

从意大利开始的文艺复兴运动，15—16 世纪波及欧洲各国，16 世纪末期进入尾声。这时，艺术和设计领域出现了一股抵触势力，相悖于文艺复兴所推崇的古典主义原则，对严肃、含蓄、平衡、均衡的传统理念产生强烈的对抗，在形式上承自文艺复兴晚期的矫饰主义，但实质上是人文主义。它打破了对古罗马理论家维特鲁威的盲目崇拜，也废弃了古典主义者所制定的各种清规戒律，从侧面反映了对自由的向往，这就是兴起于罗马的"巴洛克"精神，是在为天主教及红衣主教的服务中产生的，随即波及欧洲的天主教国家。法国随着路易十四时代中央集权制的胜利，取得了主宰欧洲各国的权威地位，巴黎逐步取代罗马成为西方文化和艺术的中心。

在美术和设计史中习惯将整个 17 世纪称为巴洛克时代，然而此时的许多风格又都显示出与巴洛克艺术截然不同的特点。16 世纪欧洲爆发的宗教改革运动，打破了天主教的大一统局面，也因此形成了南欧天主文化圈，包括荷兰、英国、斯堪的纳维亚地区和德国北部，这种分化必然导致设计中不同风格的复杂性特点。新教国家反对偶像崇拜，推崇节俭克制；天主教国家为对抗新教而崇尚奢华，从而使巴洛克风格流行。当然二者关系并非绝对对立，而是相互渗透。

"巴洛克"一词源于葡萄牙语 barrcco，意为未经雕琢、外形不规则的珍珠。17 世纪末叶以前该词最初用于艺术批评，泛指各种不合常规的、稀奇古怪的、离经叛道的事物。18 世纪的新古典主义者，

---

① 《建筑四书》为建造者提供了可行的建议。安德烈亚·帕拉第奥在书中引用了自己的许多设计以说明古罗马式建筑的设计原则。第一书是关于材料、古典柱式和装饰的研究；第二书包括所作住宅设计图和古典建筑复原图，图中根据数学比例关系，标出尺寸；第三书包括桥梁设计、古代城市规划、古罗马长方形会堂；第四书是古罗马神庙的复原图。帕拉第奥承接了古代的维特鲁威，重新阐释了他的建筑规则。帕拉第奥有关比例方面的理论，在维特鲁威的基础上更显精妙完善，向人们解释了一系列复杂的、音乐性的和谐关系，不仅涉及某个房间的比例，还涉及空间序列中各个房间的比例。此外，他还在房间布置上坚持对称的原则，甚至发展了双轴对称的布局。

② 19 世纪末之前，古典柱式一直是西方建筑的本质特征，并且作为一种文化意象被西方人认同。典型的希腊柱式有多立克柱式、爱奥尼克柱式与科林斯柱式等三种，希腊柱式后来为罗马所继承与发展。所谓五种柱式包括罗马多立克柱式、罗马爱奥尼柱式、罗马科林斯柱式、塔司干柱式和混合柱式。

③ 都铎式府邸建筑体形复杂起伏，尚存有雉堞、塔楼，这些属于哥特式风格；但其构图中间突出，两旁对称，已是文艺复兴风格。

则用该词来讽刺 17 世纪意大利流行的一种反古典主义的风格。在建筑方面该词则指"荒诞离奇的建筑样式"。巴洛克风格是一种艺术家完全凭自己的灵感随心所欲地进行创作的、不拘泥于规正比例的艺术表现形式。

巴洛克建筑主要表现在教堂设计上，并以教堂的室内设计为主线，调动一切装饰手段，使艺术设计进入又一个高峰。其特色主要是废弃了对称和均衡这种旧的表现形式，追求强有力的块体造型与光影变化；废弃了方形和圆形的静态形式，运用曲面、波折、流动、穿插等灵活多变的夸张强调手法创造特殊的艺术效果，以呈现神秘的宗教气氛和幻觉美感。如建筑结构上，巴洛克风格不顾逻辑秩序，将构件任意搭配，以取得非理性的反常效果；运用透视规律对某些部分加以变形，使之变幻，以夸大尺度，增加层次，加强室内深远感；用断檐、断山花、波浪形墙面、重叠柱等非常规手法，借以夸大建筑的凹凸起伏和流动感；运用透视深远的壁画、姿态夸张的雕像、层层叠叠的空间和强烈的光影变化，造成光怪陆离的幻象，烘染出迷惘、离奇的神采；同时大量使用贵重的装饰材料，追求珠光宝气，以此来炫耀财富。这些手法得到当时的宫廷贵族所赏识，被大量应用到城市广场和宫殿府邸建设中，其代表作有圣彼得大教堂前的广场和大柱廊等。

17 世纪盛期巴洛克建筑的两位最杰出的大师是贝尼尼（1589—1680 年）和波洛米尼（1599—1667 年）。贝尼尼是雕刻家兼建筑家，他与米开朗基罗一样，是一位能力非凡的奇才。他追求雕刻一般的建筑效果，同时也擅长戏剧艺术，是一位集造型艺术、戏剧艺术、舞台艺术于一身的杰出人才。他于 1624—1633 年间完成的圣彼得大教堂祭坛前巨大的青铜华盖（图 2-76）充分体现了巴洛克风格热烈奔放的特色。他还为圣彼得大教堂设计了门前椭圆形广场和柱廊（图 2-77），广场的平面为椭圆形加梯形，横向呈椭圆形，中心为方尖碑，开阔、优美；柱廊由四层 84 根塔什干柱子组成，气势恢弘，像慈母伸开双臂拥抱着广场上虔诚的信徒。圣彼得大教堂广场成为西方最美的广场建筑之一。

图 2-76　青铜华盖　　　　　　　图 2-77　圣彼得大教堂门前椭圆形广场和柱廊

巴洛克家具一如建筑，多豪华奔放，夸张雕琢有余，尚有浪漫装饰风味。外观上，以端庄的体形与曲线相辅，构造形式上则将许多小块装饰集中起来，分为几个主要部分，运用曲线手法，使之成为一个流动感的整体（图 2-78）。巴洛克家具在欧洲各国也有不同的特色倾向。意大利的巴洛克家具多以硕大的涡卷形成女神像、莨苕叶（图 2-79），螺旋形、卷轴形雕刻交织，有的覆漆或涂金，有的镶嵌大理石、宝石和模塑装饰。法国的巴洛克家具则以路易十四式为代表，式样繁多，常将方柱体的腿做成下溜式，末端饰以方形面包足或垂花足等为支柱，盛行五彩的嵌木细工，并有龟壳和镀金铜饰，如写字台、五屉柜、扶手椅和带华盖的卧榻等。英国的巴洛克家具最初受荷兰与佛兰德斯影响，常以麻花和方形装饰，如藤编椭圆形靠背椅、六腿藤编躺椅等；后来又受法国和中国的影响，开发出嵌木细工和大漆描金工艺。德国和西班牙也都结合各自的民族特点对巴洛克风格有所发展。

图 2-78　巴洛克家具

图 2-79　巴洛克家具上莨苕叶装饰

　　17 世纪为欧洲的巴洛克样式盛行的时代，是对文艺复兴样式的变型时期。其艺术特征是为打破文艺复兴时代的整体造型形式而进行变形，在运用直线的同时也强调线型滚动的变化造型特点，装饰过多，只有华美的效果。其中最为著名的是路易十四新修建的王宫凡尔赛宫（图 2-80、图 2-81），这是一座豪华至极的宫殿，是路易十四请意大利建筑师贝尼尼设计而成。该宫殿现在是国立博物馆的一部分——历史工艺博物馆。当时的镜子非常昂贵，但是宫殿中特别修建了"镜厅"，以象征权力的尊贵。镜厅长约 70 米，宽 10 米，高 13 米。二楼和三楼连成长廊，一侧安装了玻璃门，一侧安放镜面，地面精细地铺设了木地板。半圆形的天花板是著名画师和弟子们花了四年时间绘制的 30 幅壁画，主题是着古代装的路易十四。褐色的大理石柱的柱脚和柱顶均饰以镀金的铜饰，8 个壁龛中陈放的是塑像。几何形长廊的设计理性地利用了视觉光学理论、远近透视等原理。古典主义风格和路易十四时期壮丽豪华的风格在其中尽显。

图 2-80　凡尔赛宫内部装饰

图 2-81　凡尔赛宫天花板上的绘画

2.2.3.3　洛可可装饰风格

　　当意大利巴洛克的艺术家们沉浸在戏剧性的兴奋之中时，文艺复兴的风潮已悄悄越过阿尔卑斯山，成了法国宫廷文化的催化剂。一批意大利艺术家和建筑师被聘请到法国，大量的图书与建筑理论在法国得到了传播。1715 年路易十四去世后，路易十五继位，他的艺术爱好与路易十四不同，其风格轻妙洒脱、自由奔放、亲切中有宫廷日常感，生活化的装饰成型。这种风格的形成与宫廷中的贵族女性的积极参与也有关系。这一时期最终进入洛可可（rococo）阶段。"洛可可"一词，是从法语 rocaille 一词转变而来。词源是贝壳上的装饰物。这一时期的装饰艺术在历史上被称为洛可可样式。

　　巴洛克式风格强调外形的张力，洛可可风格更注重内部的精细装饰，房屋更注重居室的小规模，各个房间的装饰由画家和雕刻家共同完成，流行白色、粉色基调中用金色盖住房屋的轮廓线，传达幸福爱情的绘画、工艺制品令人感到温馨惬意。洛可可装饰风格因 1699 年建筑师与装饰艺术家马尔列在金氏公寓的（图 2-82）室内装饰设计中，大量采用了曲线形的贝壳纹样而成名，其特征是喜用纤细、轻巧、华丽和烦琐的装饰元素，喜用 C 形、S 形和漩涡形水草等曲线形花纹图案，并施以金、白、粉红、粉绿等颜色，追求艳丽的色调和闪耀的光泽，还配以镜面、帐幔、水晶灯和豪华的家具陈设；其风格细腻柔媚，脂粉气极其浓厚，影响遍及 18 世纪欧洲各国。在庭园布置、室内装饰、陈设工艺品等方面尤为突出。

　　为了集权统治的需要，欧洲最典型的标志性建筑——凡尔赛宫被兴建。17 世纪 60 年代，由园艺家勒诺特（1613—1700 年）开始设计与建造大花园，其跨度有 3 千米的中轴线，与宫廷建筑群中心线连成一体。在中轴线上有一个十字形碧绿水渠，将几处重点建筑连接起来。除了水渠外，其他部分都是开阔的草地、花圃、森林，并与园外旷野和密林相连。

　　洛可可式家具以法国路易十五式最具代表性，并成为法国古典家具史上最光辉灿烂的时期。其最大特征是普遍使用纤细弯曲的尖腿，除脚型断面、椅座前沿和椅靠背做成凸曲线外，柜的前脸、侧面以及柜门也均做成曲线，很少用交叉的拉脚挡。家具表面常饰以贝壳、莨苕叶、带状璎珞等纹样，有的保持胡桃木的本色，用浅色薄木镶嵌；有的仿中国的涂饰做法，用镀金铜饰镶嵌，间以白色衬托，以示高雅，如扶手椅、靠背椅、带靠背的长椅、墙角五屉橱、女用小书桌等（图 2-83）。

图 2-82　金氏公寓

图 2-83　洛可可式家具

　　洛可可风格在欧洲快速传播开来，英国、意大利、德国、俄罗斯等国家从宫廷皇室贵族流行开始，渐渐向普通社会富有阶层传递。英国制造的洛可可风格的女裙就是代表作品（图 2-84），这条黄色的裙子制于洛可可风格鼎盛时期之后的 1760 年，横向很宽，样式独特，裙子里有衬裙。伴随着行走的节奏，在前裙摆上的银色装饰轻轻摆动，让人联想起 18 世纪五六十年代流行的蔓草纹样，装饰物带来的动感是这件衣服的特色。花边和半袖陪衬裙型，胸口配轻快的装饰，曲线带来的节奏感很生动。

　　如果说 17 世纪的巴洛克艺术是男人的艺术，那么洛可可艺术则充满了女人气息。但正是洛可可艺术，把卫生间与浴室修到了凡尔赛宫中的大理石宫殿内；正是洛可可艺术，才把人们的艺术眼光由大处引向精微，由粗犷引向细腻，它开创了真正意义上的室内设计。

图 2-84　洛可可风格的女裙

本章思考

（1）试论述中国古代建筑的审美特征及其艺术风采具有何种现代意义。

（2）中国古典建筑空间设计的主要特色是什么？体现了何种人文思想？

×

（3）简述埃及金字塔和古希腊建筑的艺术特点及其社会意义。

（4）什么是哥特式建筑？它在装饰艺术方面有哪些风格和建树？

（5）巴洛克建筑和装饰风格与前期的区别有哪些？反映了一种什么精神？

（6）洛可可室内装饰与家具设计在表现形式方面具有何种突出成就？

第3章
环境艺术设计的空间概述

学习目的

（1）重点学习空间设计的概念，从最基本的空间造型元素入手，通过元素之间的组合形式，研究形式美法则在空间设计中的应用方法。

（2）学习构成空间形态的不同空间类型，为后期建筑室内外空间的学习打下坚实的基础。

空间是建筑的主角，是环境艺术设计的核心。正确理解和把握空间，是每一个从事建筑、规划和环境艺术设计的人员应具备的基本素质。无论是环境设计、建筑设计，还是室内设计，其主体与本质都是对空间的丰富想象与创造性设计。

3.1 空间的概念与性质

《现代汉语词典》对"空间"一词的解释：空间是物质存在的一种客观形式，由长度、宽度、高度表现出来。空间是与实体相对的概念，空间与实体构成虚与实的相对关系。人们生活的环境空间，就是由这种虚实关系所建立起来的空间。空间对宇宙而言是无限的，而对具体的环境而言，却是有限的，无限的空间里有许多有限的空间。在无限的空间里，一旦置入物体，空间与物体之间就立即建立了一种视觉上的关系，空间被占据了一部分，无形的空间就有了某种限定，有限、有形的空间也就建立起来了。例如，我们在沙滩上撑起一把遮阳伞，伞下就形成了一个独立空间。尽管四周是开敞的，但是这并不影响人们对独立空间的理解，人们仍然可以感觉到空间场的存在。类似的例子在人们生活中随处可见，如一棵大树、一堵围墙、一方水池，都可以形成一个空间场。

由建筑所构成的空间环境，称为人为空间，而由自然山水等构成的空间环境称为自然空间。我们研究的主要是人们为了生存、生活而创造的人为空间，建筑是其中的主要实体部分，辅以树木、花草、小品、设施等，由此构成了城市、街道、广场、庭院等空间。

建筑构成空间是多层次的。单独的建筑可以形成室内空间，也可以形成室外空间，如广场上的纪念碑（图3-1）、塔等。建筑物与建筑物之间可以形成外部空间，如街道、巷子、广场等，更大的建筑群体则可以形成整个城市空间（图3-2～图3-4）。

图3-1 广场上的纪念碑

图3-2 建筑围合的广场

图3-3 美国"9·11"国家纪念园

图3-4 美国"9·11"国家纪念园的跌水池

3.1.1　空间的物质性

老子在《道德经》里"埏埴以为器，当其无，有器之用。凿牖户以为室，当其无，有室之用"的精辟论述，一直被中外建筑业内人士奉为经典。通俗的解释，即人们造房屋、筑围墙、盖屋顶，而真正实用的却是空的部分；围墙、屋顶为"有"，而真正有价值的却是"无"，即空间；"有"是手段，"无"才是目的，然而"有""无"是矛盾的统一体，空间的性质仍然首先体现为它的物质性。

空间的物质性首先体现在空间的构成要有一定的物质基础和技术手段。立墙、盖顶，乃至开设门窗，物质和技术手段的运用就是为了形成特定的空间，为实现实用、坚固的效果。没有墙、地、顶，也就没有合乎需求的空间。建筑中，人们用各种方法围合、分隔，其意义也在于制造各种不同的空间，满足人们不同的需要。这是空间的物质性的第二层意义，即空间必须满足功能需要，满足人在空间中的各种活动所需的条件，包括行为的方便，以及光照、温度、湿度、通风等环境要求。内容决定形式，不同的功能要求提供不同的物质和技术手段。住宅的功能是由人每天的活动规律和行为特点决定的，它由各个大小、形式不同的空间构成一个组合空间，其中包括卧室、客厅、卫生间、厨房等，由此满足家庭生活的基本要求；体育馆、影剧院等建筑要求是一个大空间与若干小空间的组合（图3-5）；办公室、学校等建筑则是基本相似的一系列空间的组合（图3-6）。但不管采用什么材料、结构和形式，空间的基本目的都是满足功能的需求。当然，物质和技术手段也不应被动地适应，新材料和新技术可以启发新空间形式的出现，以满足更高的功能要求。

图3-5　悉尼歌剧院的内部空间设计　　　　　图3-6　相似的空间组合

3.1.2　空间的精神性

如同其他艺术形式一样，空间的物质性是设计中首要的和最基本的性质，但它不是唯一的，空间除了满足物质功能需要外，还要满足人精神上的需求。画家用色彩、线条造型，雕塑家用形体造型，他们所要表达的意义远超出形体自身。建筑师和室内设计师同样如此，他们利用空间来表达情感，表现更深层的意义。空间设计与绘画和雕塑的区别在于：绘画虽然表现的是三维对象，用的却是二维语言；雕塑虽然是三维的，但它与人分离，人只能在远处观看；而空间设计除了使用三维语言，还将人置于其中，空间的形态随着人的移动而产生变化，因此有"四度空间"之说。空间可以传达崇高、压抑、稳定等意义。例如，高直的空间给人以崇高的感觉，过于低矮的空间使人感到压抑，金字塔式的空间让人觉得安稳。中国古代建筑的对称空间显示了"居中为尊"的理念，如北京天坛（图3-7）；而中国古代的园林建筑则恰恰相反，追求与自然环境的统一和谐，形成了自由的空间形式和组合，达到了天人合一的境界（图3-8）。建筑通过空间、形体、色彩、光线、质感等多种元素整体表现精神性，但是空间是主要的，起着决定性的作用，其他的元素只加强或减弱空间的艺术效果。同时，空间可以表达情感，反映地区、民族文化等特点。

图 3-7 天坛

图 3-8 苏州园林

3.1.3 空间的社会性

空间对人类而言不仅具有生物性意义，而且具有重要的社会性价值。人处在高度社会化的环境中，依靠相互交流、共同协作，才能得以生存和繁衍。社会化的人有道德、伦理规范和行为准则，也有共同的理想和精神美的愿望和追求，空间则是上述这些社会性意义和价值的载体。空间也是人类交流的一种语言，人们按照对空间语言的理解行事，这种语言是人们共同制定和运用的。如果一个人错误地使用了这种语言，就会被抵触；在生活领域，同样存在着空间语言形成的行为规范准则：例如在中国传统的民间家庭，晚辈坐在了本属于长者的座位上，必定会受到严厉斥责；在公共场所，陌生人之间有一个安全距离，一旦超越它进入亲密空间，将产生被侵犯的感受（图 3-9）；在银行取款处，一根绳索、一条黄线就是在传递次序和空间的信息；当你作为特邀嘉宾参加一个会议，却发现嘉宾位已被人占据时，同样会感到不愉快。

图 3-9 广场上的座椅分布，体现了公共空间中
人与人的距离感

空间的设计与创造，凡联系到社会性因素和意义时，必然要求完全解读空间语言，才能准确表达信息。无论在范围极小的家庭亲密关系内，还是朋友、同事等较近的社会关系中，或者是更大范围的公众之间的社会关系中，都有与之相适应的空间语言。长幼、身份、性别、部落、职业、宗教、经济条件、政治主张等方面的不同和差异，都要求有相应的空间表现。空间在社会中扮演着极为重要的角色，其在很大程度上维护着社会秩序和人际间的和谐关系，这就是空间的社会性意义。

3.1.4 空间的多元性

对于空间的理解不能仅仅停留在物质性和精神性两个方面，空间还是一个多元的、复杂的综合体，对它的理解涉及哲学、伦理、艺术、科学、民族、地域、经济等各个方面。设计师们不仅要研究有形的空间组成要素，如建筑、场地、绿化及技术手段等，还要研究无形的空间组成要素，如社会、道德、伦理、习俗、情感等。空间是交流的媒介，是行为规范的提示，因此，只有真正完全地理解和掌握空间知识，才能有开阔的视野，以满足设计师的职业要求。空间的多元性在空间的设计创造中表现在以下几个方面。

（1）空间创造需要科学、哲学、艺术的综合设计。

空间建筑的设计必须充分考虑材料、结构、技术以及经济等因素，必须按照科学的规律和自然的法则，确定一个合理的、科学的、经济的最佳方案。这体现了空间设计科学理性的思维方式。空间设计除了满足使用功能外，还应考虑人的活动规律、道德观念、风俗习惯、价值观念和社会行为规范等，按人性空间的要求来设计，需要符合社会行为、道德规范。这体现了空间设计的哲学范畴。

空间是依靠形体来表现内容的，这需要艺术想象力，用建筑材料，通过点、线、面、体的处理，创造有意义的形式，用符合形式美的规律以及符合人的审美特征和情感表现的手段，创造一个直观的、具有艺术魅力的空间形态。这又体现了空间设计的形象思维方式。

（2）空间设计施工的过程是多主体的社会行为。

与纯艺术制作不同，建筑空间设计时，设计师应先围绕使用对象进行思考。使用对象就是一个社会性的个体集合，个体的差异性使建筑设计具有了复杂的多主体性质。建筑空间设计不是个人行为，从设计方案审批、计划实施，到最后的使用和管理，需要经过许多人的参与合作才能完成。这与纯艺术创作有本质的区别。

（3）对空间的理解具有模糊性。

空间是以其形态来表达意义和内涵的。不同文化、年龄和性别的人会对同一形体产生不同的认识和理解。简单地说，同一形体可以产生几种或多种认识和理解，反之，同一内容也可以有多种表现形式。这是建筑空间抽象形态表现的特点，是与音乐及其他抽象艺术具有的共同特征。建筑空间形式表达的不是确定的"约束性的"信息，而是以一种模糊的语言，凭感觉去感受的"非约束性的"信息，它所表达的信息具有很大的模糊性。正因这一特点，空间艺术才能使人产生更多的想象，使观者共同参与到设计和创造之中。

3.2　空间的基本构成与造型元素

人们认识事物是从表面形态、内在结构、深层含义等几个方面由浅入深地展开的。建筑空间也具有形态、结构和含义这几个构成要素，三者紧密相连。

3.2.1　空间的基本构成

空间作为一种客体存在，从几个方面与人发生交流。一方面，它以物质存在的形状、大小、方位、色彩、光、肌理以及相互间的关系与人发生作用，即空间作为一种信息载体，对人的行为和心理产生作用。另一方面，除了客观要素外，空间还蕴涵着表情、态势和意义，反映设计者个人、群体、地区和时代的精神文化面貌。另外，空间的形式不像绘画和音乐创作那样有较大的任意性，还受自身使用功能和技术的制约，因此，空间的形式反映了建筑科学的水平以及空间结构设计的合理性。空间形态的成分富含感性材料（形状、大小、方位、色彩、光、肌理），构成形式（结构、布局）以及意义（感情、意境、象征）。形态是空间设计的基础，也是空间设计的焦点，它对空间环境的气氛营造、空间的整体印象起着至关重要的作用。

3.2.1.1　几何形

几何形几乎主宰了室内空间设计的环境构成。几何形中有两种截然不同的类型——直线形和曲线形。其中曲线形中最规整的形态为圆形，直线形中则为多边形系列。所有形态中，最容易被人记住的为圆形、正方形和三角形，对应到三维概念中，为球体（圆柱体）、立方体、三棱柱等。

在实际设计时，各种几何形态可以独立存在，也可以组合生成新形式，如方形和圆形叠加或旋转都会演化出新的组合形式。

（1）方形。

正方形表现出方正与理性的特点，它的四条边和四个直角使正方形显现出规整感以及视觉上的准确性和清晰性。

各种矩形都可以看作正方形在长度和宽度上的变体，尽管矩形的清晰性与稳定性可能导致视觉上的单调，但通过改变矩形的大小、比例、质地、色泽、方位和布局方式，可以产生各种变化（图

3-10）。在室内空间中，矩形是最为规范的形状，绝大多数常规的空间形态都是以矩形或其变体展现的（图 3-11）。

图 3-10　英格兰瓦索尔的新艺术博物馆　　　　图 3-11　矩形在室内空间中的应用

（2）圆形。

圆形是一种紧凑而内敛的形状，这种内向是对着圆心自行聚焦。它表现了形状的一致性、连续性和构成的严谨性。

圆形在周围环境中通常是稳定的并自成中心的，然而当与其他线形或其他形状相遇时，圆形可能显示出分离的趋势。曲线形可以被看作圆形的片断或组合，无论是有规律的还是无规律的曲线形，都有能力表现形态的柔和、动势的流畅以及自然生长的特质（图 3-12 ～图 3-14）。

图 3-12　圆形在室内空间中的应用　　　　图 3-13　圆形作为独立的小空间对室内空间进行分隔

（3）三角形。

三角形给人稳定感，因此三角形常在结构体系中应用（图 3-15）。三角形在形状上具有一定的能动性，这取决于三个边的角度关系。因为三角形的三个角度是可变的，因此其比正方形和长方形更灵活多变。此外，三角形也可以通过组合形成正方形、矩形以及其他多边形。

3.2.1.2　自然形

自然形表现了自然界中的各种形象和体形，这些形状可以被抽象化，但仍保留自身的特点（图 3-16）。

图 3-14　圆形造型的家具在室内空间中的应用

59

图 3-15 三角形在室内空间隔断墙上的应用

图 3-16 自然造型的门在空间中的应用

3.2.1.3 非具象形

非具象形没有模仿特定的物体，也没有参照某个特定的主题。有些非具象形是程式化演变出来的，诸如书法或符号，携带着某种象征性的含义；非具象形是基于它们纯视觉的几何形诱发而形成的（图3-17、图3-18）。

图 3-17 非具象形在室内空间中的应用（一）

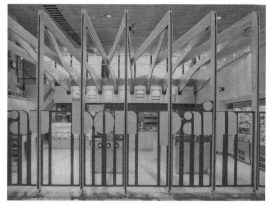

图 3-18 非具象形在室内空间中的应用（二）

3.2.2 空间的造型元素

从抽象层面理解，空间由形态、结构、含义构成；而从物质实体构成层面来看，建筑的实体与空间却是由建筑材料（如石、木、水泥、金属等）构造和围合而成的。把建筑的实体与空间分解，我们可以得到点、线、面、体这些空间造型的基本元素。掌握点、线、面、体及其构成规律，对了解建筑空间设计乃至整个造型艺术具有普遍意义。

3.2.2.1 点

从纯粹意义上讲，点无长度、宽度和深度，只有位置变化而无大小变化。点是静态的、无方向的，但却有集中的性质。点在空间中没有体型或形状，通常以交点的形式出现，在空间构造上起着形状支点的作用，是若干棱线的汇聚点。在环境艺术设计空间中，我们一般把较小的形体看作点。这样的话，空间中常见的点可以是一盏灯、一个花瓶、大墙面上的一小幅画、大空间里的一件家具，甚至是大广场中的景观喷水池、景观座椅等（图3-19）。当然，墙面的交界处、窗子的转角处、扶手的终端等也可看作点。尽管这些点相对很小，但在环境艺术设计空间中却能起到以小压多的作用。大教堂中的圣坛与整个空间相比尺度很小，但它却是整个视觉空间的中心。用雕塑、小品、花卉、陈设艺术品等作为点缀，形成空间的视觉中心或平衡构图，是设计师常用的手段。

点本身是静止的、不运动的，尤其是当点处于构图中时更是如此。但是，当点离开环境背景的中心时，就可能产生紧张感和运动感，在某些位置上这种运动感还会比较强烈。形状与背景具有明显反差或色彩突出的"点"，尤其是动的"点"，会更引人注目（图 3-20）。

图 3-19　广场中的景观座椅　　　　图 3-20　不同颜色的圆形点在空间中形成强烈的运动感

在建筑空间里不光有实体的点，还有虚的点。所谓"虚"主要是指心理上的存在，它可能是不可见的，但是人们可以按实体的形所给的暗示或根据关系推理感觉到其存在。这种感觉有时很明显，有时则比较模糊，它表明结构与部分之间的关系。虽然虚的点在实际空间中并不可见，但由于它是可以感觉到的，有时还比较强烈，所以这些位置往往是比较重要的地方，必须予以重视。

虚的点是指通过视觉感知过程在空间环境中形成的视觉注目点，可以控制人的视线，吸引人对空间的关注。它可以是几何形空间的中心或轴线的交点，也可以是线的延伸方向或灯光汇聚之处。这时，"虚的点"往往是与"实的点"重合的，起到加强视觉效果的作用，使其更加引人注目，因此，这部分往往也成为视觉上的重点（图 3-21、图 3-22）。

如图 3-23 所示的小憩酒吧，源于宜家"自我组装"的家居概念，由方块盒子（300 毫米 ×420 毫米）构建的几组模块构成，凹形的内部空间安装 LED 照明系统使建筑表面光影变幻。

3.2.2.2　线

点的移动轨迹即成线。线是由点的运动而产生的，所以线的特征在视觉上表现出方向、运动和生长。在实际空间中，有些线可以给人明确而直接的视觉感受，如踢脚线、地板或地砖拼接形成的缝线；有些线则比较模糊，是抽象理解的结果，如轴线、由点连续而形成的线、面与面相交形成的线等。从概念上讲，线只有长度，而没有宽度和深度，但在实际空间中，它要有一定的粗细才能为人所见。一般认为，线的长度应大大超过它的宽度，通常长度与宽度比例在 10∶1 以上才有线的感觉，否则线的特征就不那么强烈。长线保持着一种连续性，如城市道路、绵延的河流；短线则可以限定空间，具有一定的不确定性。

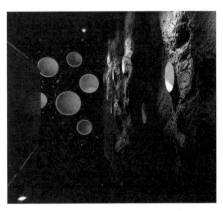

图 3-21　圆点造型在室内空间中的应用　　　图 3-22　圆点造型在展示空间中的应用　　　图 3-23　方点造型的应用

方向感是线的主要特征。

线的体系也颇为庞大，有直线和曲线。直线分为垂直线、水平线和各种角度的斜线；曲线的种类有几何形、有机形与自由形等。线与线相接又会产生更为复杂的线形，如折线是直线的接合，波形线是弧线的延展等。

（1）直线。

与曲线相比，直线是较为明确和单纯的。在空间构成方面，直线的造型一般给人规整、简洁的感觉，富有现代气息，但有时过于简单、规整又会使人感到乏味。当然，同样是直线造型，线自身的比例、材质、色彩等不同也会存在较大差异。在尺度较小的情况下，线可以清楚地表明"面"和"体"的轮廓和表面，这些线可以是在材料之中或之间的结合处，或者是门窗周围的装饰套，或者展现空间中梁、柱的结构网格。粗短的线显得强而有力，细长的线则较为纤弱细腻，给人带来明显不同的视觉感受（图 3-24）。

图 3-24　直线造型的橱窗

①垂直线。垂直线可以表现一种竖向的、平衡的状态，或者标示出空间中的位置。一根特定的线，如作为垂直线要素的柱子，有时可用来限定空间的相对通透性。垂直线一般给人向上、强直、严肃、理智等感觉（图 3-25 ～图 3-27）。

图 3-25　垂直线造型的标识牌

图 3-26　垂直线造型的路灯

图 3-27　垂直线造型的墙面

②水平线。水平线表现为稳定、静止、舒缓、平和等特点（图 3-28 ～图 3-30）。

（2）曲线。

曲线常常会带来与直线不同的各种联想。曲线因其在曲度和长度上有所不同而呈现出截然不同的动

图 3-28　水平线造型在空间中的应用

图 3-29　数字折纸紧急避难所

图 3-30　水平线造型形成空间的高差

数字折纸紧急避难所外观采用水平线造型的设计，避难所的每个单元都包含两个大人和一个小孩的睡眠空间，以及就餐和阅读的小型空间。由电池或太阳能驱动的 LED 灯为避难所带来了光亮，犹如一个大灯笼，整个景观设施是希望的象征。

态。螺旋线具有升腾感和生长感；抛物线则流畅悦目，富有速度感；圆弧线规整、稳定，具有向心的力量感。一般来说，曲线总是显得比直线更富有变化，更丰富，更复杂。特别在充满直线的空间环境中，如果有曲线来打破这种呆板的感觉，会使空间环境更具有亲切感和人性魅力。即使没有条件创造曲面空间，仅通过曲线家具造型、曲面的墙体划分、曲线的绿化或者水体等，也都能不同程度地为空间环境带来相应变化（图 3-31）。因此，在设计中曲线的特征会产生强烈的视觉变化，给人们的视觉效果带来冲击力。直线和曲线同时运用在设计中会产生丰富、变化的效果，具有刚柔并济的感觉。当然，曲线的运用要适可而止，恰到好处，否则会产生杂乱无序之感、矫揉造作之态。如今，我们周围方形空间、直线形体占据了主要部分，往往缺少人情味和线的变化。如果合理地利用曲线来创造或者调节空间的性格和情调会得到很好的效果。即使曲面空间的创造有难度，利用家具、绿化、装饰等来增加曲线变化也可以得到良好的效果（图 3-32）。

图 3-31　曲线造型在室内空间中的应用

图 3-32　曲线元素在室外空间可用来划分区域

（3）斜线。

斜线给人的感觉是不安定、积极和动势，因此它是视觉上呈现动态的活跃因素（图 3-33～图 3-35）。不同线的组合可以创造不同的空间性格。中国古典建筑常用柱（垂直）、梁（水平）结合，以线构成稳定而庄重的空间感受，西方教堂则由柱与穹顶向上向顶集束收拢的线构成一种高耸、向上的神秘空间感。垂直线和水平线的组合容易形成规整、简洁的效果，有机械美的感觉，但过于规整会显得呆板，缺少变化和人情味。

图 3-33　斜线元素在建筑空间中的应用（一）

图 3-34　斜线元素在建筑空间中的应用（二）

63

图 3-35　斜线元素在建筑空间中的应用（三）

（4）虚线。

除实线外，虚线在空间中也较为常见。室内外环境中虚线很多，它是一个想象中的要素，而非实际可视的要素。轴线是一种常见的虚线，它是指在环境布局中控制空间结构的关系线（如几何关系、对位关系等），在环境中对环境布局起到决定作用，因此在这条线上，各要素可以作相应的安排。

轴线一般包括起点、终点、方向和控制节点，整条轴线是由节点控制的。环境设计中可利用对称性突出轴线，通过两侧的布局关系（如树木、绿地、小品、建筑的对应关系），加上其他景观要素强化轴线的感觉。最为典型的就是广场的南北中轴线，广场上的纪念碑、景观小品等都是强化轴线的重点要素（图 3-36）。很显然，轴线可以连接各个景观，同时通过视觉转换，把不同位置上的景观要素连接成一个整体。

小空间的轴线感觉并不强烈，但要素之间有明显的对应关系，通过视觉能感受到这种主线的存在并能引导人的行为和视线，因此轴线往往与人行动的流线相重合。一个空间可能只有一条轴线，也可能是两条甚至几条轴线相互转换，使空间形式自由而富于变化。各空间及实体可以在轴线两旁对称，形成严谨规整的格局；也可不完全对称，只通过轴线确定关系或引导方向。断开的点之间的关系线也是一种虚线。由于它的存在，当人们看到间断排列的点时会有心理上的连续感，形成一种心理上的界限感或区域感。平面图上的列柱就是点的排列，也就形成了虚线，并且使空间有了分隔的感觉（图 3-36）。

另外，光线、影线、明暗交界线等也应看作一种特殊意义上的虚线。不同样式以及不同组合方式的线往往还带有一定的地域风格、时代气息或人（设计师或使用者）的性格特征。

3.2.2.3　面

面是线在二维空间运动或扩展的轨迹，也可以通过扩大点或增加线的宽度来形成。从概念上讲，面只有长度和宽度，而没有深度，还可被看成体或空间的界面，起到限定体积或空间的作用。因为视知觉艺术范畴的环境艺术设计，是专门处理形式与空间三维问题的综合学科，所以面在设计语言中便成为一个较为关键的要素。面的特征由可以辨认的外边缘轮廓线确定。面由于透视关系会出现变形，因此，只有正面观察的时候，面才具有完整的形状。在建筑空间中，我们最常见的是平面，如地面、墙面和普通楼层的顶面以及一些隔断等。

面在三维空间中有直面和曲面之分。直面在空间中具有延展、平和的特征，而曲面则多表现出流畅、不安、自由、舒展之态。最为常见的面莫过于地面、墙面、顶面等空间界面。顶面可以是屋顶面，也可以是吊顶面；墙面则是视觉上限定空间和围合室内空间的最为重要的要素，当然它可实可虚或虚实相间。甚至可以说，在现代社会中我们见到的物体都是由面构成的。

（1）直面。

直面最为常见。一个相对单独的直面可能会给人呆板、平淡的感觉，但经过有效地组织也会产生富有变化的生动效果。折面就是直面组织后的形象反映，如楼梯、室外台阶等（图 3-37）。

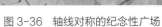

图 3-36　轴线对称的纪念性广场

图 3-37　折面台阶

（2）斜面。

斜面可为规整的空间形态带来变化。如一些民房的斜屋顶就比方形空间更生动。在视线以下的斜面（如斜坡道、滑坡等），因其具有一定的动势，往往具有功能上的引导作用，使空间富有流动性（图 3-38、图 3-39）。

图 3-38　斜面在室外通道中的运用

图 3-39　有趣的斜面空间

（3）曲面。

随着科技的不断发展，现代设计中曲面形式的运用也并不鲜见。与直面相比，曲面限定性更强，更富有弹性和活力，为空间带来流动性和明显的方向感。曲面内侧的区域感较为清晰，并使人产生较强的私密感，而曲面外侧对空间和视线产生导向性。在一些室内外环境设计中，采用曲面造型似乎已成为引人注目的常见手段。自然环境中起伏变化的土丘、植被等地貌也是曲面特征的具体体现。自由曲面构成的空间更具有曲面的特点（图 3-40）。

图 3-40　曲线造型的门洞和灯具　　图 3-41　珠帘在空间中作装饰　　图 3-42　办公室的百叶窗帘形成的虚面

（4）虚面。

除了实体的面外，还常有一些虚面。虚面常有以下几种情况。一种是由密集的点或线形成的面，如珠帘、竹帘、百叶隔断，以及半透明的材料（如磨砂玻璃、纱窗等），光线和视线可以部分通过，但是足以使人感受到分隔的空间，感觉到虚面的存在（图 3-41）。这种被虚面分开的空间既相互分隔又相互渗透，造成既有分又有合的效果。另一种是指间隔的线或面之间形成的虚面感觉，例如，一排并列的柱子可以形成面的感觉，它能把空间分隔成不同区域，同样也可以形成虚面，把两个空间分隔开来。各种形式的门和洞口也可以看作面的延伸而分隔空间。例如一些办公空间经常使用的百叶窗帘，尽管光与视线可以部分穿透，空间也可以流动，但分隔感已相当明确，对人的行为有了较大的限定作用（图 3-42）。可见，由虚面划分的空间，既具有局部的连续感又相互渗透，使之既分又合，隔而不断。

还有一种虚面，在视觉上并不十分明显，但对我们剖析问题颇有益处。此种虚面是指间断的线或面之间形成的面的感觉，这种感觉也可以由延伸面来获得（图 3-43）。街道两旁的路灯杆或室内空间的列柱，都会给人面的感觉，并将空间分隔成虚的区域。一些传统建筑如教堂、宫殿等，由于空间很大而又常受到结构、材料等条件的限制，因此柱身粗壮而间距较小。有些教堂的室内空间，由于密柱成排形成虚面，常被分为中央主空间和两侧的附属空间，使得轴线感和领域感得到加强（图 3-44）。一个面的表面属性，它的色彩和质感将影响到它视觉上的重量感和稳定感。由面形成的各种家具，颜色和材质发生变化也会产生不同的视觉效果（图 3-45）。

图 3-43　上海钟书阁书店室内　　　　图 3-44　教堂密集的拱券　　图 3-45　空间中由面形成
　　　　　　　　　　　　　　　　　　　　　　　形成的虚面　　　　　　　的家具座椅

3.2.2.4　体

体是通过面的平移或线的旋转而形成的三维实体。体不是仅靠一个角度的外轮廓线所能表现的，它是从角度观察的不同视觉印象叠加而获得的综合感觉。从概念上讲，体有三个量度：长度、宽度和深度。对体的理解必须考虑时间的因素，否则是不完整的。

形式是体的基本可视特征，它是由面的形状和面之间的相互关系所决定的，这些面暗示着体的界限。体可以是实体，由其占据空间；也可以是虚体，即由面围合的空间。实体和虚体代表着环境艺术设计中的存在形式及相互关系。体形能给空间以尺寸、大小、尺度关系、颜色和质地，而同时空间也映衬着各种体形，这种体形与空间之间的共生关系反映在空间设计中比例、尺度层面。

体可以是有规则的几何形体，也可以是不规则的自由形体。在空间环境中，体一般由较为规则的几何形体以及形体的组合所构成。体的构成物要以空间环境的尺度大小而定，室内空间主要体现在结构构件、家具、雕塑、墙面凸出部分等；室外空间则体现在地势的变化、雕塑、水体、树木及建筑小品等。如果没有一定的空间限定，上述环境要素就可能变成线或点的感觉；如果存在空间的限定，并且上述环境要素占据了相当的空间，那么体的特征也就相当明显和突兀了。曼哈顿自由女神像的体量不算小，但在曼哈顿的对岸就只能当作一个点来看待（图 3-46）。

体通常与量、块等概念相联系。体的重量感与其造型的各部分之间的比例、尺度、材质甚至色彩均存在一定关系。例如同样是柱子，表面贴石材与表面包镜面不锈钢，重量感会大不相同。同时，体表面的某些装饰处理也会使视觉效果得到一定程度的改变。例如在柱表面作竖向划分，其视觉效果就会显得轻盈纤细。

体也有许多排列组合方式，基本上与点相似，如对称、成组、堆积等，因此，在特定空间的环境设计中，也可将体理解为放大了的点。有时一个体或多个体的组合，将其某一个面作为视觉观察的主要面，此时体也可作为面来看待。

实际上，在环境艺术设计中，体往往与线、面结合在一起造型，但一般仍把这一综合性的体要素当作个体。从心理与视觉效果来看，体的分量足以压倒线、面成为主角。有些体也并非实体，如椅子、透雕等，尽管存在一定的虚空成分，但大多数以体的特征存在于不同的环境之中（图 3-47）。

图 3-46　曼哈顿自由女神像

图 3-47　古典园林中的透雕窗形成的虚体空间

另外，诸如形状、尺寸、方位、采光、质感及色彩等要素都会影响实体形态的创造，反映出体的视觉属性。一般来说，尺度大、表面粗糙、色彩深的体给人的感觉比较重。如宾馆大堂里的柱子，用粗糙的石片贴面，感觉比较厚重；而用不锈钢包合的，相对显得轻巧，不易产生过大的体量感；用花岗石贴面则比较折中。又如哥特式教堂里的柱子，其本身巨大的体形，给人以重量感，但是经过其表面的垂直划分及线脚与柱身的比例关系处理，并不会使人感到它笨重（图 3-48）。

虚体可以说是一种特殊类型的空间，这是循着虚点、虚线、虚面分析的结果。该种空间有体的感觉，具有一定的边界和限定，只是内部是虚空的（图 3-49）。室内空间实际上就属于这一范畴。相反，一个孤立的实体，它周围有支配的空间范围，这是由"力场"形成的领域，而由此造成发散的无边界的空间，

67

这样的空间若没有更大界面的围合，就不能看作虚体。实体和虚体的对立与统一，就代表着室内外空间的典型特征。只不过要结合实际情况，考虑其具体的尺寸、尺度、颜色和质地等因素，以达到形体与空间的有机共生。

stanzes 亭子是采用超高强度的混凝土材料，经过模具浇筑而成的整体机构。内部有数码设备、无线网络屏幕、电话触摸屏等安装在金属盒子里，这些金属盒子则嵌在"墙壁"的空隙中。亭子可以为路人遮风挡雨，座位设计也丰富多样，适合各种社交活动。

图 3-48　哥特式教堂里的柱子

图 3-49　stanzes 亭子

虚体，其边界可以是实面，也可以是虚面。两面平行的墙面之间可形成三个虚面（两侧面、一顶面），凹角的墙也可形成两个虚面（一侧面、一顶面），四根立柱围合可以形成五个虚面（四侧面、一顶面）。它们均能围合出虚的体。其内部空间是积极的、内敛的。围绕柱子而设计的圆形休息座，尽管也可以用来休息，但总感觉身处众目睽睽之下，不甚自在；而常见的沙发、圈椅等就可看作虚体。

3.3　空间形态的构成模式

进入我们视野的通常是形形色色的要素，如不同的形态、尺寸、色彩、材质等，这些要素既有实体，也有虚体。环境空间这一大的虚体就是人运用实体要素限定出来的。实体要素构成了空间界面，为空间限定出形状。实体要素之间的关系、尺度、比例等会影响到空间的尺度、比例及基本形态。实体要素还决定了空间的性格和氛围，因此，空间的形态与实体要素是分不开的，同时，空间的相互关系及限定方式更与实体要素密切相关。显然，实体要素的数量、造型、尺寸、色彩、材质、方位等都直接影响着空间的整体效果。即便是最简单的方盒子空间，实体要素的数量不同，都会形成不同的空间效果，给人不同的空间感觉。即使是极为简化而又抽象的空间，也仍存在许多可变因素，如形式、材质、色彩。如果再将比例、尺度等进行改变，空间就会产生更多的变化（图 3-50）。

显然，形成空间的静态实体与动态虚体的相互关系，可以理解为图形与背景的关系、正与负的关系或形与底的对立统一关系。

图 3-50　儿童空间的构成模式，更多地
体现了色彩与弧线造型

3.3.1　静态实体构成

3.3.1.1　形与底的关系

我们对一个构图的感知或理解，要看对空间中正与负两种关系的视觉反映作何种诠释。字母"A"对于背景而言可认为是图形，因而可以从视觉上感知此单词，它与背景形成反差对比，并且其位置与周围关系分离开来。但当"A"的尺寸在所处环境中逐渐加大时，其周围的非字母因素就开始争夺人们的视觉焦点，这时，形与底之间的关系会变得暧昧起来，以致将二者从视觉上转换过来：形看作底，底看作形。这完全形成了另外一种视觉感受。脱离特定环境谈论环境艺术设计毫无意义，对空间实体要素体量的把握是设计中需要慎重处理的（图3-51）。

图 3-51　拱形门窗洞和朱漆大门变成了餐厅的"影壁墙"

我们可能听过这样一个说法：胖一些的人穿竖条纹或深颜色的衣服能使人在视觉上显得苗条些，瘦一些的人最好穿横条纹或者浅颜色的衣服，人就不会显得那么瘦了。上述说法理论上完全没有问题，但是作为环境设计专业，绝不能脱离环境孤立地看待某个事物。试想，如果胖人穿着竖条纹衣服处在一个水平线条的背景之中，强烈的视觉反差会使人的身材更加一览无余；而如果这个人身处竖线条的背景当中，其衣服的竖条纹已与背景融为一体，反而弱化了人形体上的臃肿感。实际上这即是"形与底"关系问题的形象再现。必须确保所选择和表现的静态实体造型，其材质、肌理、纹样以及相互关系都是围绕环境空间的整体和主题而展开的。

综上所述，形式和空间在环境中存在一定的共生关系，我们不仅要考虑空间的形，还要考虑实体要素与空间的相互关系。对于环境艺术，每一个空间形式和围护实体，不是决定了其周围的空间形式，就是被周围的空间形式决定。

3.3.1.2　构成空间形态的垂直要素

一般来说，垂直的形体在视觉范围内通常比水平的更活跃，更引人注意，因此它成为限定空间体积以及给人们提供强烈围合感的关键要素。无论是室内空间还是室外环境，垂直要素都起着不可忽视的重要作用（图3-52、图3-53）。

图 3-52　垂直面形成的室内围合空间

图 3-53　垂直元素在室外景观中的运用

垂直要素可以起承重作用，还可以控制室内外空间环境之间的视觉及空间的连续性，同时还有助于约束室内外空间的采光、声音和气流等。

（1）垂直的线要素。

一根独立的柱子是没有方向性的，但两根柱子就可以限定一个面。柱子本身可以依附于墙面，以强化墙体的存在，也可以强化空间的转角部位，弱化墙面相交的感觉。柱子在空间中独立，可以限定各局部空间地带。当柱子位于空间的中心时，将成为空间的中心，并且在自身和周围垂直界面之间划定相等的空间地带；当柱子偏离中心位置时，将会划定不等的空间地带，其形式、尺寸及位置都会有所不同。

没有转角和边界的限定，就没有空间的体积。而线要素可以限定要求有视觉和空间连续性的场所。两个柱子限定出一个虚面，三个或更多的柱子限定出空间体积的角，该空间界限保持着更大范围内的自由联系。有时空间体积的边缘可以通过明确基面和在柱间设立装饰梁或构建顶面的方法来确立上部的界限，从而使空间体积的边缘在视觉上得到加强。此种手法在室内外环境设计中屡见不鲜。

垂直的线要素还可以终结一条轴线，或形成一个空间的中心点，或为沿其边缘的空间提供一个视觉焦点，成为一个象征性的视觉要素。一排列柱或一个柱廊，可以限定空间体积的边缘，同时又可以使空间及其周围具有视觉和空间的连续性。它们也可以依附于墙面形成壁柱，展现出其表面形式、韵律及比例。大空间的柱网（交通要素除外）可以建立一种相对固定的、中性的空间领域，此时，内部空间可以进行自由分隔（图3-54）。

图 3-54 列柱限定和空间划分

（2）垂直的面要素。

垂直面若单独直立在空间内，其视觉特点与独立的柱子截然不同，可将其作为无限大或无限长的面的局部，成为穿越和分隔空间体积的一个片段。

一个面的两个表面可以完全不同。这两个表面面临着两个不同的空间，它们在样式、色彩和质感方面不同，以适应不同的空间。最为常见的是室内空间的固定屏风或影壁，既起到空间的过渡作用，又具有一定的视觉观赏特征（图3-55～图3-57）。

图 3-55 餐厅中独特造型的屏风形成了空间的隔断

图 3-56 室内私密空间的垂直面隔断

一个单独的面并不能完成限定它所处空间的任务，只能形成空间的一个边缘，或者划分相对的领域。为了限定一个空间，一个面必须与其他的形态要素相互作用。

一个面的高度影响到面从视觉上表现空间的能力。面的高矮会对空间领域的围护感起相当重要的作用，同时面的形成要素、材质、色彩、图案等将影响人们的感知。实面和虚面会形成不同的视觉感受，同样，平面和曲面也会带来不同的视觉形态。

垂直的面要素不只是独立的，还会有其他一些形式，如 L 形垂直面、平行垂直面、U 形垂直面。

①L 形垂直面会形成夹角，易产生较为强烈的区域感（图 3-58）。

图 3-57 屏风的隔断作用　　　　　　　　图 3-58 L 形垂直面

②平行垂直面所限定的空间范围会带来强烈的方向感和外向性，有时通过对基面的处理或增加顶部要素，可以使空间的界定得到强化。但如果两个平行垂直面之间在形式、色彩或质感方面有所变化，那么就可能产生空间的视觉趣味（图 3-59）。

③U 形垂直面，其开敞的一端是该形式的基本特征，因为相对于其他三个面而言，它具有独特的有利方位，允许该范围与相邻空间保持视觉上的连续性。如果基面延伸形成开放端，会在视觉上加强此空间范围进入相邻空间的感觉。

实际上，利用 U 形垂直面去围合空间的方法司空见惯。沙发围合的 U 形区域也可以理解为低矮垂直要素的典型实例。另外，室内空间的 U 形围合也可以存在尺度上的变化，因此常以凹入空间或墙的壁龛作为具体体现（图 3-60）。

图 3-59 平行垂直面　　　　　　　　　　图 3-60 U 形垂直面

3.3.1.3 构成空间形态的水平要素

无论是室内空间还是室外空间，水平要素多以点、线、面的形式来体现。根据空间尺度的变化，在水平要素中，点、面的概念是相对的，有时可以是相互转化的。城市景观设计中水平要素的点实际上应理解为面的概念，因此，水平要素通常还是以面作为基本特征。

（1）基面。

在环境设计中，为了使水平面作为一个图形，表面必须通过色彩或质地等赋予其可以被感知的变化。这样，水平面的界限就会更清晰，它所界定的范围就会表现得更明确，界限内的空间领域感就显得更强烈，尽管在这个已经限定的领域里视觉是可以流动的。因此，环境设计中常常以对基面的明确表达，划定出虚拟的空间领域并赋予其细部一定的风格要求。

基面局部抬高的手法已司空见惯（图3-61、图3-62）。该手法将在大空间范围内限定出一个新的空间领域，局部领域内的视觉感受将随着抬高面的高度变化而变化。对抬高面的边缘赋予造型、材质、纹样或色彩，会产生特定的性格和特色。

抬高的空间领域与周围环境的空间和视觉连续程度，主要依赖抬高面的尺度和高度变化。抬高的面所限定的领域如果居于空间的中心或轴线上时，易于在视觉方面形成焦点，引人注目。手法虽常见，关键是如何用此手法赋予空间新的视觉形象和风格特色，这正是我们应努力追求的目标。

图3-61 模特区域抬高

图3-62 广场基面抬高

相对于基面局部抬高，基面局部下沉可明确范围（图3-63）。与基面抬高的情况不同，基面下沉不是依靠心理暗示形成的，而是依靠明确可见的边缘，并形成这个空间领域的墙。我们不难发现，实际上基面下沉与基面抬高也是"形"与"底"的相互转换关系，如果基面下沉的位置沿着空间的周边地带，那么中间地带也就成为相对的"基面抬高"。

基面下沉的范围和周围地带之间的空间连续程度，取决于下沉深度的变化。增加下沉部分的深度，可以削弱该领域与周围空间之间的视觉关系，并加强其作为一个不同空间体积的明确性。一旦下沉到使原来的基面高出人们的视平面时，下沉范围就让人产生"房间"的感觉了。

图3-63 基面下沉

综上所述，我们可以这样理解：踏上一个抬高的基面，可以表现该空间领域的外向性或中心感；而在下沉于周围环境的特定空间领域内，则暗示着空间的内向性或私密感。

（2）顶面。

一个顶面可以限定其自身和地面之间的空间范围，该范围的外边缘是由顶面的外边缘所界定的，因此空间的形式由顶面的形状、尺寸以及距离地面的高度所决定。室内空间的顶棚面可以反映支撑的结构体系。它也可以与结构分离开，形成空间中视觉上的积极因素。

如同基面一样，顶面也可以运用多种手法划分空间中的各个局部空间地带，通过下降或升起改变其空间尺度。当然，也可以使顶面演变成相互间隔的特殊造型，以强化空间的风格要求和视觉趣味（图3-64、图3-65），室外空间环境艺术设计中常用的木质、混凝土或者金属制作的"藤架""回廊"等，都运用了这种表现手法。甚至也可以使顶面与垂直界面自然连成一个整体，营造一种奇特的效果。实际上，顶面的形式、色彩、材质以及图案的变化，都会影响室内空间的视觉效果。

图 3-64 富有趣味性的顶面空间（一）

图 3-65 富有趣味性的
顶面空间（二）

3.3.2 动态虚拟构成

3.3.2.1 空间形态的时空转换

在环境艺术设计中，时间和空间的统一连续体是通过客观空间与主观人的相互交融来实现其全部设计意义的。物质的形态和相互作用场的形态是物质存在的两种基本形态。实物之间的相互作用就是依赖虚拟的场实现。环境设计中空间的无与有的关系，同样可以理解为场与实物的关系，因此，空间形态的时空转换成为空间形态动态构成模式的关键。

所谓环境艺术设计是一门时空连续的四维表现艺术，主要在于它的时间和空间的不可分割性。虽然在客观上空间限定是环境艺术设计的基础要素，但如果没有以人的主观感受为主导序列要素，环境艺术设计就不可能存在。空间界面的效果是人在空间的流动中形成的不同视觉感受，人在时间序列中不断地感受到空间实体与空间虚形在造型、色彩、材质、样式、比例、尺度等多方面的刺激，从而产生不同的空间体验。

可以看出，人在环境空间中不仅涉及空间变化的实体要素，同时还与时间要素发生关系，人不仅在静止时能够获得良好的心理感受，而且在运动的状态下也能得到理想的整体印象。

如果说感觉和知觉是人接收空间信息的基本途径，那么时间与运动就是人对空间环境感知的基本方式。正是人的行动赋予时间完全的实在性，人的行动速度直接影响空间体验。人在同一空间中以不同速度行进，会产生完全不同的空间感受，因而会带来不同的环境审美感觉，因此，在环境艺术设计中关注和研究人的行进速度与空间感受之间的关系尤为重要。这与特定空间环境密切相关，会对环境的空间布局、空间节奏等带来很大的影响。由于现代环境设计的使用者对所处环境的要求越来越高，人们的兴趣和审美日趋多元化，这样必然会带来空间环境使用功能的多元化，因此环境空间设计出现了多元的艺术处理手法和表现形式。

3.3.2.2 空间形态的动与静

空间环境的构成形态不仅限于空间的结构形态（如空间的形状、方向、组合等），还包括空间的其他造型要素、空间的动线组织等。这些空间形态要素使动与静交织在一起，从而使环境空间充满生机。

动与静是相对的，是对空间组织和使用功能的特定要求，不同的空间对动与静的要求也不同。阅览室、书店以静为主，展览馆、购物中心则要求动静结合。空间形态的动与静应从以下几个方面考虑。

（1）方向。

空间的方向是所有空间形态的关系要素之一，它离不开空间的形状、尺度等。不同方向的空间具有各自不同的性格。也可以说，空间的方向在很大程度上决定着空间的性格。

除了一些无方向性的带有"中性"特征的正几何形空间，会给人以向心的、稳定的和安静的心理感受，大多数空间都带有一定的方向性。水平方向和垂直方向的空间会给人以不同方向的动感，而斜向空间方向性更强，易使人产生心理上的不稳定感。设计时应动静结合，通过静态要素的合理组织，一方面满足功能上的要求，另一方面给人以心理上的平衡感。

（2）动线。

空间的动线可以理解为人流的路线，它是影响空间形态的主要动态要素。在空间中对动线的要求有两个方面：一是视觉心理方面；二是功能使用方面。动线的组织决定人在空间环境中的流动次序，这会影响到人们的视觉心理。同样，根据人的行为特征，环境空间基本体现为动与静两种形态，具体到某一特定的空间，动与静的形态又转化为交通面积与使用面积。反映在空间环境的平面划分方面，动线所占的特定空间就是交通面积，而人以站、坐、卧的行为停留在以静为主的功能空间。划分这种空间动静位置的工作称为功能分区，是构成空间形态的基础。

显然，空间的动线左右着空间的整体组织和使用功能，影响着空间的动静划分和区域分布。

（3）构图。

空间组织的形式也是决定空间动与静的重要因素。空间之间的并列、穿插、围合、通透等手法都会给人带来心理上的动与静的感觉。

对称的布局与非对称的布局相比较，明显带有宁静感、稳定感和庄重感；而非对称布局显现出来的则是灵活、轻松的动态效果，蕴藏着勃勃生机。

（4）光影。

空间环境的光影变化也会产生一定的动态效应。自然光的移动与人工照明的特殊动感会强化空间形态中动的因素，同时营造出丰富的空间层次（图3-66～图3-68）。

柏林的 GSW 煤气公司总部，建筑西立面的外观千变万化，图案样式是由开或者关着的彩色遮阳板组成的，人们可以根据自己的喜好选择遮阳板的位置。色彩斑斓的百叶窗也控制着进入建筑内的光线，营造出丰富的层次。

图3-66　柏林的 GSW 煤
　　　气公司总部外观

图3-67　柏林的 GSW 煤
　　　气公司总部室内

图3-68　柏林的 GSW 煤气
　　　公司总部外部细节

（5）构件与设施。

有些建筑的大型构件会带有较强的动态特征，强化空间形态的动态效果，一些设施（如自动扶梯、观光电梯等）更是影响动与静的形态要素。这时，空间形象的运动和变化结合人流的路线，与静态要素交织在一起，共同构成特定空间的主旋律（图3-69）。

（6）水体与绿化。

水体和绿化是环境艺术设计中尤为重要、不可忽视的构成要素，它们以各自不同的表现形态展现着自身的独特魅力。点、线、面、体等各种基本形态要素都有可能通过水体和绿化得到充分体现。水体和绿化蕴涵生命活力，相对于空间环境整体而言，更是一种较为含蓄的动静结合体（图3-70、图3-71）。

图 3-69　观光电梯与人流的动静形态

图 3-70　水体与绿化之间的动与静（一）　　　图 3-71　水体与绿化之间的动与静（二）

3.4　环境艺术设计形式美法则

　　环境艺术设计有三个关联的功能有助于环境的形成。首先是需要丰富环境的主题，突出环境的特征；其次是提升环境物质的、精神的和社会的品质；最后还需要增强环境的可识别性。衡量环境艺术的特点是其视觉效果，诸如视觉秩序的统一、变化、均衡、对称、韵律和节奏之间的关系。环境艺术设计是创造愉悦视觉活动、追求欢愉视觉形象的过程。

3.4.1 统一与变化

环境艺术设计并不是单纯的设计外观，也不是简单地罗列使用功能，而是把环境中所需要的基本元素和复杂的功能结合在一起，必须将平面、立面和功能、视觉效果统一起来。

3.4.1.1 平面的统一与变化

基本的一类统一为平面形状的统一。任何简单的、容易认识的几何形都具有统一感。三角形、正方形、圆形等单体都是统一的整体，而属于这个平面内的景观元素，无论是植物、装置、设施还是构筑物，自然被具有控制能力的几何平面统一在其中。

平面设计必须考虑使用功能，合理的功能空间是各方面统一的前提，包括同一空间内功能上的统一和功能表面的统一。同一空间内功能上的统一就是在空间组织上将设施及场地集中在一起，如商业步行街就是将同类型的商铺放在一起，形成花店一条街、餐饮一条街、电器一条街等（图3-72）。同一空间内功能表面的统一是指不同的使用功能需要与环境景观的外观统一。

上海豫园属于江南园林，但与苏州、无锡等地有所不同。上海人多地少，必须充分利用空间手法。豫园的特点是分景布局，采用隔墙将整个园区隔成五个景区，让人觉得可供游玩之处众多。另外，豫园为了让人不因看到围墙而产生封闭感，特意将围墙做成龙墙，形态丰富，不但消除了被围之感，而且墙也成了园中一景（图3-73）。

图3-72 日本餐饮一条街　　　　　　　　　　　图3-73 豫园龙墙

每个景观环境都存在支撑的精神因素。环境的性格常常是由环境中设施的功能所决定的。很明显，设计师不能把娱乐公园设计得像庄重的教堂那样，也不能把住宅设计得带有剧院或工业建筑的气质。因此，功能表面的统一要求设计师除了具有在环境景观中表现情绪特点的能力，还必须对空间类型具有某种情绪上的共识。

3.4.1.2 风格的统一与变化

环境艺术设计的难点在于如何将不同的景观元素和设施组织起来而又呈现协调统一的效果。在设计中，对景观元素和设施采用同一几何形状也很难完全达到协调的目的，尽管如此，设计时还需要强调统一。

①利用次要部位与主要部位的从属关系，以从属关系求统一。其一，利用向心的平面布局以及能够衬托主体的景观元素来组成环境，这些因素能够把视线凝聚在主体上，突出主体的地位。特别是在纪念性的和庄重的环境中，可通过强调主体极端重要的地位，来加强其统一感和权威感。其二，通过表现形式的内在趣味性使外观取得控制地位。例如高的比矮的更容易吸引视线，弯的比直的更引人注目，暗示运动的要素（如过道、大门、台阶和楼梯等）比处于静止的要素更富有趣味性。突出建筑主体的支配地位是城市环境景观达到统一的重要原则（图3-74、图3-75）。

图 3-74　自动扶梯下面采用统一的灯光装饰　　图 3-75　日本建筑外立面的楼梯呈现统一感

②通过将景观中不同元素的细部和形状协调一致，来体现环境整体的统一性。许多环境景观布置得杂乱无章，就是因为缺乏统一的控制要素。例如形状大体上与主体相同（或相似）而尺寸较小的景观元素，在环境中作为附属元素，能够使景观完整统一。在某些建筑物中，如意大利庞贝的露天剧场①，那里每一件物品都从属于总体的一般形状，所有较小的部位均从属于某些较重要的或占支配地位的部位（图3-76）。

图 3-76　意大利庞贝的露天剧场

另外也可运用形状的协调来统一。假如一个环境中很多元素采用同一种几何形状或符号，如圆形在地面、装置、设施等造型中出现，它们给人的几何感受一样，那么它们之间将有一种完美的协调关系，这就有助于使环境产生统一感。此外，形状和尺寸的协调可以贯彻到环境中各个层面中，形成环境的整体性，产生更强烈的统一感。

3.4.1.3　色彩和材料的统一与变化

与用形状的协调来统一紧密相关的是用色彩来统一。环境艺术在这方面具有得天独厚的条件，因为，

---

① 意大利庞贝的露天剧场：建于公元前 70 年，是现存的最古老的古罗马露天剧场之一。而它得以完整保存，竟得益于 79 年 8 月 24 日那天的维苏威火山喷发的火山灰。大剧场可以容纳约 2 万名观众，相当于当年庞贝古城的全部人口。

正确选择植被和表面装饰材料即可获得主导色彩，而且这常常是统一和协调的唯一方法。

表面装饰材料的色彩对比，也能产生一种戏剧性的统一效果。但要有个前提，对比应该是重点点缀，而不要导致对比色彩或材料在趣味上产生矛盾。

3.4.2 均衡与对称

在视觉艺术中，均衡是任何观赏对象中都存在的特性。眼睛在浏览事物的时候是从一边向另一边看去，当两边的吸引力相当的时候，观者的注意力就无法固定于一边，最后停留在中间的一点上，这就是均衡的结果。均衡会带来审美方面的满足，即使在最简单的构图中，均衡中心也十分重要。环境越复杂，越需要明确地强调均衡中心（图3-77）。

对称是最简单的一类均衡。无论是昆虫、飞鸟、哺乳类动物，还是飞机、轮船，都会使定向运动的身体取对称的形式。环境景观中的对称意味着正式的轴线和对称的结构，轴线两旁的物体是完全一样的，只要把均衡的中心以某种微妙的手法加以强调，立刻就会给人一种庄严、安定的均衡感，所以严肃的和纪念性的环境往往会采用对称的设计手法，例如中山陵[①]（图3-78）。

图3-77 采用均衡对称法则进行设计的市政广场

图3-78 中山陵

在环境景观中，均衡性是最重要的特性。由于环境有三维空间的视觉问题，这便使得均衡问题颇为复杂。但较为幸运的是，一般人的眼睛会对透视所引起的视觉变形做出矫正，所以我们尚可通过对大量的纯粹立面图的研究，来考虑这些均衡原则。

3.4.3 韵律与节奏

在视觉艺术中，韵律是物体或元素重复的一种现象，而这些元素之间具有一定的相关性。环境艺术中的韵律同样是由元素重复组成的，如光影（图3-79）、色彩、图案、结构、造型、材料、空间等，还有室外景观中的设施、植物等，室内环境中的柱、门、窗等。一个环境景观的大部分效果就是靠这些韵律关系的协调获得的。

3.4.3.1 韵律的形式

图3-79 光影产生的韵律

在视觉艺术中，韵律主要呈现四种最基本的表现形式。

①造型的重复。造型的重复即相同的造型和元素重复出现，形成一定的韵律，如相同的图案（图3-80）、造型等。在环境艺术当中，体现在灯、柱、墙等的重复。即使间距有所改变，也不会破坏整

---

① 中山陵位于南京市玄武区紫金山南麓钟山风景区内，是中国近代伟大的民主革命先行者孙中山先生的陵墓，及其附属纪念建筑群。中山陵各建筑在形体组合、色彩运用、材料表现和细部处理上均取得了极好的效果，融汇了中西建筑之精华，庄严简朴，别具一格。

体的韵律感。

②尺寸的重复。尺寸的重复即元素之间可以变化大小或形状,而尺寸相同,这时韵律依然存在(图 3-81)。

③渐变的韵律。以不同的重复为基础,按着一定的规律进行变化,形成简便的关系,我们也可以把这种韵律叫作渐变的韵律。这种韵律相对于前两种较为复杂:如一组彼此平行的线条,它们之间的距离有规律地变化,逐渐增大或缩小,这就势必形成一种不等同的渐变韵律。假如线条的长度也发生了变化,由长逐渐变短或由短逐渐变长,或长短交替变化,这就会形成另一种特殊的韵律效果,而且蕴含着有力的运动感(图 3-82)。

④自然的韵律。在 20 世纪,对韵律的体验是迷离莫测的。现代视觉艺术如同现代音乐一样,韵律的概念是多变的,既有最鲜明、最规则的韵律,又有追求自由和自然的韵律(图 3-83)。正如音乐一样,有韵律形式复杂而明确的爵士音乐,同时也有在作品中不标出任何节拍的萨蒂音乐。在建筑设计上,音乐韵律的多变既反映在弗兰克·劳埃德·赖特作品的明确韵律里,也反映在勒·柯布西耶某些作品捉摸不定的韵律里。

在环境艺术领域,空间和环境的复杂性和多变性为体现自然的韵律创造了条件,特别是那些结合自然环境和人文历史进行的环境景观设计。但是,环境艺术中的韵律并不仅仅是某种元素重复或排列那么简单。在空间环境当中,人们更多的是以动态的方式来感受环境艺术。当人们在空间中通过时,时间和运动因素影响着人们通过视觉所获得的信息。在他们面前有一系列变化着的场景,包括各种入口、路径、设施、植物等元素,这些元素的组合也形成了一种新的元素,当然更包括一系列空间的韵律。各种韵律自然地组织和交错在一起,就会形成一种复杂的韵律系列。这正是环境艺术不同于其他视觉艺术给我们带来的奇妙感受。而这个韵律感受的特性,会在很大程度上支配着人们对环境艺术的最终评价。

3.4.3.2 韵律对环境的影响

(1)韵律体现节奏。

环境艺术设计中的韵律如同舞蹈当中的韵律,当我们置身其中的时候,同样可以感受到如同翩翩起舞一样所获得的愉快心境。例如高迪设计的米拉之家,外观上连续性的弯曲造型像海浪起伏,具有

图 3-80 图案的重复产生韵律感

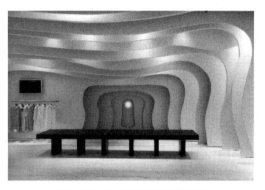

图 3-81 尺寸的重复产生韵律感

图 3-82 建筑外立面呈现渐变韵律

图 3-83 自然中的韵律

音乐的动感（图3-84）。

（2）韵律体现庄重。

无论是中国还是其他国家，宗教建筑和环境规划都是与宗教仪式的进程相吻合的。宗教建筑中有严格的韵律关系，大到建筑规划、小到环境设施和建筑细部，很多元素都以韵律的形式构成宏大而庄重的整体。如北京天坛，严格对称布局，设计元素的重复和渐变营造强化了雄伟庄重的气氛，体现了祭祀活动的节奏和过程。同样，一座大教堂从入口到圣坛，一个接一个的柱子、拱券、穹顶都表现着庄严的韵律，就像一个接一个的风琴音调，从它们相互之间的韵律关系中才能让人受到启发（图3-85）。

图3-84 高迪设计的米拉之家

图3-85 教堂穹顶

（3）韵律体现方向性。

环境艺术设计中的韵律是不同元素组合的效果，通过运用间隔和排列组合强调方向。它是通过构图的元素之间的连接而产生的动感。一根独处的柱子仅仅是平面上的一个点，但是两根柱子立刻形成一个间距、一个韵律，借助更多柱子形成的关系模数，便可以开始阅读建筑。

因而，当设计师想要把他所设计的环境发展成一个系统的有机体时，韵律就是最重要的手法之一。韵律关系直接而自然地产生结构与功能的需要，仿佛由创作灵感所支配的音乐曲谱那样受到控制，是视觉艺术中的主要因素。

3.5 环境艺术设计的空间类型

3.5.1 从使用功能上分类

（1）公共空间（共享空间）。

顾名思义，公共空间属于社会成员共有的空间，是为满足社会频繁交往和多样生活的需要而产生和存在的，无论是室外的（如城市广场、花园、商业街等），还是室内的（如机场、车站、影剧院等），均是如此（图3-86）。当今较流行的建筑大楼里的"共享空间"就是比较典型的公共空间。公共空间往往是人群集中的地方，是公共活动中心或交通枢纽，由多种多样的空间要素和设施构成，是综合性、多功能的灵活空间，人们在公共空间中的活动有较大的选择余地。公共空间的小中有大、大中有小，外中有内、内中有外，相互穿插交错，极具流动性。公共空间的设计要尽量满足现代人参与、娱乐、交流以及亲近自然的心理需求。如"共享空间"常把山水、植物、花卉等室外特征的景物引到室内，打破室内外的界限。同时，人群的流动和滞留空间，活动和休憩区域等的划分和设计也要充分考虑不同人群的共性和个性，使空间真正富有生命力和人性气息。

（2）私密空间。

人除了有社会交往的基本需要外，也有保证个人的私密性和独处的要求。私密空间就是充分保证其中的个人或小团体活动不被外界注意和观察到的一种空间形式。住宅就是典型的私密空间，除此之外还有办公室等。私密空间也有不同程度的区分，同在住宅空间里，卧室、书房的私密程度就要稍高，而客厅则是家庭成员的公共空间。因此，对于公共空间与私密空间的认识也必须做具体分析，不可一概而论。公共空间里，有时也要有一定的私密区域，譬如餐厅、影剧院里也常有包房（包厢）等较私密的空间，以满足不同人的需要（图 3-87）。

图 3-86　公共广场空间　　　　　　　　　　　图 3-87　餐厅包房

（3）半公共空间。

半公共空间是介于公共空间和私密空间之间的一种过渡性空间，它既不像公共空间那样开放，也不像私密空间那样独立，如楼道（图 3-88）、电梯间和办公楼的休息厅等。半公共空间多属于某一范围内的人群，因此，设计需要一定的针对性，如办公楼休息厅的设计可以考虑业主的专业性质和文化因素等，以满足其使用要求。

（4）专有空间。

专有空间是指为某一特殊人群服务或者提供某一类行为的建筑空间，如幼儿园、敬老院、少年宫以及医院的手术室、学校的计算机室等。由于专有空间是为某一特定人群服务的，它既非完全公开的公共空间，又不是供私人使用的私密空间，设计时需要考虑特定人群的特性。如敬老院主要是为老人服务的，老人的行动和心理上的特殊性都是进行空间设计和布置的依据。幼儿园的设计往往在建筑高度、材料使用、色彩选择上有一定要求（图 3-89）。

图 3-88　楼道　　　　　　　　　　　　　图 3-89　幼儿园

81

3.5.2 从空间界面的形态上分类

空间是由多个界面围合而成的。空间的界面可以是实面，也可以是虚面，以制造出不同开敞程度的空间形态，从而满足功能的需要。

（1）封闭空间。

封闭空间多用限定性较强的材料来对空间的界面进行围护，割断了与周围环境的流动和渗透，以此形成的空间无论是在视觉、听觉，还是室内小气候上都具有比较强的封闭性质。封闭空间的特点是内向、收敛和向心的，有很强的区域感、安全感和私密性，通常也比较亲切。空间的封闭程度主要视私密程度的要求而定，私密程度要求较高的空间（如卧室）不宜有过多过大的门窗，以保证足够的安全感和私密感。但过于封闭的空间往往有单调、沉闷的感觉，所以私密程度要求不是特别高的空间可以适当地降低封闭性，增加与周围环境的联系和渗透，如住宅里的餐厅等（图3-90）。

图3-90 住宅里的餐厅

（2）开敞空间。

相对封闭空间而言，开敞空间的界面围护的限定性很小，常常采用虚面的方式来构成空间。开敞空间流动性大、限制性小，与周围空间无论从视觉上还是听觉上都有较紧密的联系。开敞空间是外向性、向外扩展的。相对而言，人在开敞空间里会比较轻松、活跃、开朗。同样面积大小的空间，开敞空间会比封闭空间感觉大些。开敞空间讲究的是与周围空间的交流，所以常常采用对景、借景等手法处理，做到生动有趣。开敞空间也往往用于室内空间向室外空间的过渡，以调整室内外空间的反差。开敞空间又有外开敞式和内开敞式之分。

①外开敞式空间。外开敞式空间的特点是作为围合的侧界面的一面或者几面开敞，顶面有时也可以用玻璃顶形成顶面开敞，这样的空间向外的渗透性很强，内外连成一片。在一些周围环境比较好或功能要求较开放的空间就适合采取这种开敞形式（图3-91、图3-92）。

图3-91 外开敞式空间（一）

图3-92 外开敞式空间（二）

②内开敞式空间。这类空间的特点是将空间的内部抽空形成内庭院，然后使内庭院的空间与周围的空间相互渗透。现在许多高级酒店都采用这种内庭院的方式。这种空间往往把室外的景致引进庭院，满足现代人向往自然、希望与自然和谐相处的心理特点。由于庭院常用玻璃覆盖顶部，对于周围的内部空间来说，它是室外的空间。内开敞式空间不但可以改变大型建筑比较封闭的问题，而且庭院与周围的空间相互贯通和渗透，加之庭院里的山水绿化等，使人感觉生动活泼，具有较强的自然氛围（图3-93、图3-94）。

（3）中界空间。

中界空间主要是指介于封闭空间和开敞空间之间的一种过渡形态。它既不像封闭空间那么具有明确的界定和范围，又不像开敞空间那样完全没有界定，呈开放状态。中界空间的例子也比较常见，如建筑入口处的雨篷或一些建筑的外走廊等（图3-95）。

图 3-93　内开敞式空间（一）　　　　图 3-94　内开敞式空间（二）　　　　　图 3-95　中界空间

3.5.3　从对空间的心理感受上分类

不同的空间状态会给人不同的心理感受，有的给人平和、安静的感觉，有的给人流畅、运动的感觉。不同的功能要求和空间性质需要提供与之相适应的空间感受。

（1）动态空间。

动态空间是指利用建筑中的一些元素或者造型等造成人们视觉或听觉上的运动感，以此产生活力。动态的创造一般有两种类型。

①运动元素形成的动态空间。这类元素比较容易理解，如瀑布、小溪、喷泉、电梯、变化的灯光等都可以创造很强的动感。音乐经常可以调动人的情绪和心理，因此，在空间里配上音乐，随着节奏和时间也能创造动感。在组织空间时，合理地设计人流的运动方向，用人流的穿梭形成有秩序的运动，这种方式在商场、展览馆这类空间非常有效。合理利用这些运动元素来创造动感是空间设计中常用的手段。

②静止物体形成的动态空间。这类创造主要是调动和利用人的视觉心理和视错觉来形成动感，用空间中的点、线、面、体的视觉感受规律来进行组织和设计。线具有较强的方向性，面和体都可以形成变化，形成方向，引起动感。譬如，在剧院里，人们常常利用许多集束的线条从顶棚上向舞台延伸，这样人的视线随线延伸而产生运动感。还有一种比较含蓄的手法，即用引导和暗示来创造动态。例如，用楼梯、门窗、景窗等来暗示，提醒人们后面还有空间，或者利用匾额、楹联等启发人们对于历史、典故的动态联想。

（2）静态空间。

人们除了要求在空间中的运动感，强调空间的生机和活力外，也时常要求有平静和祥和的空间环境。静与动是相辅相成的关系，没有静也无所谓动，没有动也不存在静。静、动不同的空间态势可以满足不同的人在不同时间的不同心理要求。静态空间设计除了要减少空间里的运动元素（如过高过强的声音、运动的物体和人的过多活动等）外，还需要在以下方面着重考虑。

①静态空间围合面的限定性较强，减少与周围空间的联系，趋于封闭型。

②空间形态的设计多采用向心式、离心式或对称形式，以保持静态的平衡。

③空间的色彩尽可能淡雅和谐，光线柔和，装饰简洁。

④空间中点、线、面的处理要尽可能规则，如水平线、垂直线等，避免出现过多不规则的斜线、自由线，以免破坏空间的平静和稳定。

（3）流动空间。

流动空间是在三维空间的基础上再加上时间所构成的四维空间，也就是把多个空间联系起来，互相贯通，互相融合。人的视点不是固定的，随着人的移动而产生视觉透视的变化，由此形成不同的视觉和心理感受。流动空间强调把空间看成积极的活动因素，而不是静止不动的消极因素，强调空间之间流动性的融合，追求连续的空间运动组合，而不是简单、静止的空间体量的组合，因此，空间在垂直和水平方向上均采用象征性的分隔，用围合、分隔等多种手段造成连续、流动的空间层次，以保证空间之间的连续和交融，视线和交通尽量保持通畅，减少阻碍，空间的布置应灵活多变。流动空间要求把人的主观和空间的客观等积极因素都调动起来。

3.5.4　从空间的确定性上分类

对空间的界定或限定有时并不一致，有些比较明确，有些则比较模糊。空间由于界面确定程度的不同，也就形成了不同的类型。

（1）实体空间。

实体空间主要是指范围明确、界面清晰肯定、具有较强领域感的空间。实体空间的围合面多由实体材料构成，一般不具有透光性，所以有较强的封闭性，往往和封闭空间相联系，可以保证有一定的私密性和安全感。

（2）虚拟空间。

虚拟空间是与实体空间相对应的一种空间形式，它更多的是调动人的心理，用象征性的、暗示的、概念的手法进行处理，可以说虚拟空间是一种"心理空间"。虚拟空间没有明确的界面，但是它有一定的范围，它处在母空间之中并与母空间相通，但它又有自己的独立性，是空间中的空间。虚拟空间的作用主要体现在两个方面：一是实际使用上的；二是心理感受上的。例如，在宾馆的大堂里，由于功能需要应设置多个不同的区域，如接待区、休息区等，但区域之间又不能完全分隔开，这时使用虚拟空间可以使空间既相连，又有各自独立的区域范围。现代的许多办公空间也采用这种方式，如在一个较大的整体空间中，根据各个部门的功能需要，用90 ～ 120厘米的矮隔断把空间分隔成多个相对独立的空间。从整体上看，整个空间贯通一气，而对于各分隔的小空间来讲，又可以有自己的独立范围。隔断可以遮挡其他空间，形成比较安静的环境，以营造一个各区域都能发挥作用的良好环境。另外，在心理感受上它也有很好的作用和效果。如果一个空间过于宽敞，就会显得单调和空旷，但是如果把每个空间用实墙分隔，必然会使视线受阻，产生闭塞感，而采用虚拟空间可以避免空间过于单调，丰富层次，使整个环境更活泼、富于变化。虚拟空间的形成可以借助立柱、隔断、家具、陈设、绿化、水体、照明、材质、色彩以及构件等。这些元素可以给空间增色，起到装饰和点缀的作用。虚拟空间的构成还可以用多种手段，如抬高或降低地面，用不同的落差形成虚拟空间等。

（3）模糊空间。

除实体空间和虚拟空间两种空间形式外，有些空间的界定不那么明确，处在实体与虚拟之间，室内与室外之间，封闭与开敞之间，公共活动与个人活动之间，自然与人工之间，从而形成交错叠盖、模糊不定的结果，因此称为模糊空间。模糊空间的地理位置也往往处于实体和虚拟两种空间之间。对于模糊空间，人们容易接受那些与自己当时心情相一致的方面，空间形式与人的感情相吻合，使空间功能得到更充分的实现。

3.5.5　从分隔手段上分类

有些空间在建筑成型时就已形成，一般不能再改变，我们称为固定空间。有些空间可以根据需要进行灵活的处理和变动，用家具、设备、绿化等进行分隔或重新分隔，这些灵活多变的空间形式称为灵活空间。

（1）固定空间。

固定空间一般是在设计时就已经充分考虑使用情况，建成后不再改变空间形状。固定空间常常用承重结构作为围合面。这样的空间功能明确，位置固定，范围清晰，封闭性强。

（2）灵活空间。

灵活空间也可称作万变空间，它的特点是灵活多变，能满足不同使用功能的需要，是当今比较受欢迎的空间形式之一。可变空间的优点主要体现在：能适应现代社会不断发展变化的要求，如一个家庭的人数和职业的变化，这就需要空间环境随之变化；符合经济的原则，可变空间可以随时改变空间，以适应使用功能上的要求，大大提高空间使用的效率；能满足现代人求新的心理。可变空间也有多种形式，如标准单元、通用空间、多功能大厅等，虚拟空间也是可变空间的一种。

①标准单元。标准单元是工业化的产品，它由若干个标准空间单元组成。这样，无论是设计还是施工、管理都比较方便。

②通用空间。通用空间是当今社会比较常用的一种方式，它适用于行政、金融、科研机构等。在市场经济时代，企业的发展和变化很快，规模、人员、经营项目等都可能需要随时改变和调整，为了在空间方面适应这种多变性，发展通用空间是比较理想的。通用空间一般只有电梯间、卫生间和管道井等是固定不变的，其余的空间则全部开敞，可根据需要灵活分隔。

③多功能大厅。多功能大厅也是灵活利用空间的一种方法。以往的许多空间，如电影院、会堂、体育馆等多半功能单一，使用率低。多功能大厅的基本特征是可以适当地改变空间形态，从而满足不同的功能需要。例如，一个体育馆设置两个活动隔断，这样除了可以满足较大型的体育运动比赛外，也可以把一个大空间分割成两个或几个小空间，在每个小空间内设置看台和运动员休息室，以适应小型比赛。

④虚拟空间。虚拟空间也是可变空间的一种。

3.5.6　从空间的结构特征上分类

建筑空间的存在形式是多样的，但是从结构基本特征上可以把它归成几类：单一空间、复合空间、交错空间。

（1）单一空间。

一般的建筑空间多为几何形体。单一空间是以一个形象单元形成的空间，如圆形空间、长方形空间等。

（2）复合空间。

在实际的建筑环境中，往往不会只有一个单一的空间，而是由多个单一空间进行组合，形成一个整体，这就是复合空间。空间的组合往往比较复杂，组合方式多样，但其基本原则相同。应先保证空间使用方便，同时要强调和满足形式和精神上的需要。复合空间的设计必须要注意空间结构的合理性及道路系统、功能系统、管线系统、绿化系统等相互关系。复合空间的组合方式有穿插式、邻接式、大空间套小空间等，公共空间的连接空间等可采用线式、集中式、辐射式、组团式、网格式等组合方式。

（3）交错空间。

交错空间实质上是复合空间的一种，就是使空间相互交错配置，增加空间的层次变化和趣味性，因为在实际中交错空间使用较多，故单独列出论述。许多现代空间设计已不再满足于封闭规整的简单层次，在空间的组合上采取了多种手法形成复杂多变的形态关系。

3.6　环境艺术设计的空间组织

无论是建筑外部空间环境还是建筑内部空间环境，其场所内各种功能总是依托特定的空间而展开并实现，在进行环境艺术设计之初，首先要对场所内的各类空间进行分析，空间的分析就是将各种功能要求按其用途、目的、属性进行分类，研究并确定其相互关系，并加以安排与配置。

在分析环境艺术设计项目的功能及空间特点的基础上，进一步明确建筑内外部空间的主要组成部分及其相互关系，空间中的这一基本功能关系反映建设项目的主要内容及其内在联系，是空间功能分析的主要成果，决定着环境空间的布局关系。

环境艺术设计的功能关系分析与表达常围绕"行为主体—行为方式或程序—空间"这一思维程序进行，一般采用图解的方式，如平面分析图、行为流线图、空间形态组成图等。

平面分析图，是在场所平面上对复杂功能进行高度概括，一般从空间场所的使用主体或基本目的出发，按其主要功能或特点作适当归纳，在设计初始阶段从整体上分析功能之间的相互关系，将复杂问题简单化。

行为流线图围绕环境空间内行为主体的移动过程，用以表达空间场所的主要功能关系。行为主体以人、物为主，有时也包括交通工具及信息、能源等。其分析着眼于空间场所各主要部分之间的关联程度和互动密度。

在明确了空间场所功能关系的基础上，结合场所用地的具体条件即可进行功能分区，合理组织交通系统及其与其他系统之间的关系，并最终确定场所内各空间要素的具体位置。

空间场所的功能分区和组织必须坚持从整体到局部设计思维。功能分区和组织既是对场所内大关系的总体把握，也是环境空间场所设计的关键。

在空间形态组成图所表达的环境场所功能关系中，已确定了各要素的相对关系。在此基础上，进一步整合空间场所内的各项功能，根据其使用功能、空间特点、交通联系等，将性质相同、功能相近、联系密切、对环境要求相似、相互之间干扰影响不大的空间或设施分别组合，归纳形成若干个功能区，从而为有序地组织空间营造良好的环境。

根据各功能分区的空间规模、使用特点、环境要求、交通联系与相互影响，结合场所条件确定各功能区的具体位置，使各功能区之间既相对独立又有必要的联系，共同构成统一的有机整体。这一功能分区的过程，划定了场所内各用地的使用方式，也为环境中空间及设施的具体布置建立了一个总体框架。环境功能分区要充分结合空间场所条件，从空间场所的内外部区域位置条件、气候日照条件、周围环境与景观特点及技术经济要求等方面，深入分析由此形成的各种有利和不利因素，分清主次，因地制宜地作出全面的综合布置与设计。

3.6.1　交通空间组织

在进行空间场所功能分区与组织的同时，应深入分析各要素之间的联系，根据使用活动路线与行为规律的要求，有序组织建筑内部环境或建筑外部环境的人、车交通，合理布置相关设施，将空间各部分有机联系起来，形成一个统一的整体（图3-96）。

图3-96　交通空间

（1）交通流线与流量的安排。

在建筑内部空间或建筑外部空间的环境设计中，应首先明确场所空间功能与交通流线的关系，场所内主要的人流、车流等交通流线应清晰明确、易于识别，线路组织应通畅便捷，尽量避免迂回、折返。交通线路的安排应符合空间的使用功能和规律以及人物的活动特点。

交通组织与其交通特征和交通流量密切相关，空间场所内各组成部分或建筑内外部的情况往往不同，有的空间人流量大，有的空间车流量大，有的空间人、车、货流量均须考虑，在空间布置上应予以区分，并各有侧重。对空间中的交通进行功能分区和组织时，应将交通流量大的部分靠近主要交通道路或场所的主要出入口，以保证线路短捷、联系方便。交通流量较大的人、车、货物流线的组织，应避免对其他区域的正常活动造成影响。一般私密性要求越高或人群活动越密集的区域，其限制过境交通穿越的要求越严格，如室外环境景观中的居住区、以休闲活动为主的广场或公园等，为防止区域外人、车流的导入，这些区域的道路布置宜通而不畅。又如在室内环境中的展览空间，交通的布局亦要考虑流线组织，避免重复路线和交叉路线。

在建筑外部空间环境设计时，对地势起伏较大的场地进行交通组织时，应充分考虑地形高差的影响，使交通流量大的部分相对集中地布置在场所出入口高差相近的地段，避免过多垂直交通和联系不便。

（2）交通系统的组织。

场地中的主要交通方式有人行（含自行车等非机动车）、车行两种，二者的关系若处理不当就会造成人车混杂、相互干扰，人流会影响车流的行驶速度，繁忙的车流会威胁人的安全和健康。场地内根据人、车交通组织的关系，可分为人车分流系统、人车混行系统和人车部分分流系统。场地中大量人群集中活动的主要区域，更应禁止车流进入，主要货运车流也不应靠近。

（3）人流的合理组织。

对于有大量人流集散的建筑外部空间环境，特别是电影院、剧场、文化娱乐中心、会场、博览建筑、商业中心等人员密集的场地，要合理组织好人流交通。根据《民用建筑设计统一标准》（GB 50352—2019）的规定，人员密集建筑的场地应至少一面邻接有足够宽度的城市道路，以保证人员疏散时不影响城市正常交通；场地沿城市道路的长度应按建筑规模和疏散人数确定，并不得小于基地周长的1/6。

（4）合理设置集散空间。

一般将各种不同方向的人流通过步行道或广场来组织，或合流或分流，使之互不冲突。人员密集的建筑物的主要出入口前，应有供人员集散的空地，其面积和长宽尺寸应根据使用性质和人数确定；场地内的绿化面积和停车场面积应符合当地城市规划部门的规定，其绿化布置不应影响集散空地的使用。

场地道路布局受多种因素的影响，按其与各建筑的联系形式可分为环状式道路、尽端式道路和综合式道路三种（图3-97～图3-99）。在交通流线有特殊要求或地形起伏较大的场地，不需要或不可能使场地内道路循环贯通，只能将道路延伸至特定位置而终止，即为尽端式道路布局。

图3-97　环状式道路　　　　　图3-98　尽端式道路　　　　　图3-99　综合式道路

人流集散有两种规律：一种是有经常性的大量人流集散，如商业中心、展览馆、客运站等，整天人来人往，川流不息；一种是有定期性的人流集散，如体育中心、会堂、影剧院等，人流集中在比赛、会议或演映前后。前者，人流活动往往有一定的规律，应将建筑物的入口和出口分开设置，使人流沿一定方向循序前进。后者常常在短时间内集散大量的人流，除了分开设置出入口外，还应根据人流数量、允许集中或疏散的时间，考虑出入口分布的合理位置和足够数量。

场地的人流出入口要与城市道路、公交站点、停车场有便捷的联系，以缩短人流出入和集散的滞留时间。

（5）空间场所出入口的位置。

场地布局时应充分合理利用周围的道路及其他交通设施，以争取便捷的对外交通联系，但同时应注意尽量减少对城市主干道交通的干扰，当场地同时毗邻城市主干道和次干道时，应优先选择次干道一侧作为主要机动车出入口。

按照有关规定，人员密集建筑的场地应至少有两个以上不同方向通向城市道路的出口；这类场地或建筑物的主要出入口应避免直对城市主要干道的交叉口。

对于居住场地，小区内主要道路应至少有两个入口。居住区内主要道路至少应有两个方向与外围道路相连；机动车道对外出入口数量应控制，其出入口间距不应小于 150 米；人行出入口间距不宜超过80 米。

对于车流量较多的基地（包括出租汽车站、停车场）等，根据《民用建筑设计统一标准》（GB 50352—2019），其通路的出入口连接城市道路的位置应符合下列规定：

①距大中城市主干道交叉的距离，自道路红线交点量起不应小于 70 米；

②距非道路交叉口的过街人行道（包括引道、引桥和地铁出入口）最边缘线不应小于 5 米；

③距公共交通站台边缘不应小于 10 米；

④距公园、学校、儿童及残疾人等建筑的出入口不应小于 20 米；

⑤当基地通路坡度较大时，应设缓冲段与城市道路连接。

3.6.2　建筑外部空间组织

建筑外部空间是建筑环境中功能与形式相互矛盾又相互统一的结果。一方面，建筑外部空间的形成是环境形式由简单聚居向功能多样、形态及结构复杂演化的过程。另一方面，建筑外部空间组织发展的历程也是人们不断能动地改善自己的集居环境、进行空间设计营建的过程。虽然各地自然条件、社会经济发展水平存在差异，建筑外部空间不同时期的分布、规模和景观形态不尽相同，空间组织形态也必然随着时代而发展变化。同时，又由于建筑外部空间的复杂性和综合性，在一定时期内和特定的各种影响因素作用下，所形成的某种明确的空间组织和布局结构，是不会轻易改变的。这种渐变相对固定的现象也有其必然的规律，因此，建筑外部空间形态同时具有整体上绝对的动态性和阶段上相对的稳定性。

关于建筑外部空间的分类，也存在着许多不同的归纳分析方法和意见。有按照建筑外部空间主体平面形状或三维空间特征、建筑外部空间扩展进程模式、建筑外部空间活动中心和功能分区布局、城市道路网结构等多种多样的分类方法，而实际上这些不同方法都是相互关联的，因此，此处采用比较直观的图解式分类法。建筑外部空间以其区划边界以内、主体建成区总平面外轮廓形状为基本标准所形成的几个主要类型如下。

3.6.2.1　中心式空间组织

中心式空间组织是指建筑外部空间主体轮廓长短轴之比小于 4：1 的集中紧凑的空间组织形态，其中包括若干子类型，如方形、圆形、扇形等。这种类型是建筑外部空间形态中最常见的形式，空间的特点是以同心圆的方式向四周扩延。活动中心多处于平面几何中心附近，空间构筑物的高度往往变化不突出和比较平缓，区内道路网为较规整的网格状。这种空间组织形态从艺术设计角度上易突出重点，形成中心，从功能上便于集中设置市政基础设施，合理有效地利用土地，也容易组织区域内的交通系统（图 3-100）。

3.6.2.2　带状或流线式空间组织

建筑外部空间主体组织形态的长短轴之比大于 4：1，并明显呈单向或双向发展，其子类型有 U 形、S 形等。这些建筑外部空间组织往往因受自然条件限制或完全适应和依赖区域主要交通干线而形成，呈长条带状发展，有的沿着湖海水平的一侧或江河两岸延伸，有的地处山谷狭长的地形或沿道路干线的一个轴向长向扩展。这种形态的空间组织一般不会很大，整体上使空间形态的各部分均能接近周围的自然生态环境，平面布局和交通组织也较单一（图 3-101）。

图 3-100　上海科技大学体育馆的中心式空间组织　　　　图 3-101　带状或流线式空间组织

3.6.2.3　放射式空间组织

放射式空间组织是指建筑外部空间组织总平面的主体团块有三个以上明确的发展方向，包括指状、星状、花状等子类型。这些形态大多用于地形较平坦，而对外交通便利的地形上（图 3-102）。

3.6.2.4　星座式或组团式空间组织

星座式空间组织，是指建筑外部空间组织总平面是由一个颇具规模的主体团块和三个以上较次一级的基本团块组成的复合形态。这种空间组织结构形似大型星座，除了具有非常集中的中心区域外，往往为了扩散功能而设置若干副中心。联系这些中心及对外交通的环形和放射道路网形成较复杂的综合式多元结构。依靠道路网间隔地串联一系列空间区域，形成放射性走廊或大型空间组群。

组团式空间组织是指由于地域内河流、水面或其他地形等自然环境条件的影响，使建筑外部空间形态被分隔成几个有一定规模的分区团块，有各自的中心和道路系统，团块之间有一定的空间距离，但有较便捷的通道使之组成一个空间实体（图 3-103）。

图 3-102　放射式空间组织　　　　　　　　　　图 3-103　组团式空间组织

3.6.2.5　自由散点式空间组织

自由散点式空间组织的建筑外部空间没有明确的总体团块，各个基本团块在几个区域内呈散点状分布。这种形态往往是在地形复杂的山地丘陵或广阔平原地带，也有的是由若干相距较远的独立发展区域组合而成的较大的空间地域（图 3-104）。

3.6.2.6　棋盘格式空间组织

常见的棋盘格式空间组织是以道路网格为骨架的建筑外部空间布局组织方式，这种空间布局组织方式早在公元前 2000 多年埃及的卡洪[①]、美索不达米亚[②]的许多城市规划中已经应用，并在重建希波战争中被毁的许多城市中付诸实践，形成体系。

这种组织模式的创始人为公元前 5 世纪的希腊建筑师希波丹姆。希波丹姆在规划设计中遵循古希腊哲理，探求几何图像和数的和谐，以取得秩序之美（图 3-105）。

图 3-104 自由散点式空间组织

图 3-105 希波丹姆规划的城市

3.6.2.7 互动或借景式空间组织

利用空间中形体的起承转合以及东方园林艺术中的借景手法形成的一种虚拟空间组织方式，称为互动或借景式空间组织。建筑外部空间的图上面积是有限的，为了扩大景物的深度和广度，丰富空间的内涵，除了运用各种统一、迂回、曲折等处理手法外，设计者还常常运用借景手法。

中国古代早就开始运用借景的手法营造园林或建筑。唐代建的滕王阁，借赣江之景，"落霞与孤鹜齐飞，秋水共长天一色"。岳阳楼近借洞庭湖水，远借群山，构成山水画面。杭州西湖处于"明湖一碧，青山四围，六桥锁烟水"的环境中，"西湖十景"互相因借，各"景"又自成一体，形成一幅生动的画面。计成在"兴造论"里提出了"园林巧于因借，精在体宜""俗则屏之，嘉则收之""借者，园虽别内外，得景则无拘远近"等基本原则。互动式借景又可分为以下几种。

①近借，在园中空间欣赏园外近处的景物。

②远借，在不封闭的园林中看远处的景物，例如靠水的园林，在水边眺望开阔的水面和远处的岛屿。

③邻借，在园中欣赏相邻园林的景物。

④互借，两座园林或两个景点之间彼此借助对方的景物（图 3-106）。

图 3-106 互动或借景式空间组织

①卡洪于公元前 2000 多年建成。城市平面为长方形，边长长、宽分别为 380 米、260 米，由砖砌城墙围护。贵族住宅朝向北来凉风的方位，而西部劳动人民居住区却迎着由沙漠吹来的热风的方位，反映了明显的阶级差别。城东有市集，城市中心有神庙，城东南角有一大型坟墓。

②美索不达米亚文明为人类古老的文化摇篮之一。公元前 4000 年已有较发达的文化，曾出现苏美尔、阿卡德、巴比伦、亚述等文明，此后又经过波斯、马其顿、罗马与奥斯曼等帝国的统治。第一次世界大战后，其主要部分成为独立的伊拉克。

3.6.3　建筑内部空间组织

随着社会生产力的不断发展，文化技术水平的提高，人们对建筑内部空间环境的要求越来越高，而建筑内部空间组织乃是建筑内部空间环境的基础，它决定着建筑内外空间总的效果，对空间环境的气氛、格调起着关键性的作用。建筑内部空间各种处理手法最终凝结在各种形式的空间形态之中。人类经过长期的实践，在建筑内部空间形态方面创造积累了丰富的经验，但由于建筑内部空间的丰富性和多样性，特别是在不同方向、位置的相互渗透和融合，有时很难找出恰当的临界范围而明确地划分空间，这就为建筑内部空间组织分析带来一定的困难。

然而，只要抓住了空间形态的典型特征及其处理规律，就可以从千姿百态的空间中理出一些头绪。建筑内部空间组织大致上有以下几类。

3.6.3.1　集中式空间组织

集中式空间组织主要以一个空间母体为主结构，一些次要空间围绕空间母体展开。集中式空间组织作为一种理想的空间模式，具有表现神圣或崇高的场所精神，以及表现具有纪念意义的人物或事件的特点。其主空间的形式作为观赏的主体，要求具有位置集中的几何形式，如圆形、方形或多角形。这些形式具有强烈的向心性。主空间作为周围环境中的一个单体，或空间中的控制点，在一定范围内占据中心地位。

古罗马和伊斯兰的建筑师最早应用集中式空间组织方式建造教堂、清真寺建筑。而到了近现代，集中式空间组织的运用主要表现在公共建筑中共享大厅的设计上。以美国建筑师波特曼为首的一些建筑师通过大型酒店和办公建筑中共享空间的设计将集中式空间组织的发展推向一个新的阶段。

近代共享空间最大的特点是从感官唤起了人们对空间的幻想，它以一种夸张的方式，将人们放置在建筑舞台的中心。它鼓励人们参与，鼓励人与人交流互动，在空间中穿行，享受室内大自然（光线、植物、流水），享受社交生活。

共享空间的出现和发展对于那些千篇一律的、沉闷的内部空间和缺少形态的外部空间，无疑提供了一种视觉上的冲击。共享空间的出现为城市公共空间的振兴提供了一种方式，其中心思想非常贴近中国的"天人合一"思想。

共享空间大多应用在城市大型公共建筑中设置的中庭空间——一种全天候公众聚集的空间。在这个空间中，内庭院及其周围空间之间相互影响，中庭空间既能透光，又能遮风避雨和阻挡烈日等，通透性与遮蔽性兼具。

通常围绕在共享空间周围的空间多是功能空间，如酒店的客房、大型公共商厦的办公室，而中庭空间是一种附送，但是这两者是相互影响的。中庭本身能够提供有用的空间，除了构成门厅与可至建筑物各部分入口的交通空间外，还可作为餐厅、休息、展览、表演空间以及商场用地（图 3-107）。

3.6.3.2　线式空间组织

线式空间组织方式实质上是一个空间系列组合。这些空间既可以直接逐个连接，亦可能由一个单独的不同线式空间来联系。线式空间组合通常由尺寸、形式和功能都相同或相似的空间重复出现而构成，也可将一连串形式、尺寸或功能不相同的空间由一个线式空间沿轴向组合起来。

在线式空间组合中，重要的功能或象征空间可以出现在序列的任何一处，以尺寸和形式的独特表明其重要性；也可以通过位置加以强调，置于线式序列的端点、偏移于线式组合；或者处于扇形线式组合的转折上。线式空间组织的特征是"长"，因此它表达了一种方向性，具有运动、延伸、增长的意义。为限制延伸感，线式空间形态组合可终止于一个主导的空间或形式，或者终止于一个经特别设计的清楚标明的空间，也可与其他的空间组织形态或者场地、地形融为一体（图 3-108）。

3.6.3.3　放射式空间组织

在放射式空间组织中，集中式及线式空间组织的要素兼而有之。放射式空间组织由一个主导中央空间和一些向外放射扩展的线式空间构成，集中式空间形态是一个内向的图案，趋向中心空间聚焦，而放

图 3-107　共享空间

图 3-108　科罗拉多空军学院

射式空间形态多为外向的图案，向空间组合的周围扩展。

正如集中式空间组织一样，放射式空间组织方式的中央空间一般也是规则形式，即以中央空间为核心向各方向扩展。放射式空间组织变化的一个变体是风车式空间形态。它的空间沿着正方形或规则的中央空间的各边向外延伸，形成一个富于动势的图案，在视觉上产生一种围绕中央空间旋转运动的联想。

城市中的立体交通显示出一个城市的活力，也是繁华城市壮观的景象之一。现代室内空间设计早已不满足于封闭的六面体和静止的空间形态，在创作中也常把室外的城市立交模式引进室内，在大量群众集合的场所（如展览馆、俱乐部等）宜于分散和组织人流，而且在某些规模较大的住宅也使用。在这样的空间中，人们上下活动交错，俯仰相望，静中有动，不但丰富了室内景观，也给室内环境增添了生机（图3-109）。

3.6.3.4　组团式空间组织

组团式空间组织通过紧密连接使各个小空间互相联系，进而形成组团空间，又可称为包容式空间。每个小空间具有类似的功能，并在形状和朝向方面有共同的视觉特征。组团式空间组织结构也可在构图空间中采用尺寸、形式、功能各不相同的空间加以协调联系，但这些空间常要通过视觉上的一些规则手段（如对称）来建立关系。因为组合式空间形态的平面图形并非源于某个固定的几何概念，它灵活可变，可随时增加和变化而不影响其特点。

组团式空间组织的平面图形中没有固定的重要位置，因此必须通过图形中的尺寸、形式和朝向，才能显示出某个空间所具有的特别意义。

对称及轴线可用于加强和统一组团式空间组织的各个局部，来表达某一空间或空间组群的重要意义（图3-110）。

图 3-109　放射式放映厅

图 3-110　纽约亚克博亚维茨广场

3.6.3.5　"浮雕式"空间组织

"浮雕式"空间组织是指在建筑内部空间组织中的几种十分具有特点的形态结构，它们的共同之处是尺度精致，且具浮雕感。"浮雕式"空间组织主要有以下几种形式。

（1）下沉式空间。

室内地面局部下沉，在统一的室内空间中就产生了界限明确、富有变化的独立空间（图 3-111）。下沉地面标高比周围的要低，因此有一种隐蔽感、被保护感和宁静感，也成了具有一定私密性的小天地。人们在其中休息、交谈倍感亲切，在其中工作、学习也较少受到干扰。同时随着视点的降低，空间感觉增大，室内外景观也会由此产生变化。下沉式空间根据具体条件和不同要求，可以有不同的下降高度，少则一二阶，多则四五阶，对高差交界的处理方式也有许多方法，如布置矮墙绿化、沙发、低柜、书架以及其他储藏用具和装饰物。高差较大的，应设围栏，但一般来说高差不宜过大，尤其不宜超过一层高度，否则就会产生上下楼或进入地下室的感觉，失去了下沉空间的意义。

（2）地台式空间。

与下沉式空间相反，如将室内地面局部升高也能在室内产生一个边界十分明确的空间，但其功能、作用几乎和下沉式空间相反。

地台式空间与周围空间相比十分醒目突出，因此适用于展示、陈列或眺望。许多商店常利用地台式空间布置最新产品，使人们一进店内就可一目了然，很好地发挥了商品的宣传作用。现代住宅的卧室或起居室虽然面积不大，但也会利用地台布置床位或座位，有时还利用升高的踏步直接当座位，使室内家具和地面结合起来，产生更为简洁而富有变化的室内空间形态（图 3-112）。此外，还可利用地台进行通风换气，改善室内气候环境。在公共建筑（如茶室、咖啡厅）中，常利用阶梯形地台使顾客更好地看清室外景观。

图 3-111　下沉式空间　　　　　　　图 3-112　地台式空间

（3）内凹与外凸空间。

内凹空间是在室内局部退进的空间形态，在住宅建筑中得到普遍应用。内凹空间通常只有一面开敞，因此在大空间中自然少受干扰，形成安静的一角，有时在设计中常把顶棚降低，营造宁静、安全、亲密的氛围。根据凹进的深浅和面积大小，可以用作不同的布置，在住宅中多利用它布置床位，这是最理想的私密性位置。有时甚至在家具组合时，也特地空出凹角布置座位。在公共建筑中常用内凹空间，避免人流穿越干扰，获得良好的休息空间。许多餐厅、茶室、咖啡厅，也常利用内凹空间布置雅座。对于长廊式的建筑，如宿舍、门诊、旅馆客房、办公楼等，能适当间隔布置一些内凹空间作为休息等候场所，可以避免空间的单调感。

凹凸是一个相对概念，如凸式空间就是一种对内部空间而言是凹室，对外部空间而言是向外凸出的空间。如果周围不开窗，对室内而言仍然保持了内凹空间的一切特点，但这种不开窗的外凸式空间，在设计上一般没有多大意义，除非外形需要或作为外凸式楼梯、电梯等使用。大部分凸式空间是为了将建筑更好地伸向自然，三面临空，使人饱览风光，使室内外空间融合在一起，或者为了改变朝向，采取锯齿形的外凸空间。住宅建筑中的挑阳台、日光室都属于凸式空间。凸式空间在西方古典建筑中运用得比较普遍，因其有一定特点，故至今在许多公共建筑和住宅建筑中也常采用（图 3-113）。

图 3-113　比森斯之家的阳台

（4）回廊与挑台。

回廊与挑台是室内外空间中独具一格的空间形态。回廊常用于门厅和休息厅，以增强其入口宏伟、壮观的第一印象，丰富垂直方向的空间层次。建筑中有时还常利用扩大的楼梯休息平台和不同标高的挑平台，布置一定数量的桌椅作休息交谈的独立空间，并造成高低错落、生动别致的室内空间环境。现代旅馆建筑中的中庭，有许多是多层回廊与挑台的集合体，并表现出多种多样的处理手法和效果，借以吸引广大游客。

例如在东京都港区的 Zuishoji 寺庙，它是禅宗分支在东京的第一座寺庙，也是江户时代的住持带到日本的禅宗佛教学校之一。建筑师重建了寺庙内僧人的住所。作为日本的重要物质文化遗产，建筑师重点设计了从寺庙的储藏室开始一直向前延伸的轴线。寺庙轴线的南侧设置了一个 U 形的回廊和禅院，使其与周边社区的联系更加紧密。U 形回廊围合出一个庭院，庭院的中心是一个水池，水池的中心有一个高于水面的舞台，为人们提供了一个举办社区活动和演出的场地（图 3-114）。

图 3-114　U 形回廊围合出一个庭院

本章思考

（1）在空间设计中如何使用形态更好地营造空间环境？

（2）如何将环境中所需要的基本元素和复杂的功能结合在一起？

第4章
环境艺术设计的流派及著名设计师

学习目的

（1）通过学习环境艺术设计流派，初步了解环境艺术现代历史。

（2）学习和借鉴20世纪著名设计师的室内设计风格特色。

自古以来，人类总是在不断改善自己的生存条件。现代社会中，人们将居住需求放在首位，早已成为无可争辩的事实。随着生活内容不断丰富，人们也在不断地对居住空间、工作空间和各类活动空间的使用功能、审美功能提出新的要求。科技进步也为提高人类居住环境质量创造了条件。在人们对建筑形式、室内空间形式、陈设艺术、装饰艺术等审美标准的演变过程中，出现过经久不衰的经典，也出现过缤纷多彩、转瞬即逝的潮流。尽管它们展现、存在的时间不同，表现形式各异，但它们有明显的相同点，都会受社会经济发展的直接影响，也都同时会受当时文化背景的制约。

4.1　环境艺术设计的流派

流具有动态的字面含义，指流动、流淌、流行，以及水的支流和潮流。派意为派别、派生等。流派中的"派"，是指一些艺术家因艺术主张或观点相同或相近而形成派别。他们的艺术因具有非同一般的特点而引起社会关注，或者引起群众共鸣和追随，形成潮流。

流派是多层面的，文学、戏剧、电影、音乐、美术、景观设计、建筑设计、园林设计、艺术设计均有流派存在。流派是无国界的。流派如果经受了历史的考验，长期受到人们的喜爱，以及在发展中不断得以充实完善，就可能成为经典。

4.1.1　国际派

国际派伴随着现代建筑中的功能主义及机器美学理论应运而生，代表人物为瓦尔特·格罗皮乌斯（Walter Gropius）、勒·柯布西耶（Le Corbusier）、路德维希·密斯·凡·德·罗（Ludwig Mies van der Rohe）等。他们是第一代建筑大师，都提出了现代建筑的系统理论。格罗皮乌斯强调工业化对建筑的影响，讲求功能，大量采用装配式结构，建筑立面简洁，屋顶平整，采用大片玻璃窗。柯布西耶提出了著名的"建筑是居住的机器"的观点。密斯·凡·德·罗强调"建筑设计与技术的精美，以及注意空间流动变换"等论点。他们的设计风格虽然不同，但都是以新的观念指导创作，其室内设计与建筑设计一样，注重功能和建筑工业化的特点，反对虚伪的装饰，对后来的建筑发展作出了重要贡献。他们的主要特点被归结为"国际式"，风靡全球。包豪斯学派在推广国际式风格方面建立了不可磨灭的功绩，直到现在，仍有许多设计是在他们的美学理论与设计手法的基础上，根据不同的文化背景及条件发展而成来的。

国际派的室内设计特征可以归纳为以下几点。

（1）室内空间开敞，内外通透（称为流动空间）；不受承重墙限制的自由平面设计。

（2）室内墙面、地面、顶棚，家具、陈设、绘画、雕塑，以及灯具、器皿等，均以简洁的造型、纯净的质地、精细的工艺为特征。

（3）尽可能不用装饰，取消多余的东西。国际派认为任何复杂的设计、没有实用价值的特殊部件及装饰都会增加建筑的造价，强调形式应更多地服务于功能。

（4）建筑及室内部件尽可能使用标准部件，门窗尺寸根据模数制系统设计。

（5）室内选用不同的工业产品、家具和日用品。

国际派的缺点是千篇一律，缺少人情味，曾受到众多非议。但是，该时期也出现了赖特那样的建筑大师，他在注重功能的同时也注重建筑与自然的结合及人情味，注重细部的细腻表现。他的草原式住宅对后来的建筑设计影响深远①。

4.1.2　光洁派

光洁派是盛行于20世纪六七十年代的室内设计流派，也是晚期现代主义极少主义派别的演变，因此，又称极少主义派。光洁派的室内设计师们擅长把形体的构成抽象化，常常用雕塑感的几何构成来塑造室内空间。室内空间具有清晰的轮廓，功能上实用、舒适。在简洁、明快的空间里，运用现代材料和现代加工技术的高精度的装修和家具传递着时代精神，这些产品、部件的高精密度成为被欣赏的对象，因而无须其他多余的装饰来画蛇添足。现代主义建筑大师密斯·凡·德·罗提出的"少就是多"是光洁派设计师们遵循的信条。

光洁派的室内设计特征可以归纳为以下几点。

（1）空间和光线是光洁派室内设计的重要因素。为了保证室内明亮，窗口、门洞的开启均较大，以与室外环境连通。窗户的装饰要便于室内采光和通风，通常采用卷轴式、垂直式和软百叶式。

（2）室内空间流通，隔而不断，具有活泼、宽敞的感觉。

（3）简化室内梁、板、柱、窗、门等所有构成元素，顶棚、地板、墙面大多光洁平整，部分装修材料则可着重显示材料本身的质感和肌理效果。

（4）室内较多地使用玻璃、金属、塑料等硬质光亮材料。

（5）采用几何图形的装饰和现代版画的鲜艳色彩，显示出令人愉快的现代装饰特点。

（6）室内没有多余的家具，每一件家具都经过认真地挑选，来满足特定的需要。选用色彩明亮、造型独特的工业化产品。另外，往往将个别家具安放在特定的位置，起到室内雕塑的作用。

（7）墙上悬挂现代派绘画作品或其他现代派艺术作品，常常使用窄边的金属画框。

（8）室内陈设观叶植物盆栽，为室内增添情趣。

光洁派的室内设计给人清新、整洁的印象，其装修及家具上没有烦琐的细部装饰，因此便于加工制作，在使用过程中也易于清洁维护。但光洁派的设计作品过于理性，缺少人情味，因而曾受到人们的冷落。不管怎样，光洁派是工业设计生产发展的产物，不言而喻，具有深远的历史意义。

4.1.3　高技派

高技派是活跃于20世纪50年代末至70年代的一个设计流派。在强调建筑的共生性、人情味和乡土化的今天，高技派的设计作品在表现时代情感方面也在不断地探索新形式、新手法，因此，高技派仍显示出锐气不减、活力不衰的发展势头。

---

①1900—1917年，赖特等艺术家在美国中西部建造了低矮的草原式住宅。该住宅的特点是在造型上力求新颖，彻底摆脱折中主义的常态；在布局上与大自然结合，使建筑与周围环境融为一体。典型的美国草原式住宅由起居空间和私人空间两个部分组成。起居空间包括以壁炉为中心的起居室、作为餐厅的凹室和对起居室开放的厨房。私人空间包括书房、客房或附带工作室的卧室。通常，这些空间都沿着一条的走廊有规律地排成一行，主卧室设置在走廊的尽端。

高技派反对传统的审美观，强调设计起到信息媒介的作用，注重其交际功能。高技派在建筑设计、室内设计中坚持采用新技术，在美学上极力表现新技术，包括了战后"现代主义建筑"在设计方法中所有"重理"的方面，以及讲求技术精美和"粗野主义"的倾向。

高技派的室内设计特征可以归纳为以下几点。

（1）内部构造外翻，显示内部构造和管道线路，无论是内立面还是外立面，都把本应隐匿起来的服务设计、结构构造显露出来，强调工业技术特征。

（2）表现过程和程序。高技派不仅显示构造组合和节点，而且表现机械运行，如将电梯、自动扶梯的传送装饰都作透明处理，让人们看到建筑设备的机械运行状况和传送装置的程序。

（3）强调透明和半透明的空间效果。高技派的室内设计喜欢采用透明的玻璃，半透明的金属网、格子等来分隔空间，形成室内层层叠叠的空间效果。

（4）高技派不断探索各种新型材料和空间结构，着意表现建筑框架、构件的轻巧，常常使用高强度钢材和硬质铝材、塑料以及各种化学制品作为建筑的结构材料，建成体量轻、用材少，能够快速灵活地装配、拆卸和改建的建筑结构与室内空间。

（5）室内局部或管道常常涂上红、绿、黄、蓝等鲜艳的纯色，以丰富空间效果，增强室内的现代感。

（6）高技派的设计方法还强调系统设计和参数设计。

高技派与建筑的重技法相同，着力反映工业成就，其表现手法多种多样，强调对人有赏心悦目效果的、反映当代最新工业技术的形象来表现技术。它的许多结构和构造并不一定很科学，往往会因过分地表现反而使人们感到矫揉造作。

高技派是随着科技的不断发展而发展的，强调运用新技术手段反映室内装饰新的工业化风格，创造出一种富有时代情感和个性以及美学效果和生命力的设计，因此，可以预料，高技派还会有新的发展，还会不断出现新的形式和新的设计手法。

1. 乔治·蓬皮杜国家艺术和文化中心

巴黎的乔治·蓬皮杜国家艺术和文化中心是高技派的典型代表作品，其外部钢架林立、管道纵横，并且根据不同功能分别漆上红、黄、蓝、绿、白等颜色。这座现代化的建筑因其外观极像一座工厂，因此又有"炼油厂"和"文化工厂"之称（图 4-1）。

图 4-1　乔治·蓬皮杜国家艺术和文化中心建筑外观

2. 香港汇丰银行

香港汇丰银行的室内空间是纯机械的设计。它的内部结构全部暴露，显现着自动扶梯内部机械装置的转动。每层楼板也都是透明的，香港一些群众称之为"看得见肚肠的建筑"。内部是个很空的大堂，看起来十分浪费使用面积，但其实是故意为之，此设计是个风水局（图 4-2）。汇丰银行还被称为狮子银行，这是因为银行总部大厦门外放着一对铜狮子。这对铜狮子有名字，张开嘴的叫史提芬（Steven，图4-3），另外一只叫施迪（Stitt，图4-4）。汇丰银行的管理层虽然以外国人为主，但他们来到中国，也开始相信风水，这对铜狮子不仅成了香港的地标，它们的头像更是印在了汇丰银行发行的港币上，成了钞票的主角，足见它们在香港民众心中的重要地位（图4-5）。

图4-2　香港汇丰银行内部空间

图4-3　史提芬（Steven）　　图4-4　施迪（Stitt）　　图4-5　香港汇丰银行发行的港币

4.1.4　后现代主义派

像建筑设计中的后现代主义一样，后现代主义出现在现代主义之后。近代产业革命、工业化大生产所带来的现代主义设计有大面积的玻璃幕墙，不加装饰的墙面。这些简洁的造型使国际式建筑千篇一律，久而久之，人们对此感到枯燥、冷漠和厌烦。

20世纪以来，在大工业生产规模不断发展的同时，科技高速发展，在人类对大自然的征服与过度掠夺过程中，世界进入了后工业社会和信息社会。然而，过量工业化正在瓦解人类赖以生存的基础。环境污染、生态危机等使人类的生存环境充满了矛盾与冲突。人们对不同矛盾的理解和反应，构成了设计文化多元发展的基础。为了突破一种设计形式的枯燥、冷漠，人们又会从一个极端走向另一个极端。20世纪60年代以后，后现代主义应运而生，并受到欢迎。

后现代主义特点为：强调建筑的复杂性、矛盾性；反对简单化、模式化；讲求文脉，追求人情味；崇尚隐喻和象征手法；大胆运用装饰和色彩，提倡多样化和多元化。后现代主义在造型设计的构图理论中汲取其他艺术或自然科学概念，如片断、反射、折射、裂变、变形等；也用非传统的方法来运用传统，以不熟悉的方法来组合熟悉的东西，用各种刻意制造矛盾的手段，如断裂、错位、扭曲等，把传统的构件组合在新的情景之中，让人产生复杂的联想。

后现代主义派的室内设计特征可以归纳为以下几点。

（1）不同于现代主义"少就是多"的观点，后现代主义派的建筑设计和室内设计造型趋于复杂化，强调隐喻的形体特征和空间关系。

（2）设计时用传统建筑或室内构件通过新的手法加以组合，或者将建筑或室内构件与新的构件混合、叠加，最终表现出设计语言抽象性、模糊性的特点。

（3）在室内大胆运用图案装饰和色彩。

（4）在设计构图时往往采用夸张、变形、断裂、折射、错位、扭曲等手法，构图变化的自由度大。

（5）室内设置的家具、陈设艺术品往往突出其象征意义。

现代主义和后现代主义体现人类文明进程中不同的价值取向，应该说后现代主义是现代主义适应时代发展的革新，其积极的、合理的意义应当予以肯定。

1. 悉尼歌剧院

悉尼歌剧院（图 4-6）是丹麦的建筑师约恩·乌松于 1957 年设计，建成于 1973 年，因其位于悉尼市的便利朗角，邻近海洋，建筑师把它设计成帆船造型，具有十分鲜明的艺术个性。该设计的象征手法运用得比较成功，使悉尼歌剧院成了澳大利亚悉尼市的地标性建筑。悉尼歌剧院的外观为三组巨大的壳片，这些壳片结构的研究和设计耗时 8 年，施工也长达 3 年，工程预算 700 万美元，实际费用达 12000 万美元。悉尼歌剧院由 10 个薄壳组成，它们的排列有着音乐般美妙的韵律。白色的壳体看起来十分轻盈，在碧水蓝天的映衬下，白色壳体在阳光下闪闪发光，如同沙滩上白色的贝壳，又如大海上迎风扬起的白帆。悉尼歌剧院可容纳 1547 名观众，内部陈设新颖、华丽、考究，为了避免演出时墙壁反光，墙壁一律用暗光的夹板镶成；地板和天花板用本地出产的黄杨木和桦木制成；弹簧椅罩上红色光滑的皮套。这样的装置可以保证演出时音响效果。舞台面积 440 平方米，有转台和升降台。

2. 费城母亲之家

费城母亲之家（图 4-7）由美国建筑设计大师罗伯特·文丘里（Robert Venture）设计，他将这个杂交的建筑变成了后现代主义设计的经典，它表现了文丘里的复杂性和矛盾性。住宅总体是一个"断开的山墙"图像，但混合了对体积元素的扁平化、现代式的处理。一条古典腰线和"拱"与批量制作的窗户并置在一起，可以看到门、墙壁、楼梯、烟囱的组合，这是一种巧妙而又经济的设计方案。

图 4-6　悉尼歌剧院　　　　　　　　　　图 4-7　费城母亲之家

3. 德国斯图加特新国立美术馆

德国斯图加特新国立美术馆由英国设计师詹姆斯·斯特林（James Stirling，1926—1992）设计，现代主义的结构，古典主义的装饰，波普风格的细节。建筑的各个细部颇有高技派的痕迹。而各种相异的成分相互碰撞，各种符号混杂并存，体现了后现代派追求的矛盾性和复杂性。他用钢架搭出的神庙轮廓标示出租车的下客点，现代主义的钢制遮雨篷告诉公众入口位置。这些形式和色彩让人回忆起具有典型现代语言特征的风格派，但它们被拼贴到了传统的背景之上（图 4-8）。

德国斯图加特新国立美术馆采用花岗岩和大理石为建筑材料，局部（如拱门、天井）采用古典主义的细节，爱奥尼亚式的柱门，布局高低起伏、错落有致。整体上的古典主义被戏谑地局部处理，如扭曲的玻璃幕墙、粉红色的巨大扶手，现代主义、波普风格和古典主义纠缠在一起，产生古怪的效果。

室内是以绿色为主色调的门厅。门厅旁边设置了弧形座椅。与惯用的传统光滑石材不同，斯特林在门厅处使用了原绿色橡胶地面。以明快和鲜艳的色彩为主导的室内设计，让人觉得逛美术馆不再是一件严肃的事情。

图 4-8　德国斯图加特新国立美术馆

4.1.5　解构主义派

解构主义出现在现代主义之后，它对现代主义批判地继承的一个突出表现就是颠倒、重构各种既有词汇之间的关系，使之产生新的意义。运用现代主义的词汇，却从逻辑上否定传统的基本设计原则，由此构成了新的派别，称为"解构主义派"。

解构主义用分解的观念，强调打碎、叠加、重组，功能与形式的关系从传统的对立统一转向叠加、交叉与并列。解构主义派擅长用分解和组合的形式表现时间的非延续性，设计作品往往给人们意料之外的刺激和感受。

解构主义派的室内设计特征可以归纳为以下几点。

（1）刻意追求毫无关系的复杂性，无关联的片断的叠加、重组，具有抽象的废墟般的形式和不和谐性。

（2）设计语言晦涩，片面强调和突出设计作品的表意功能，因此设计作品与观赏者之间难以沟通。

（3）反对一切既有的设计规则，热衷于肢解理论，打破了过去建筑结构重视力学原理横平竖直的稳定感、坚固感和次序感。该流派的建筑、室内设计作品给人以灾难感、危险感和悲剧感，使人获得与建筑的根本功能相违背的感觉。

（4）无中心、无场所、无约束，设计具有因人而异的任意性。

解构主义派像其他后现代流派一样反映了 20 世纪设计者内心的矛盾与无奈。他们的探索是大胆的。代表人物有弗兰克·盖里、彼得·艾森曼、伯纳德·屈米、丹尼尔·里伯斯金。

4.1.6　超现实主义派

超现实主义派在室内设计中追求所谓现实的纯艺术，通过别出心裁的设计，力求在建筑所限定的"有限空间"内运用不同的设计手法以扩大空间感，来制造所谓的"无限空间"，创造"世界上不存在的世界"。这反映了超现实主义派的设计师们在世界充满矛盾和冲突的今天，逃避现实的心理特点。

超现实主义派的室内设计特征可以归纳为以下几点。

（1）室内空间形式奇形怪状，令人难以捉摸。

（2）灯光效果五光十色、变幻莫测。

（3）色彩浓重、强烈。

（4）室内空间造型具有流动的线条以及抽象的图案。

（5）家具和设施陈设造型奇特。

超现实主义派的室内设计手法猎奇、大胆，因而产生出人意料的室内空间效果。该流派的设计师们还常常在室内运用现代派绘画和雕塑等来渲染室内气氛，也喜欢用兽皮、树皮等作为室内装饰品。

超现实主义派的室内设计作品反映出因刻意追求造型奇特而忽略室内功能要求的设计倾向，以及为了实现这些奇特的造型不惜成本的做法，因此，不能被多数人接受。该流派的设计作品数量不多，只是因其大胆、猎奇的室内造型特征，在多元化艺术发展的今天引人瞩目。

日本超现实主义派建筑师藤森照信以一座环绕在樱花树丛中用单脚支撑的茶庄展示了其超人的想象力和创造力（图 4-9）。他在 42 岁时第一次将自己的设计变成现实，藤森照信

图 4-9　日本超现实主义派建筑师藤森照信设计的茶庄

是当代首批被公认的超现实主义派建筑师。这位另类的大师向来只会选用天然的原材料（如土地、原木和石材）进行建造，以打造出先锋式的"漂浮于空中"的当代设计，以及布满爬藤植物的建筑外表。此前，藤森照信还在 2006 年威尼斯双年展上为日本馆策展，当时观众们都被要求脱去鞋子，穿过木墙上的小门来到朴素的草屋之中静坐。"一座建筑不应该去仿照别人，无论是过去还是现在，甚至是任何自铜器时代以来的任何风格。"建筑师这样介绍自己的童话式建筑。

4.1.7　绿色派

从世界范围看，自然环境和生态平衡遭到破坏，环境污染加剧，人与生存空间的矛盾日益突出。20 世纪 70 年代至 80 年代，随着人类环境意识的觉醒和环境设计概念的产生，人类开始提出地球的可持续发展战略。住在城市中的人们向往自然，提倡吃绿色食品，喝天然饮料，用自然材质，渴望住在绿色的自然环境中，这种回归自然的"绿色"趋势，反映在室内环境设计中可称为室内"绿色设计"。它与城市规划设计、建筑设计一样，其总目标是人与自然和谐共存，地球可持续发展。

21 世纪是信息时代，也是生态文明时代，人类理应运用已获得的高新科技，探寻人类生存、生产和生活空间环境可持续发展的模式，在可持续发展思想的指导下，按照被国际社会广泛承认的如下原则进行设计。

（1）有利于保护生态环境：主要指自然能源的有效利用和再生，防止污染环境。

（2）有利于人们的身体健康：主要指人工环境中的防火、防污染、无毒、无害等方面，应通过设计引导人们健康生活。

（3）有利于使用者精神愉悦：主要指设计应增加艺术感染力，用生态美学理念来思考设计问题。生态美学强调，美不能脱离人类赖以生存的生态而存在。

以上三项设计原则所决定的设计方向即室内"绿色设计"的方向。

在进行室内空间设计时应注意日光、风、水、木材等自然能源或材料的利用，在空间组织、装修设计、陈设艺术中尽可能多地利用自然元素和天然材质，塑造朴素、简单的空间形象，创造出自然质朴的生存环境。

建筑装修装饰也应尽可能减少能源消耗，开发可再生能源。按"绿色建材"的要求，设计选材时应注意解决无毒、无害、防火、防尘、防蛀、防污染等问题。

设计师应更多地重视生态设计和研究，逐步加大建筑室内空间设计中自然要素的比重，使设计更贴

图 4-10　韩国首尔 Gwanggyo 绿色城　　　图 4-11　新加坡融合城市绿色　　　图 4-12　美国旧金山水网城市
　　　　　　　　　　　　　　　　　　　　　　　摩天大厦

近自然，室内自然能源的利用与自然景观的创造也要尽快达到新的高度。设计师应努力突破现有的设计套路，不进行过度装饰，不设计病态空间，不片面地追求豪华虚荣，以减少视觉污染以及人力、物力的滥用和浪费。

绿色派的代表建筑有韩国首尔 Gwanggyo 绿色城（图 4-10）、新加坡融合城市绿色摩天大厦（图 4-11）、美国旧金山水网城市（图 4-12）。

4.1.8　孟菲斯派

20 世纪 70 年代后期，意大利探索装饰艺术的新的设计群体组成了"阿尔奇米亚"工作室。他们反对单调冷峻的现代主义，提倡装饰，追求装饰艺术与设计功能的和谐一致，强调以手工艺术和民间艺术为参考，积极开展创造活动和评论宣传活动。孟菲斯派的代表人物是意大利的亚历山德罗·门迪尼（Alessandro Mendini）、艾托·索特萨斯（Ettore Sottsass）等人，他们创造了许多形式怪诞、颇具象征意义的装饰品、艺术品和日用品，引起社会瞩目并产生影响。

1981 年，以索特萨斯为首的设计师在米兰结成了"孟菲斯集团"。孟菲斯派的设计师们努力把设计变成大众文化的一部分，他们从西方设计中获得灵感。20 世纪初的装饰艺术、波普艺术、东方艺术等，都给他们启示和参考。孟菲斯派的设计师认为：他们的设计不仅要使人们生活得更舒适、快乐，而且要具有反对等级制度和存在主义的思想内涵，以及对固有设计观念的挑战。

孟菲斯派的室内设计特征可以归纳为以下几点。

（1）常用新型材料、明亮的色彩和富有新意的图案（包括截取现代绘画的局部）来改造一些经典家具，显示了设计的多面性，设计既是大众的，又是历史的。

（2）室内设计注重室内的风景效果，常常对室内界面的表层进行涂饰，具有舞台布景般的非持久性特点。

（3）在构图上往往打破横平竖直的线条，采用"波形曲线＋曲面""直线＋平面"组合，以取得满意的设计效果。

（4）室内平面设计不拘一格，具有任意性和展示性。

孟菲斯派的代表人物是索特萨斯。他于 1917 年出生于奥地利的一个建筑师之家，曾在都灵工艺学院学习建筑，20 世纪 50 年代末开始与奥利维迪公司长期合作，为该公司设计了大量的办公机器和办公家具。从 20 世纪 60 年代后期开始，他的设计从严格的功能主义转向更加人性化和色彩斑斓的设计，并强调设计的环境效应。这也反映了他勇于探索、敢于求新的精神。索特萨斯是 20 世纪 80 年代初意大利激进设计运动的领军人物，这场设计革命对那个时代的室内居住环境产生了重要影响。索特萨斯不愿被标准化的工业生产束缚，更爱独树一帜，因此设计了许多令人眼前一亮的家具。

孟菲斯派认为，设计不仅应使人们生活得更舒适、快乐，还应是一种反对等级制度的政治宣言。他们的室内设计多大胆使用各类新型材料，不论特性丰富还是单一，甚至创造性地将镀铬金属与鲜亮多彩

索特萨斯在 20 世纪 70 年代受命为奥利维迪公司设计一组全球适用的办公用具及家具。他将当时人体工程学的最新发明纳入考虑，但索特萨斯最重要的目标是让工作变得愉快。简洁的造型和明快的色彩一洗工作的沉闷，索特萨斯用一把椅子就将办公室变成乐园。合成 45 号椅既能够让后背舒适地微微后仰，也可以随心所欲地在地面上滑动。

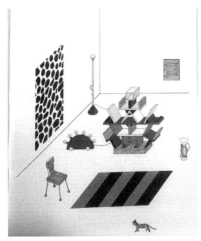

图 4-13　"Carition" 书架　　　　图 4-14　Ettore Sottsass 椅　　　　图 4-15　合成 45 号椅

的多层板材相结合，并以饱和度极高的色彩和富有新意的图案来改造传统（图 4-13～图 4-15）。

4.2　环境艺术设计的著名设计师

4.2.1　格罗皮乌斯（1883—1969 年）

格罗皮乌斯曾说：让我们建造一幢将建筑、雕刻和绘画融为一体的、新的未来殿堂，并用千百万艺术工作者的双手将它矗立在高高的云端下，变成一种新信念的标志。

1937 年，格罗皮乌斯应邀到美国哈佛大学设计研究院任教授和建筑系主任。现代艺术博物馆为他举办了展览，名为"包豪斯：1919—1928"，这是格罗皮乌斯领导的包豪斯年代。展览结束后，博物馆建筑部主任菲利普·约翰逊突然辞职，以 34 岁的高龄来到哈佛大学学习格罗皮乌斯的新建筑，成为后来入学的贝聿铭的学长。

格罗皮乌斯仪表整齐，身材瘦高，头发总是光亮地向后梳着，具有古典德国的高贵和文雅气质（图 4-16）。第一次世界大战时期，他是德国军队在西线的一名骑兵上尉，几乎重伤致死，但这段经历铸就了他英勇、平静和坚毅的性格。

当格罗皮乌斯在第一次世界大战后写信给德国魏玛政府要求开办一所学校时，他的朋友都不相信焦头烂额的政府会在财政拮据的情况下拨款。但机会总是青睐大胆的人，对于政府而言，学校可以把因失业而无所事事但随时可能引起骚乱的年轻人暂时限制在课桌旁，而想改变世界的格罗皮乌斯则需要一个阵地来培养信徒，二者一拍即合。

1919 年时包豪斯位于魏玛（Weimar）[①]，它不只是个学校，也是一个公社、一项精神运动、一个哲学核心。对于战后荒芜的现状，包豪斯成了"纯净未来"潮流的新起点，格罗皮乌斯则成了这潮流漩涡的中心和领袖。

图 4-16　格罗皮乌斯像

格罗皮乌斯在包豪斯的同事大画家保罗·克利称其为"银王子"，之所以不称其为"金王子"，是

[①] 魏玛（Weimar），德国小城市，拥有众多文化古迹，曾是德国文化中心，歌德和席勒在此创作出许多不朽的文学作品；著名景点有歌德故居、包豪斯博物馆等；在德国历史、文化和政治上具有无可比拟的重要地位。

因为他虽具有贵族气质但出身于建筑师家庭（他父亲和舅舅都是建筑师），并不是贵族。格罗皮乌斯继承家族传统，先后在慕尼黑工学院和柏林夏洛滕堡工学院学习建筑。他是四大现代建筑大师①中唯一一个科班出身的，但他不会画画，雇佣一个助手帮他完成作业，这段经历可能是他痛恨 Beaux-Arts②的缘由，也是他未来提倡建筑师合作精神的本因。

1922 年"进步艺术国际会议"以前，格罗皮乌斯还容忍门德尔松的表现主义建筑。1924 年以前，包豪斯没有建筑系。1925 年之前，包豪斯还是个开放的容许各种尝试的实验室，后来，由于被魏玛的公民质疑滥用纳税人的钱，政府削减了经费，包豪斯被迫搬到德绍，但这也成就了格罗皮乌斯在现代主义建筑历史上的重要里程碑——包豪斯校舍（图 4-17），一个宣称是彻头彻脑的功能主义的"建筑"，而不是"房屋"（希区柯克在 1932 年介绍欧洲新风格的国际式的展览上，在序言中做了如此区分）。

直线是理性和秩序的，黑白灰色是爱国的，曲线、坡屋顶以及装饰包括大理石是资产阶级的，功能和"真实的结构"才是人民需要的。"艺术和技术——一个新的统一"包豪斯的宣言诞生了。

格罗皮乌斯发展了一个成为建筑师的重要方式：论战。定义、反定义、责难、反责难。言辞要精细周到，要神秘莫测，要学术化。论战的目的在于确认建筑设计存在的理由是如何符合当月最新的"本世纪重大理论"，极端的、无限的、绝对的非资产阶级化。在论战中，建筑师在避免设计竞赛的前提下用纯文字的理论竞赛来获得委托任务。包豪斯里所有的艺术活动都是神圣的，天才、师傅、圣人足不出户就能名扬天下，于是很少或根本不建房屋的著名建筑师出现了。

立志成为伟大建筑师的雷蒙德·胡德（Raymond Hood，洛克菲勒中心③的设计者）从巴黎国立高等美术学院肄业时，从欧洲带回美国的书只有一本，就是《走向新建筑》（图 4-18）。

图 4-17　包豪斯校舍

图 4-18　洛克菲勒中心

1928 年，一些获得政府资助来欧洲游学的美国学生被包豪斯深深打动，在不知不觉中成为现代主义者，他们是爱德华·迪雷尔·斯东（Edward Durell Stone，典雅主义大师）、拉尔夫·沃克（Ralph Walker，未来的 AIA 主席）、L. 斯基德莫尔（Louis Skidmore，SOM 建筑设计事务所创办者之一）、沃利斯·K. 哈里森（Wallace K. Harrison，联合国总部大厦设计师）、戈登·邦夏（Gordon Bunshaft，SOM 建筑设计事务所的总建筑师，利华大厦的设计者，普利策建筑奖获得者），所以格罗皮乌斯可能没有意料到，在美国他的事迹早在媒体和崇拜者的反复咏叹和传颂中成了传奇。

格罗皮乌斯不会画画的短板要求他需要合作者才能完成设计，1945 年，他和 7 个年轻美国建筑师成立了名噪一时的协和建筑师事务所（The Architects Collaborative，简称 TAC）。TAC 没有个人主义，作品产权共享，它代表了格罗皮乌斯的作品，但也消减了格罗皮乌斯作为名词的魔力。20 世纪 50 年代的建筑界具有魔力的名词是密斯·凡·德·罗——他的前同事。

①四大现代建筑大师为弗兰克·劳埃德·赖特（Frank Lloyd Wright）、瓦尔特·格罗皮乌斯（Walter Gropius）、勒·柯布西耶（Le Gorbusser）、路德维希·密斯·凡·德·罗（Ludwig Mies van der Rohe）。
②Beaux-Arts 称为巴黎美术学院体系，也称布扎体系，是建筑界的教育体系之一，大概在法国国王路易十四时期形成。
③洛克菲勒中心（Rockefeller Center）位于美国纽约曼哈顿，是一个由 19 栋商业大楼组成的建筑群，各大楼底层相通。其中最大的是奇异电器大楼，高 259 米，共 69 层，中心总占地 22 英亩（约 8.9 公顷），于 1939 年建成。

1969 年，格罗皮乌斯死于波士顿。1988 年 TAC 由于财务危机被拍卖，1995 年彻底关闭。当今的中国学生只把格罗皮乌斯看成一个古老名词，银王子终会被氧化。现在柏林仍有一个区以格罗皮乌斯命名，叫 Gropiusstadt。

4.2.2　勒·柯布西耶（1887—1966 年）

柯布西耶是 20 世纪多才多艺的大师，也是现代主义运动的典型代表，他的才华展现在辩证、诗歌和艺术上，他的建筑是这些智慧的产物。

10 元面值的瑞士法郎纸币（图 4-19）上即可看到著名建筑大师柯布西耶的面庞。

柯布西耶的真名为夏尔-爱德华·让内雷，钩形的嘴巴和好询问的眼睛，加上他在争论中表现出来的生硬、烦躁、专横，让他获得了"勒·柯布西耶"这个绰号，意为"乌鸦似的人"。他是个又黄又瘦、高度近视的人，总是穿一身紧身的黑西装、白衬衫、系着黑领结，戴着一副滚圆的黑框眼镜、一顶硬顶圆礼帽，骑一辆白色的自行车。对那些感

图 4-19　10 元面值的瑞士法郎纸币

到奇怪的旁观者，他总是说他的这身打扮是为了巧妙地隐姓埋名，尽可能像一个真正的机器时代大量产生出来的活跃人物。

在勒·柯布西耶的作品中，自然是永恒的话题，经常渗透在半宗教的言谈中。他习惯用那些强有力的反对人类的作品，对庄严、浪漫表达一定的看法。在其他时候，他从本质上把自然描述成一个系统，在这个系统中，人类是一个部分。后者也反映出他唯理论的思维方式。

自然的主题同样集中在他的社会目标上，柯布西耶在瑞士的一所大学里读了艾考因·拉斯金（Echoing Ruskin）的作品，书中把自然看成人类精神重生的代名词，能够重新点燃在工业化社会里丢失的人道主义价值观。在《未来的城市》（1967 年的巴黎）中他宣布："人类是自然的产物，是按照自然规律被创造出来的。如果他能充分意识到这些规律并遵守它们，能把自己的生命融合在自然永恒的潮汐中，那么他将意识到有益的和谐。"但是，柯布西耶同样宣布："没有什么能像原始的人类一样仅仅拥有原始的资源。"对于柯布西耶来说，从理性规律演变而来的原始自然美与人道主义有着密不可分的联系。运用这三个方面的观点，柯布西耶将原始的象征主义融入现代的唯理论主义中，从而探索如何在他的建筑中表达普遍和永恒的价值观。

柯布西耶设计的家具充分考虑了人体工程学的要求，造型也十分优美。20 世纪初，很多科学家都在试图找到最佳休息的方案。1928 年，一位名叫让·巴斯科的巴黎医生设计了一种可手动调节、骨架为铰接金属结构的座椅"牧童椅"（图 4-20）。勒·柯布西耶、夏洛特·贝里安、皮埃尔·让纳雷三位设计师以这种座椅为灵感，设计了一把外形殊异的休闲躺椅（图 4-21）。这把椅子可以调节成从垂足而坐到躺卧的各种姿势。它由上、下两部分组成，如果去掉下面的部分，可以当成摇椅使用。人们在入座之前只需要调整一下座面的位置即可，勒·柯布西耶将它称为"用于休息的机器"。

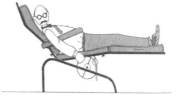

皮埃尔·让纳雷

夏洛特·贝里安

图 4-20　让·巴斯科医生坐在牧童椅上　　　图 4-21　可以多功能调节的牧童椅

柯布西耶于 1928 年设计的大安逸椅（grand confort）（图 4-22、图 4-23），是以新材料、新结构来诠释法国古典沙发，简化与暴露的结构是现代设计的典型做法，而且几块立方体皮垫被嵌入钢管框架中，便于清洁和换洗。这种立方体状的沙发椅，看起来如同一座钢铁结构外露的现代派建筑，也可以视为一只配有坐垫的铁篮。布面或皮面坐垫的柔软温暖与铁质框架的坚硬冰冷形成了强烈反差。就像贴合男女不同体态特征的男装和女装，这种舒适的沙发椅也有两个版本：一款是为男性设计的大皮椅；另一款专为女性设计，更宽也更矮。这件作品体现了对功能和美的追求，适合标准化及批量生产。

图 4-22　LC2 号大安逸椅

图 4-23　LC3 号大安逸椅

1. 萨伏伊别墅（1929—1931 年）

柯布西耶对现代建筑学语言的早期研究，完全是从充满智慧的思考以及本能的、超自然的感觉中发展而来的。他的理论原则体现在对包豪斯艺术风格的反映中。他早期的别墅都不受地形的限制，正如安德烈亚·帕拉第奥[①]的做法——白色，不受约束，并且独特，用这些来衬托和加强建筑的特色。柯布西耶使用乡下的地基，用梯形建筑和一些辅助建筑（帕拉第奥别墅中的农场建筑）给建筑打基础，调节居住的规则性与乡村的无序性。其中，最著名的就是建于 1929 年的萨伏伊别墅（图 4-24）。这个建筑从远处看像一个奇异的起重机。花园建在屋顶，并且设置在一个露天空间内。屋顶花园给了柯布西耶自由设计的机会，让他纵情运用雕塑手法，使这个建筑充满了含义、技巧和隐喻。该建筑也显示出了他后期作品中所表现出的对折中主义[②]和灵性的倾向。

图 4-24　萨伏伊别墅

萨伏伊别墅建在场地中央，沿街入口处有个两层的小门房，就像别墅的缩影。碎石小路穿越丛林，延伸至别墅，四周开阔的草地让人不由自主地要从不同角度欣赏这座精致的"居住机器"。正如柯布西耶本人的描述：房子是一个空中盒子，四周长窗连续、通透，建筑的实体与空间衔接流畅，盒子在场地中央，俯瞰四周的果园。别墅首层为马蹄形平面，三面有柱廊环绕，入口朝向西北，入口内的小门厅由四根小柱限定空间，沿着中轴线设置了通向二层的缓坡道，右侧是汽车库，左侧是两间仆人卧室，后侧是司机的套房、洗衣房和仓库，坡道左侧的小楼梯作为辅助楼梯。顺着坡道可通到二层，二层是别墅的

[①] 安德烈亚·帕拉第奥是意大利建筑师，1540 年起从事设计，曾对古罗马建筑遗迹进行测绘和研究，著有著名的《建筑四书》。其设计作品以宅邸和别墅为主，最著名的为位于维琴察的圆厅别墅、威尼斯的圣马焦雷教堂等。其建筑设计和著作的影响在 18 世纪时达到顶峰，"帕拉第奥主义"在当时传遍了世界各地。

[②] 在西方哲学史上，第一个明确把自己的哲学称作折中主义的是亚历山大里亚人波大谟。19 世纪法国哲学家库桑也称自己的哲学体系为折中主义，声称一切哲学上的真理已为过去的哲学家们所阐明，不可能再发现新的真理，哲学的任务只在于从过去的体系中批判地选择真理。

主体，四面由墙架围合，形成一个方盒，近似 U 形的平面围合出内院式的阳台。这种架在空中的内院既保留了传统内院的私密性又增加了开放性，可以透过墙架构成的带状孔洞与大自然连通。主卧朝向东南，进入主卧须穿过小走道，主卧与浴室之间无固定隔断，浴室由顶部天窗采光，主卧经梳妆间通向内院式阳台。孩子的卧室靠近主卧，客房靠近辅助楼梯，客房与主人的套房互不干扰。起居室与厨房在二层的另一端，起居室的外侧朝向西北，内侧朝向内院式阳台。厨房后面的小阳台与客房之间形成空间分割，厨房与首层辅助用房可通过小楼梯联系。起居室长 14.25 米、宽 6 米，灵活开敞的空间可划分为餐饮、读书、会客、休息四个区域，不明显的壁炉和餐桌是空间划分的唯一标志。起居室与内院式阳台之间有长 9.2 米的推拉玻璃门，打开玻璃门可形成室内外空间的流动。沿着中央坡道继续向上可通到三层的屋顶花园，此时坡道已由室内转到室外，坡道尽端对着一个方形窗孔，透过窗孔可瞭望远景。三层是日光浴平台，西北方向由弧形墙架围合，三层的日光浴平台与二层的内院式阳台遥相呼应，共同组成富有情趣的复合式空中花园，饱览四周的田园风光。

2. 印度昌迪加尔首府建筑群

柯布西耶第一次为印度北部的昌迪加尔首府做的设计，直到他生命的最后时刻仍未完成。该建筑群可能是现代规模建筑和景观融合的一个最令人信服的例证，包括议会大厦（图 4-25）、高等法院、秘书处大楼、光影之塔以及开放纪念碑。受莫卧儿[①]（Mughal）天堂花园的象征性外形的影响，他通过对屋顶景观的神奇处理完成了建筑和地形的融合。在昌迪加尔，他区分了三种不同的景观尺度：居住城市实际的景观，首府复杂而巨大的景观和政府大楼强烈并具象征性的景观。

图 4-25　议会大厦

柯布西耶的网格设计，从河流的不规则性和条状公共花园的束缚中解放出来，体现的是非常经典的、令人惊奇的包豪斯风格。该建筑群采用集中设计、分开建设的形式，周围有一些小道和人工堤坝。这些堤坝增强了首府的独立性，提供了一种精致、昂贵但富于象征性和想象力的建筑平台。通过这个组合，柯布西耶用宇宙作为参考来确定自然和人类意识的统一。像古代文明一样，柯布西耶认识到太阳是支配生命的原始力量，是一种人和自然和谐的象征。柯布西耶的议会大厦设计可以说是依风景而建的完美诠释，该设计运用了很多方式去强调二者之间的关系。这个建筑设计成方形，共 3 层，从一个大的底层开始建造，屋顶上安装了一个倒月牙形设备，侧面轮廓正对喜马拉雅山脚，同时该倒月牙形设备可以作为观察平台、遮阴设施和雨季使用的水槽。它对着天空，暗示着新月和神圣的牛角。柯布西耶将莫卧儿象征主义的典型形式和象征性空间与经典建筑理念融合起来，把印度传统里关于神圣的观念与现代超自然主义、宇宙的文化结合起来。

4.2.3　密斯·凡德罗（1886—1969 年）

1886 年，密斯出生在德国亚琛古城，曾获得该城市的金钥匙荣誉，并被誉为继查理曼大帝后最伟

---

① 莫卧儿帝国（1526—1857 年），是突厥化的蒙古人帖木儿的后裔巴布尔在印度建立的封建专制王朝。在其全盛时期，领土几乎囊括整个南亚次大陆以及阿富汗等地。

大的亚琛人。密斯的母亲是荷兰人，父亲是当地一个著名的石匠，他从在父亲那里当学徒开始了职业生涯，虽然从未上过正规的建筑学校，但他的确改变了世界的城市天际线。

他于 1908—1911 年在德国现代建筑先驱——贝伦斯事务所任职，在这里他与格罗皮乌斯和柯布西耶成了朋友和同事，同时他还找到了他建筑设计上的精神启蒙——19 世纪德国最伟大的新古典主义建筑师弗里德里希·辛克尔。1914—1918 年，他作为士兵参加了第一次世界大战，不像奥地利的艺术家那么倒霉，他活得很好，等战争结束，便投入了现代主义建筑运动当中。

图 4-26　MR10 号悬臂椅（骨架为镀镍钢管，座面为布面或皮面）

在 1927 年斯图加特住宅展上，密斯发现了马特·斯坦的悬臂椅，受此启发，做出了自己的悬臂椅（图 4-26）。该悬臂椅保留了充满弹性的金属悬臂结构，选择了更加厚重结实的钢管，并设计出更加圆润的轮廓，更多了一些温柔。

1929 年，密斯设计了建筑史上的经典作品——巴塞罗那德国馆（图 4-27），向世界展示了新建筑的精神：轻盈的建筑、开放的空间和结构美。这个展馆只存在了一个季度便被拆除，但留下了一直影响到 21 世纪的财富：极简主义。现在所谈论的欧洲、美洲的极简主义，都是以这间无功能的展馆为精神起点的。同时这间展馆还展览了至今仍能在许多前卫设计师的办公室里见到的巴塞罗那椅（图 4-28）。西班牙人甚至在 1986 年巴塞罗那德国馆的原址复制了密斯的这个设计。

图 4-27　巴塞罗那德国馆

图 4-28　巴塞罗那椅

1930 年，密斯担任了包豪斯学校的第三任校长，所以自己认为他有资格分享包豪斯的精神财富。1933 年德国纳粹认为包豪斯办校理念有"左倾"的嫌疑，就关闭了它。包豪斯所代表的现代主义建筑运动受到了抑制，新古典主义走上了德国建筑舞台。

1938 年，密斯接受了美国阿尔莫学院的邀请，担任建筑系主任。1938—1949 年，美国经历经济大萧条和第二次世界战争，密斯作为建筑师无事可做，就致力于建筑教育。阿尔莫学院在 1940 年改名为伊利诺斯理工学院，简称 IIT。他主持了学院的规划，培养了一大批日后影响美国乃至全世界的建筑师。他把 IIT 变成现代建筑的圣地，开启了 IIT 时代，那时 IIT 的声望甚至高于 MIT，而孕育于这个阶段的建筑流派被称为第二芝加哥学派，或者纯净主义，或者密斯学派。他被视为大艺术家而成为各种展览和艺术刊物的主角。尽管如此，密斯仍常常保持独自静思，与人交流言简意赅，但彬彬有礼。

1. 范斯沃斯住宅

1945 年，密斯认识了芝加哥的名门之后——独身的肾病专家范斯沃斯医生。密斯为其设计的住宅成了现代建筑的典范。这栋住宅坐落于 9.6 英亩（约合 38850 平方米）的绿地上，周围红枫树环绕。建筑为白色钢结构体系，犹如一个纯净精美的玻璃盒子，也体现了密斯对浪漫主义的理解（图 4-29）。

但是房子造价昂贵，预算从 4 万～ 7.4 万美金。金钱纠葛、审美分歧、感情破裂，让两人最终在法庭相见。密斯华丽的陈词以及专业评论家一边倒的赞叹让他最终获得胜诉。范斯沃斯医生最终接受了一个冬季供暖不平衡、夏季不通风、被蚊虫叮咬且毫无私密性可言的像烘炉一样的玻璃盒子。可密斯没有被此困扰，接着完成了一系列以钢和玻璃为主题的建筑，如芝加哥湖滨大厦、IIT 克朗楼等。

　　2. 西格拉姆大厦

　　1954 年西格拉姆公司决定在纽约建造总部大楼，公司首脑的女儿菲利斯经菲利普·约翰逊推荐邀请了密斯来设计大楼。密斯最终在 1958 年完成了纽约当时最昂贵的摩天楼——西格拉姆大厦（图 4-30），造就了现代建筑的又一典范，这也让密斯的声望达到顶峰。不过建造的过程中有个小插曲，纽约市教育局去信提醒他，他还没有纽约的开业执照，而此种执照需要有高中文化的证明，通过考试就能获得。已经担任 IIT 建筑系主任 16 年的密斯感到自尊心受到挫伤，即刻愤怒地飞回芝加哥，后来还是在朋友的斡旋下解决了问题。

图 4-29　范斯沃斯住宅　　　　　　　　　　　　　图 4-30　西格拉姆大厦

　　从 1949 年开始，密斯和他的追随者把美国装进了钢和玻璃的盒子中。而出乎大家意料的是，他却拒绝住在被誉为"可以漂浮在天地之间"的芝加哥湖滨公寓里，而选择住在外表寒酸的仿文艺复兴风格的旧楼里，在那里过着清教徒似的生活。他无法忍受杂乱和无序，家里除了一些自己设计的家具外，只剩下朋友馈赠的康定斯基、保罗克利以及毕加索的画。他也永远穿着剪裁精致的西装和笔挺的衬衫。他的爱好不多，但酷爱纯正的古巴雪茄和烈性美酒。他迷恋神学，中世纪的经院哲学是他价值观的基础。他的朋友曾经总结到，密斯在圣奥古斯丁的思想启示下奠定了自己的创作法则，那就是纪律、秩序和形式。

4.2.4　弗兰克·劳埃德·赖特（1967—1959 年）

　　赖特是一位生长于威斯康星州的美国建筑师。布鲁斯戈夫曾这样说道："赖特先生，我认识那些在 Oak Park（橡树园）以及后来与您共事的人们，他们好像分成两类：一种人认为您毁了他们的生活，因为您窃取了他们的思想，所以您是个魔鬼。另一类人认为您是上帝，绝无差错。他们的生活如不奉献给您就毫无他用。"

　　赖特在他的早期回忆中提到，他的启蒙教育来自母亲从教堂建筑上扒下的雕刻，他的建筑启蒙则来自母亲给他买的积木。

　　威斯康星大学土木工程系教授 Allan D. Conover 是赖特第一个专业导师，赖特的结构知识、实际工程知识以及出色的绘图技巧都源于他在事务所的兼职。1888 年，赖特跳槽到芝加哥的 Dankamv Alder & Louis Sullivan 事务所，这是美国建筑史上的重要事件。在这里，赖特继承了沙利文所代表的美国新兴中产阶级的价值观，即"美国的建筑必须起源于美国大地，具有中西部精神的，完全新的，完全美国的"。

　　为中产阶层设计锻炼了赖特，让他有能力成长为一个出色的建筑师，但也局限了他，让他在相当长的时间内只能设计住宅而与公共建筑无缘。不过，当 Beaux-Arts 成为当时美国公共建筑的主流时，中产阶级们还能给赖特提供创造草原住宅风格的机会（图 4-31、图 4-32）。

图 4-31　威利茨住宅（1902 年）　　　　　　　图 4-32　罗比住宅[①]（1908 年）

1. 流水别墅（1934—1937 年）

　　赖特的业主基本都是富有阶层。他的"美国风"（usonian）住宅也是为了慰藉处于经济大萧条焦虑下的中产阶级所推出的相对廉价的住宅新体系。1934 年，阅读了赖特自传而投奔他的小考夫曼将他的父亲大亨考夫曼介绍给赖特，从而造就了建筑史上的一段佳话。考夫曼虽然在流水别墅（图 4-33）项目上放手让赖特干，并容忍了造价提高一倍的事实，但他还是阻止了赖特最后一个意图——将出挑平台全部贴上金箔。考夫曼是建筑史上最成功的业主，除流水别墅外，他在加利福尼亚棕榈泉的沙漠别墅也是美国的历史地标建筑之一。

图 4-33　流水别墅

　　流水别墅占地 380 平方米，室外阳台平台面积也达到 300 平方米，可见赖特对内外空间同等重视。建筑共三层，底层直接临水，设起居、餐厨等空间，一串悬挂小楼梯可使人从起居室直达水面，侧台放置向上呼应的人形雕塑，从楼梯洞口可俯视流水，而且引来水上清风。流水别墅的一层大起居室的横向低矮空间与周边大玻璃窗将视线动态地引向外部景观。室内运用家具的围合分割出几组休息、餐饮、娱

①罗比住宅坐落于美国芝加哥大学校园内，位于芝加哥南部，于 1908—1910 年建立，是建筑大师赖特的代表作之一。它于 1963 年 11 月 27 日被选为美国国家历史地标（national historic landmark），建筑风格是赖特所创立的"prairie school"，是一种与学院派相对的新的文化基础意识，赖特住宅那种强调水平型的宽阔屋顶，完全是作为安全栖息的茅屋或木屋的一种隐喻。

乐、读书等空间。流水别墅的家具往往与建筑作整体设计，或将休息椅、书桌凹入墙内，或将家具构件嵌入墙内。

各室的装修深入细致，精雕细琢。为了室内外通透，赖特专门设计了没有竖棂的脚窗和嵌入石缝的玻璃，玻璃直落地面。卫生间用软木装修，墙和台上也设置艺术品进行点缀，室内家具皆由赖特统一设计。地毯和布艺制品也都由赖特统一配置，室内陈设艺术品也都是赖特精心挑选，多处陈设有中国艺术品及印第安人的装饰。

流水别墅建成后取得了不同凡响的成功，被誉为"绝顶的人造物与幽雅的天然景色完美平衡""20世纪的艺术杰作"。它是一栋住宅，又是一件艺术品，是公认的"世界上除了皇宫以外的最有名的住宅"。每年有成千上万的参观者访问这件艺术杰作。流水别墅现已无人居住，专供参观之用，是世界各国建筑师、室内设计师前往美国考察的必选之地。

提倡"有机建筑"的赖特被人误认为仇视汽车和工业化，事实上，赖特热爱名车并且早在19世纪末就呼吁迎接机器时代的到来。只不过他不像一部分的现代主义大师那样极端，他认为机器必须掌握在人的手上。

2. 古根汉姆博物馆（1947—1959 年）

古根汉姆博物馆（图 4-34）是赖特晚年的杰作。1947 年开始设计，1959 年建成后，一直被认为是现代建筑艺术的精品，以至于近 60 多年来博物馆中仍无展品能与之媲美。建筑外观简洁，白色，是螺旋形的混凝土结构，与传统博物馆的建筑风格迥然不同。古根海姆博物馆于 1969 年增建了一座长方形的 3 层辅助性建筑，1990 年再次增建了一个矩形的附属建筑，形成今天的样子。建筑物的外部向上、向外螺旋上升，内部的曲线和斜坡则通到6 层。螺旋的中部形成一个敞开的空间，从玻璃圆顶采光。

图 4-34　古根汉姆博物馆

美术馆分成两个部分，大的是陈列厅，6 层；小的是行政办公楼，4 层。陈列厅是一个倒立的螺旋形空间，高约 30 米，陈设厅顶部是一个花瓣形的玻璃屋顶，四周是盘旋而上的层层挑台，地面以3% 的坡度缓慢上升。参观时观众先乘电梯到最上层，然后顺坡而下，参观路线共长 430 米。美术馆的陈列品就沿着坡道的墙壁悬挂着，观众边走边欣赏，不知不觉之中就走完了 6 层高的坡道，看完了展品，这显然比那种常规的一间套一间的展览室要轻松有趣得多。

4.2.5　安东尼·高迪·伊·克尔内特（1852—1926 年）

安东尼·高迪·伊·克尔内特（Antoni Gaudi i Cornet），1952 年 6 月 25 日生于雷乌斯（Reus）——一座靠近塔拉戈纳省的工业大城，也是当时在西班牙加泰罗尼亚自治区（Cataluniya）继首都巴塞罗那之后的第二大城市。他出身卑微，在家中排行最小，上有 5 个兄弟，其父以制铜为生，是世代制造锅炉的铜匠。可想而知，高迪从小对各种材料的熟悉程度，也不难想象，他日后的创作能将各种材料的作用发挥得淋漓尽致。在他的一些代表性的作品中，如"米拉之家"的阳台栏杆就是最好的见证。

在世人眼里，高迪是具备惊世才华的"疯子"，而崇尚自然的他却说："只有疯子才会试图去描绘世界上不存在的东西！"孤僻沉默、衣衫褴褛、成天工作、无浪漫史，这就是西班牙 19 世纪的著名建筑师，整个巴塞罗那建筑艺术的缔造者——高迪。

高迪在他 74 年的生命之旅中乐此不疲的只有两件事：一是观察研究大自然；二是以建筑为载体重现自然。他坚信一切建筑都必须是自然的再现和人类的幻想两者的结合，而不是凭空设想。海浪的弧度、海螺的纹路、蜂巢的格子、神话人物的形状，都是他酷爱采用的表达思路。他认为自然界没有僵硬的直线，因此他的建筑物中也鲜有笔直的元素。所有的柱体都有些歪斜，或与曲线、弧度天衣无

图 4-35　古埃尔公园　　图 4-36　古埃尔公园局部(一)　　图 4-37　古埃尔公园局部(二)　　图 4-38　古埃尔公园局部(三)

缝地融为一体。

虽然大名鼎鼎的米罗、达利、毕加索也都生于巴塞罗那，但整个巴塞罗那却是一座由高迪的建筑托起的艺术之城。安东尼·高迪的作品列表几乎囊括了巴塞罗那最经典的建筑，而这些建筑中有三分之二都名列世界文化遗产。

1. 古埃尔公园（Parc Gueu，1910—1914 年）

正如高迪其他建筑给人的第一印象一样，古埃尔公园是很奇特的，看似是巴洛克风格但却偶尔有哥特式风格的影子，被五颜六色的装饰点缀得充满了童话色彩（图 4-35）。例如公园入口处的小楼，本身的颜色和设计看似锋芒毕露，外墙镶嵌着白、棕、蓝、绿、橘红等颜色的碎瓷片，屋顶上有许多小塔和突出物，实际上却易让人联想到电影《查理和巧克力工厂》。

公园的主建筑多柱大厅，很少见地采用了直立的大理石柱，颇为庄严。但走到其顶上的平台，另一种风格就出现了：一条长长的矮墙嵌满了明媚亮丽的多彩瓷砖碎片仿佛节日的信号，让人的心情立刻舒爽起来。平台上也有街头艺人表演乐器和弗拉明戈，民间自在即兴的表演就是那么具有感染力，让人倍感新鲜激动。来到中央广场，泥土色的大石柱很有韵律地歪斜着，像森林中长满树瘤的大树干，又像原始人住的土堡。总体而言，古埃尔公园可以用这几个词来形容：艺术、童话、自然（图 4-36 ～图 4-38）。

2. 米拉之家（Casa Milà，1906—1912 年）

在巴塞罗那格拉西亚大道上，坐落着一幢闻名全球的纯粹现代风格的楼房——米拉之家（图 4-39）。人们多把它称为"石头屋"。它在 1984 年被联合国教科文组织宣布为世界文化遗产。

（a）　　　　　　　　　　（b）　　　　　　　　　　（c）

图 4-39　米拉之家

米拉之家的屋顶高低错落，墙面凹凸不平，到处可见蜿蜒起伏的曲线，整座大楼宛如波涛汹涌的海面，富于动感。高迪还在米拉之家房顶上造了一些奇形怪状的突出物，有的像披上全副盔甲的军士，有的像神话中的怪兽，有的像教堂的大钟。米拉之家里里外外都显得非常怪异，甚至有些荒诞不经。但高迪却认为，这是他建造的最好的房子，因为他认为，那是"用自然主义手法在建筑上体现浪漫主义和反传统精神最有说服力的作品"。

4.2.6　贝聿铭（1917—2019 年）

著名的美籍华人建筑设计大师贝聿铭（图 4-40），1917 年出生于中国广东。贝聿铭 18 岁到宾夕法尼亚大学学习建筑，很快转学到了麻省理工学院，后来到哈佛大学攻读硕士学位。学生时代结束，他在哈佛短暂地留校任教后，做了一个让所有人始料不及的决定：投身于房地产行业。战后庞大的市场需求，让贝聿铭在全美范围内承接了无数城市规划和将贫民窟转化为廉价居民房的工程，积累了许多大型工程的经验。后来因为那家房地产公司破产，而且贝聿铭也意识到房地产开发的局限性：大型高档的建筑业务根本不会考虑他这种贴上了"房地产"标签的设计师，所以他决定独立创业。1955 年，他在美国创办贝聿铭建筑师事务所，在他43 岁时，事务所已经有 75 人。

图 4-40　贝聿铭像

贝聿铭认为："建筑是一种社会艺术的形式。"所谓社会艺术，是指建筑与绘画、雕塑等艺术的区别。绘画和雕塑等强调作者个性在作品中的体现，而建筑师在重视其个性与内涵的同时，更重要的是为人们创造生活和工作的环境，从为多数人使用的大型公共空间到个人使用的小天地，建筑师会受到来自社会、技术、资金等各方面的制约，这些制约要比艺术家遇到的问题多得多。但是贝聿铭说："只要建筑能够跟上社会的步伐，它们就永远不会被遗忘。"

贝聿铭具有统观全局的设计思想，他说："建筑设计中有三点必须予以重视：第一是建筑与环境的结合；第二是空间与形式的处理；第三是为使用者着想，解决好功能问题。……正是这一点，前辈大师们是不够重视的。"

贝聿铭的设计创造出了承前启后的建筑风格，他注意纯建筑物的体型，尽可能去掉那些中间的、过渡的、几何特性不确定的组成部分，使他设计的空间形象具有鲜明的属性。另外，他的设计还具有强烈生动的雕塑性和明快活跃的时代感，以及被绘画、雕塑作品加强的艺术性。贝聿铭建筑设计中的室内设计部分几乎均由他本人设计，以保证内外的协调统一。

他设计的许多大型建筑遍布世界各地，其中华盛顿市的美国国家美术馆东馆、法国巴黎卢浮宫扩建工程等作品为世界建筑史留下了经典的杰作。

1. 美国国家美术馆东馆

美国国家美术馆（National Gallery of Art）与巴黎卢浮宫、圣彼得堡艾尔米塔日宫、纽约大都会艺术博物馆并称世界四大艺术博物馆。它位于美国首都华盛顿市中心。美国国家美术馆（图4-41）闻名于世，除了因其内含丰富的艺术藏品外，还因它那两座风格迥异的建筑，即典雅庄重的古典式西馆与简洁明快的现代派东馆。1937 年，美国巨富安德鲁·梅隆捐资 1500 万美元，请约翰·波

图 4-41　美国国家美术馆西馆

普设计兴建美国国家美术馆（即现在的西馆），于 1941 年建成并开放。该馆是新古典主义风格的建筑，长 240 米，中央圆顶、高大的门柱廊、桃红与乳白色的大理石外墙贴面，在高贵气派中蕴含着对历史的尊重。美国国家美术馆西馆内底层建筑面积为 46450 平方米，以圆形大厅为中心，向两侧延伸出两个雕塑厅，并通向建有喷泉和花木的室内庭院。雕塑厅四周有 125 个展厅，陈列着达·芬奇、拉斐尔、伦勃朗、马奈、高更、梵·高、毕加索等大师的作品。这些自欧洲中世纪及美国殖民时代以来的数万件展品绝大部分是捐赠的。

为纪念美国建国 200 周年，美国国家美术馆于 1976 年扩建了东馆，由梅隆的亲属及梅隆基金会捐助，共 9 亿美元，请著名华裔建筑师贝聿铭设计建造。由于用地是直角梯形，贝聿铭经过几个月的测量，大胆地构思出一座线条简洁的几何形建筑，主体由等腰三角形与直角三角形组成。等腰三角形是展览厅，三个角分别建成高塔状，其底边是大门，正对西馆；直角三角形为图书档案馆和行政管理区（图 4-42）。为了与西馆协调，贝聿铭特地找到了已废弃的石矿，重新生产出相同的桃红色墙面石，使东、西两馆色调一致。两个三角形之间是一个高 25 米的庭院，上面由 25 个三棱锥组成巨大的三角形天窗，明媚的阳光从这里泻下，使厅内的展品、树木显得既安静柔和又充满活力。东馆布展的多是现代派和比较前卫的作品，也有远古时期的玛雅文化展品（图 4-43）。东馆的展品既填补了西馆的缺失，又与东馆的建筑风格贴近，使整个美术馆更加名副其实。值得一提的还有连接美国国家美术馆东、西两馆的地下长廊，参观者不出门便可游遍全馆，长廊内还有一个 3000 平方米的自助餐厅，可供 700 人同时进餐，华丽又不失舒适。游客可花一整天参观，东、西两馆各参观半天，中午便在此用餐、休息。美国国家美术馆在处理视觉和人性化方面都做得非常出色，因此，无论是建筑、展品、布局还是管理都给人以美的享受和宾至如归的感觉。

图 4-42　美国国家美术馆东馆

图 4-43　美国国家美术馆内部

美国国家美术馆东馆基地北侧是宾州大道，这条大道是华盛顿极为重要的干道，是最富纪念性的大道，每一任美国总统由白宫赴国会宣誓就职时，都会行经宾州大道，而国家每有重大庆典活动或游行时，宾州大道就是活动场所，所以全美国人对此大道无不熟悉。南侧是华盛顿最大的开放空间陌区，东接第三街遥望国会山庄，西侧隔着第四街与国家艺廊本馆——西厢对峙，基地呈现梯形，是陌区唯一空地，这些条件形成了基地的特殊意义（图 4-44）。

图 4-44　美国国家美术馆外部环境

在接受委托案从华盛顿回纽约的飞机上，贝聿铭分析基地为东馆绘出了远景的草图，首先他尊重所有既定的条件，沿着宾州大道画了一条平行线；

然后顺着西馆的建筑线在南侧定下另一条线；最后，因为西馆呈对称性，为了呼应古典主义的基本美学、延续西馆的中轴特性，将原轴线向东延伸，轴线又与北侧边线相交，如此便定下了建筑物的基本轮廓：梯形的对角相连，分割出一个等腰三角形和一个直角三角形，前者是艺廊，后者是研究中心。

东馆的建筑物高度与宾州大道上的建筑物高度保持相同。东馆的外墙采用与西馆相同的大理石贴面，为此，田纳西州矿区诺克斯维重新开场，早年负责西馆矿石的莱斯被再次敦聘主持东馆艺廊的大理石工程。这位早已退休的八十余岁的老人能够参与建设，实中是东馆的幸运。

西馆的大理石厚 0.3 米，有五种不同明暗的色调可供选用，因矿石有限，东馆大理石厚仅 76 毫米，能运用的只有三种色调，因此如何以石材的组合求得和谐的立面色调显得格外重要。莱斯的功劳就在于此，他精挑细选，用心组合，将所有暗色石安排在下方，淡色石置于上方。不过，遗憾的是，东馆的立面仍有斑驳的色块出现，尤其是在雨雪之后，因为石材吸水，情况更加明显。对称的西立面造型是东馆艺廊的特色之一，这是延续与呼应西馆的设计。

朝向西馆的西立面有高塔耸立在左右两侧，这正是展览室，整个西立面呈"H"形，既崇高又典雅，西立面有三个开口，最大的开口向内退缩，左侧安置了亨利座尔的巨大雕塑品，很明显地标示了出入口。另外两个开口，都通到了研究中心的大门，雕塑品的安排及门的大小差异使参观的人很容易辨识入口，而不至于误闯入不对一般人开放的研究中心，贝聿铭以设计手法巧妙地区分了两个不同的出入口。

2. 法国巴黎卢浮宫扩建工程

1981 年，为了要改造整个法国的文化，新上任的法国总统弗朗索瓦·密特朗将最重要的项目——卢浮宫的翻修和改建，委托给了美籍华裔建筑师贝聿铭。这是有史以来首次有非法国籍的建筑师从事卢浮宫的设计工作。贝聿铭重新设计了拿破仑主庭，以缓解每日成千上万的游客所造成的拥堵。一个新的大厅入口成了独立于展厅的中央大厅空间，方便游客出入，成了游历博物馆的循环路线中的视觉焦点。除了为卢浮宫增加了新入口，贝聿铭还设计了一系列地下空间（包括展廊、仓库和修复实验室），并将博物馆的各个翼楼连接起来。在新增并重新布置了博物馆的辅助空间后，卢浮宫可以增加自己的馆藏，并展出更多的艺术品。

除此之外，贝聿铭还设计了新增结构，这是一座钢玻结构的金字塔，周围地面上环绕着三个较小的三角形，将自然光引入其下的拿破仑庭院。在贝聿铭看来，玻璃金字塔是具有象征意义的入口，这个入口在历史方面和形式方面都具有重要的意义，起到突出主入口的作用。

设置在庭院中心的钢玻结构金字塔有着引人注目的外观，成了人们的视觉焦点。它的外观向卢浮宫的尺度和设计致敬。按照著名的吉萨金字塔等比例缩放设计的大金字塔并没有减损博物馆建筑的历史风貌，相反，现代结构的金字塔和法国文艺复兴时期建筑风格的博物馆毗邻而居，相映生辉，凸显了各自的细节和美感。甚至金字塔倾斜的玻璃墙也向博物馆的折线形屋顶致敬，卢浮宫立面非透明、厚重的特质也反衬出金字塔的通透性（图 4-45）。

（a）　　　　　　　　　　　　　　（b）

图 4-45　法国巴黎卢浮宫

卢浮宫的历史可以追溯到 12 世纪，卢浮宫一直深深地植根于法国人民的历史和文化中，因此不难想象，巴黎的历史拥护者不能全盘认可贝聿铭设计的现代感十足的建筑，因此建筑的风格问题备受争议。很大一部分人认为贝聿铭的现代设计审美会与卢浮宫的传统建筑风格不协调，显得格格不入。然而，随着时间的流逝和巴黎的现代化发展，贝聿铭的设计已经融入巴黎的文化。在人们心中，它同埃菲尔铁塔一样重要。对巴黎人和世界各地的人来说，它都成了一个标志。世人已在贝聿铭的设计与卢浮宫的形象间画上了等号，玻璃金字塔成了博物馆甚至巴黎不可或缺的一部分。

4.2.7 阿尔瓦·阿尔托（1898—1976 年）

芬兰建筑师阿尔瓦·阿尔托（Alvar Aalto）的成就同样独一无二，他对人、技术和自然关系有自己的看法。阿尔托的方法与柯布西耶的相比更独特、奔放，具有自我影响力。虽然拥护功能完善的现代主义原则，但是他还是避开了简约主义的抽象教条，并且找到了与它精神所不同的坚定信念。

在理解现代主义的基础上，阿尔瓦·阿尔托逐渐进入建筑设计的舞台。建筑学的现代主义语言是一种标准化、一种构造的新方法和一种不可预测的对空间的新的认识。阿尔托立足于使每个人都有能力使用它，当时，艺术家胡安·米罗[1] 和保罗·克利[2] 涉及有机物和反理性的作品越来越受欢迎。

在芬兰，同样的事情发生在建筑学上，阿尔托敢于从理性的功能型向非理性的有机型转变，这种转变不仅是对现代主义原则的回应，更是对它的一种扩展与丰富。正如装饰主义和巴洛克主义的观点是从早期的文艺复兴建筑中发展而来的一样，更广泛的语言和松散的规则在某些现代主义的发展中起到了相同的作用。与此同时，西方世界从欧洲扩展开，穿越大西洋，关于文化、气候和技术的争端已经成为一个要素。

芬兰之于阿尔托就像西班牙之于毕加索，它提供了一个内在力量的源泉，这在阿尔托的工作中能明显地体现出来。当欧洲和东方科技发展的时候，芬兰还没有跟上，这个地区在冰河时期被冰川覆盖了更长时间，因此，芬兰文明的发展时间明显晚于欧洲其他国家。不像挪威、中世纪的丹麦和 17 世纪的瑞典，芬兰从来就不是一个强大的国家，在历史上的大部分时间，它都被领国所统治而成为其他民族"游戏"的工具。芬兰的基本特征是广阔而荒凉的地域、巨大的森林和湖泊，主要资源是金属、木材和鱼。

阿尔托早期的建筑通常被认为是位于帕米欧的肺结核疗养院（图 4-46），设计于 1929—1933 年。这是一栋建于白桦树和松树之中的白色建筑。这栋建筑与现代理念联系紧密，从整齐匀称的设计和充分体现人道主义的风格来看，它通常被认为是现代派兴起的标志性建筑之一。它也是阿尔托建筑风格发展的一个转折点。尽管阿尔托在国际上有很高的声望，并且是麻省理工学院的教授，但是他后来的作品越来越局限于地域主义和私人事物。

图 4-46 芬兰帕米欧肺结核疗养院

在疗养院建筑之后，阿尔托的作品以错综复杂的不规则曲线、分散的平面及流畅的空间为标志，这些看起来和工业化规则的需求恰好相反，但是他充分注意到了经济的合理化和标准化，并且在有利的时候运用了这些规则。其作品以蜿蜒的湖水、被水冲刷的岩石和摇曳的森林体现了对芬兰风景的热爱。由于木材达不到钢铁和混凝土的性能，而且需要人力来完成，现代

芬兰诺尔马库（Noormarkku）市政厅由阿尔托设计，建造于 1938—1939 年。这栋建筑体现了阿尔托的人文主义和对现代主义的理解，白色的墙由砖和石灰石砌成，树木造型的细木柱支撑着门廊。

---

[1] 胡安·米罗（Joan Miró，1893—1983 年），西班牙画家、雕塑家、陶艺家、版画家，超现实主义的代表人物，是和毕加索、达利齐名的 20 世纪超现实主义绘画大师之一。

[2] 保罗·克利（Paul Klee，1879—1940 年），最富诗意的造型大师，出生于瑞士艺术家庭，父亲是德国人，母亲是瑞士人，为他后来的艺术生涯奠定了基础。克利年轻时受到象征主义与年轻派风格的影响，创造了一些蚀刻版画，借此表达对社会的不满，后来又受到印象派、立体主义、野兽派和未来派的影响，这时的画风为分解平面几何、色块面分割等。克利在 1920—1930 年任教于包豪斯学院，认识了康定斯基、费宁格等，被人称为"四青骑士"。

主义运动将其贬为了一种结构性材料。但在阿尔托的手中，木材被转化为一种多用途的、灵活的、高性能的材料，发挥了其不同于工业化产品的性能。他不仅将木材运用在建筑的所有部分（图 4-47、图4-48），而且将木料加工后制造成简单的古典家具，这种家具在市场上现在仍在出售。

图 4-47　芬兰诺尔马库市政厅　　　　　图 4-48　麻省理工学院公寓楼大厅

阿尔托的建筑设计和小镇规划，不仅向现代意识形态引入了一种地域性的敏锐感，而且使它们显著地表达了人类对现实和精神的需求。阿尔托的建筑并没有违背现代主义的概念。它们展现了人类谦逊平和的胸怀和充满情感的性格，并带来了快乐和安定的感觉。柯布西耶把建筑的顶部作为设计的重点，是值得尊崇和赞赏的地方。而阿尔托则把重点放在顶部以下，并致力于使它们能够更好地融入自然风景和自然环境中。虽然阿尔托在本质上应该是一个现代主义者，但他却从自己家乡的某些特别之处获取灵感，塑造和构建建筑。这种将建筑依赖于某种特定的气候、文化和经济的精神，是当代建筑师思考环保问题的基本要素。

麻省理工学院公寓楼大厅由阿尔托于1949年设计。这栋建筑表现了他对查理斯河外形的灵活应用，间接带给学生们一些自然的气息，而不仅是一所平淡的校园。

第5章
环境艺术设计的方法

学习目的

（1）设计思维方法是对设计工作的开展作出决定或选择，是通过分析、比较，在若干种可供选择的方案中选定最优方案，是设计方案制定的依据，也是确定设计目标的开始。

（2）设计程序是为设计工作的开展所做的规定途径，其流程是由设计过程的各个序列组成，学生应明确如何完成一项具体的设计任务，也可以说是解决设计工作问题的程序过程。

（3）同学们在学习过程中应该了解设计管理是完成设计合作计划的核心环节，它是运转设计资源的一整套实施体系。进而言之，设计管理融合市场决策与运营的各种方式方法，是一项具有战略意义的企划组织过程，同学们可以实现组织目标并创造具有生命力的设计成果。

设计是一项有目的性的、人类特有的创作活动，它将灵感、创意、联想、模仿等感性因素与抽象、比较、思考、策划等理性因素紧密结合。环境设计是人类对生存环境的美的创造。它必须根植于特定的环境，融于其中，并成为与之共生的艺术。吴家骅[①]先生在《现代设计大系——环境艺术设计》中谈到其要解决的问题时说："环境艺术设计要解决的问题，用一句话来定义就是以建筑等限定空间的构造物为'界面'，从这个界面内外两个方面的空间认识出发，来营造和优化人居环境。"其中包括城市设计、建筑设计、园林景观设计、公共艺术设计和室内设计。

城市设计（urban design）：在环境艺术范畴中，城市设计是指对城市环境的建设发展进行综合的部署，以创造满足城市居民共同生活、工作所需要的安全、健康、便利、舒适的城市环境。城市设计包含社会系统、经济系统、空间系统、生态系统、基础设计五个方面。

建筑设计（architectural design）：建筑设计是指在建筑物或构筑物的结构、空间及造型、功能等方面进行的设计，包括建筑工程设计和建筑艺术设计。前者是通过技术手段以解决建筑作为人类赖以生存的栖息场所必须具备的承重、防潮、通风、避雨等功能；后者是通过艺术思想，研究建筑作为人类寄予生存理想的载体所展现的风格、气质和形态，如图5-1所示，光照色彩与材料质感彰显冲击力和简约时尚感。

园林景观设计（landscape design）：园林景观设计是指建筑外部的环境设计，包括庭院、街道、公园、广场、桥梁、滨水区域、绿地等外部空

图5-1　某室外建筑场景

① 吴家骅，男，1946年2月出生。同济大学本科毕业，南京工学院研究生毕业，获英国谢菲尔德大学博士学位。曾任南京工学院建筑系教师、中国美术学院教授，开创了中国环境艺术教育。现任《世界建筑导报》总编、深圳大学建筑与城市规划学院教授。

间的设计。

公共艺术设计（public art design）：公共艺术设计指在开放的公共空间中进行艺术创造与相应的环境设计。这类空间包括街道、公园、广场、车站、机场、公共大厅等室内外公共活动场所。它的设计主体是公共艺术品的创作与陈设，也包括作为城市元素的市政设施设计。

室内设计 （interior design）：在建筑内部空间为满足人的使用与审美需求而进行的环境设计称为室内设计。作为建筑设计的组成部分，室内设计以创造舒适、美观、愉悦的室内物理与视觉环境为主旨。空间规划、构造装修、陈设装饰是室内设计的主要内容。室内设计以其空间氛围的场所体现，充分将环境美学的意义落实在具体的时空中，从而成为具有典型意义的环境艺术设计系统。

环境艺术设计是一项实践性很强的工作。要成为合格的环境艺术设计师，除了具备扎实的理论基础和基本功外，还必须掌握并灵活运用设计工作的基本程序和方法。

5.1　环境艺术设计思维与表达方法

设计思维与表达是人类有目的的一种思维活动，它通过一定的手段传达给对象。有关设计的定义众说纷纭，也颇具规模。作为建筑、环境等方面的一些特殊任务，有关设计的概念都可建立在一个共同基点上，那就是在社会时空当中，经过精心的计划、构思、选择备选方案，用一定的手段、程序和方法创造出满足人们所需的新"东西"的过程，这就是我们所研究的设计思维与表达方法。因此，环境设计是一项集政策、技术、科学、文化等因素，综合性较强的工作，设计思维与表达方法的问题，实质上是对设计语言运用能力的研究。

设计思维的"表达"，不能简单地认为是那些便于外行人理解的视觉材料，而是那些更加原始的、未加修饰的、贴近设计师内心的设计表达，它是设计师思考的结晶，也是他们知识结构、技能水平和艺术修养的综合体现。表达能力是设计师职业活动的基础，也是有关教育活动中教与学的重要基础环节之一。由此可知，设计思维的创造与表达是一个不可分割的整体，然而，其发生、发展、完结中的每个过程、每个环节又均需要一定的文化知识，才能形成一体，反映出这一科学的全部，创造并赋予它全部的生命力。

设计作为一门积累型学科，其学习过程是漫长的，无捷径可走。然而，少走弯路还是可能的，结合设计课题，把握好设计思维与表达的这一教学环节，对提高学生的自信心与实际工作能力将是非常有意义的。在我国，设计教育的发展随着改革开放的大潮逐渐受到重视。知识的增长、科技的进步，使教育界和设计界面临着严重的挑战。落后必将被淘汰，求实进取将带来更新。掌握当前最新信息，掌握表达的最新技能是设计过程中的重要环节。

何为设计思维表达了设计思维表达就是把计划、构思、研讨等意图的发展通过媒介视觉化的造型来表达预想过程的方法和技巧。即在一定条件下把事物具体、形象地表达出来，它不仅是设计过程的层次显示，而且还应是设计完成品的展示，同时也是设计者进行交流的重要语言工具。由此可知，对现代建筑与环境设计思维表达的理解，就不能仅仅停留在一种设计完成品的视觉效果表现上的对"表达"概念的理解。设计表达是建筑师、设计师必备的基本功。如图5-2所示，设计师从计划构思发展到通过媒介视觉化等来完成的简约大气的设计效果。

图5-2　优衣库展示空间设计

设计领域是广阔的，设计表现的范围也极其广泛。如城市规划设计表现、建筑设计表现、环境艺术设计、艺术工业产品设计表现、视觉设计表现等。设计表现从类别上分，有如下几种方式：语言表达（口头）、文字（图表）、造型艺术表达方式（绘画表达、模型表达、数字化艺术表达）。

这几种设计思维的表达方式，在实际工作中，是互相作用、互相依存，共同来完成设计表达的任务的。好的建筑师、设计师应在自己的笔端得到快感，在草图中找到灵感。

在历史上看，我们一旦掌握了一种表达方法，就可以对其他方法提出自己的看法，就可以自由地完成自己的设计构想并获得成功，如米开朗基罗、密斯·凡·德·罗、赖特等都因掌握娴熟的表达技巧而创造了不朽的作品（图 5-3）。因而这些应该引起我们每个建筑师、设计师，特别是从事设计教育的教师的重视，这也是编撰此书的目的所在。

图 5-3　米开朗基罗《最后的审判》壁画

1534 年，教皇克里门七世委托米开朗基罗为西斯廷礼拜堂祭坛作壁画。《最后的审判》尺幅巨大，占满了西斯廷天主堂祭台后方的整面墙壁，描绘有 400 多个人物。他们是以现实和历史中的人物为原型的。

123

5.1.1　环境艺术设计思维

1. 环境艺术设计思维的文化范畴

设计应是科学与艺术结合的产物。艺术是文化的一部分，文化修养是因人而异的。建筑师、设计师的文化修养及其作品的质量与他本人的表达能力是密切相关的。从某种意义上讲，设计师的思维能力、综合能力，以及对其民族或地域文化的感悟能力和时代感，都是其整体修养的体现。

文化修养的高低，直接影响着艺术思维的层次、能力和结构。同时，艺术思维也限定表现思维的走向和状态。可见，表现思维活动和思维方式，在一定程度上依赖于文化本身，这种密切关系，也反映出一定的文化形态与文化风格对表现思维的制约。表现思维的结构与走向受到文化范围的导向与影响，社会的进步与发展，各类科学文化知识与艺术科学融合起来，给艺术与设计界带来了绚丽缤纷的多元局面。

作为设计表现学科，运用这种多元化的思维方法与艺术表现相融合，必将帮助我们提高认识问题与解决问题的能力，丰富艺术创作和设计表达（图 5-4）。

（a）　　　　　　　　　　　　　　　　　　　（b）

图 5-4　用大面积落地窗和简单的设计使麦当劳给人以视觉上的多元化的感受

2. 环境艺术设计思维的目的

设计文化的核心是对如何实现设计目标的科学设计方法途径的探求，真正的设计应该是创造，而不是模仿，从这种意义上讲，设计的历史也是一部创造发明的历史。因此，充分发挥人的因素、开发人的创造力的科学方法在设计表达中被广泛应用，并受到极大的重视。

设计思维与表达是设计方法的重要设计途径与环节。设计方法是实现设计预想目标的途径，如果想把预想变为视觉图形符号就必须通过设计思维与表达来完成。

建筑师、设计师要实现设计使命和目标，就必须掌握正确的表达方式与技巧，并以现代科技和经济为基础，从人类生活及环境综合的观点来思考设计的问题。换言之，设计的真正使命是为了提高生存环境质量，满足人类新的需要，从而创造新的生活方式。这就一方面需要建筑师与设计师有较全面的专业知识和不断进取的态度，另一方面要掌握熟练技能与表现技巧，才能使设计思维驰骋于思想与现实、科学与美学、抽象与具体的世界之中，把想象的东西转化为可视的影像符号，以各种造型的手段和技巧，来传达建筑师与设计师的设计思想，搭起理想与现实之间的桥梁，使想象转化为可视的图形，这就是设计思维与表达的目的所在。

3. 环境艺术设计思维研究的方式

知识交叉是时代的需要，也是对每个设计师、建筑师的职业要求。英国皇家美术大学教授布鲁斯·阿彻尔认为：过去的设计师往往是依靠直觉来进行设计的，现今以直观的方法为基础的设计方法虽然存在，但是现代设计技能是在完成复杂设计使命基础上的发挥与延伸，它必然会从多方面与相关学科发生联系，产生学科之间的交叉，所以设计师仅仅凭直觉来进行设计的可能性愈来愈小了。

在设计活动中，必然会涉及众多的设计方法、规范和程序，如果没有按一定明确目的的计划和相关解决设计问题的理论知识作指导，没有明确的设计基本要素与技能，是不可能有好的设计方案的。这里指的设计要素，主要是指设计物在具体化前所制作的雏形（即方案图纸和模型）和设计过程中所运用的技术。为此，阿彻尔认为，可将设计中需要解决的问题与控制论、经营工程学、运筹学和系统工程的领域相对应起来进行思考，由此去选择适当的设计方法。

文化修养是思维表达的坚实基础和灵感中介。优秀设计师的文化艺术修养和表达能力的提高均需在一定的文化体系、文化思想的引导下才能形成。东西方文化的相互影响与渗透是必然的，然而，有意识地去学习他国或他乡的经验与下意识地被外来文化影响之间是有原则区别的。论及修养，设计师存在着知识面的问题，存在着东西方文化的差异问题。具体对于设计实践而言，自觉地去了解、比较东西方设计语言上的共性与个性，是一个长期的任务。从思维方法到表达方式，甚至表现手段（媒介）上深入地比较与学习显然是有益的。

对建筑环境艺术而言，个性与民族性、地方性密切相关。这是对传统的设计思维方式、构造技术等认识的关键。在学习传统、了解地方文化之后，一个优秀的设计师在表达自己对现实生活的理解时，往往能在设计中见精髓——一种与自己文化传统相关的设计精神。在这方面，老一辈设计师，无论是东方的，还是西方的都有着杰出的表现（图5-5）。

从文化修养的角度来看，无论是从政治学，还是从实际工作的需求出发，抽象与具象的表达能力对于设计师而言都是必要的。理性地去思考，感性地去认识空间关系与物象存在方式

图5-5　日本设计师将自己的个性与民族性的环境艺术相结合所设计的作品

这两种认识方法并存与并用，构成了设计师区别于他人的观察与思考的方法以及表达方式，它也是确保设计全过程得以顺利操作的业务基础，是从思考走向具体设计成果的"语言"途径。

总之，文化修养离不开认识能力、判断能力和知识的深度与广度。对设计师来讲，对理性与感性的平衡，对文化的深入了解与比较，对传统与现实的深刻理解都是设计与表达的重要基础。对待这些问题不能只用实用主义的态度来解决。文化修养高低只是相对而言，但作为认识与设计的基础，其研究者都将是长期的、严肃的。

4. 环境艺术设计的思维过程

设计的中心目的是为人服务，环境艺术设计是为人创造舒适、美观、合理的内外部环境，它是一种艺术性与技术性相结合的人类创造性行为。对一个环境艺术设计师来说，一个好的设计结果并不可能一蹴而就，它必将有一套完整的、科学的、从无到有的设计程序体系。其目标就在于有效地解决在实现设计最终目的的过程中各个环节所遇到的问题。设计的过程实际是将抽象思维形象化的过程，它忠实地记录下设计师在设计过程中的思维轨迹所使用的表达手段，使设计结果让人们所理解（图 5-6）。

环境艺术设计的实施过程虽然无法遵循统一的模式，然而从设计思维演进的过程出发，却又有一定的规律可循，设计的思维演进过程可分为以下 10 个部分。

①功能的确定。

②理想设计系统的建立。

③设计信息的收集。

④提出你所能想到的所有不同方案。

⑤反复地从各种方案中比较、筛选，找出你认为可以深入的一项。

⑥把选定的方案具体化。

⑦回顾整个方案过程，进一步研究细节。

⑧检查、评估该方案，进行探索性实践。

⑨实际完成该方案（运用各种手段）。

⑩对完成结果进行性能检测，并针对反馈意见进行修改。

（a）　　　　　　　　　　　　　　　　　　（b）

图 5-6　按照环境艺术设计的思维过程呈现室内餐厅设计的最终效果

日本筑波大学教授吉冈道隆的研究值得借鉴（虽然这是一个产品设计的设计流程），但从中我们可以很清楚地看到设计表达方式在设计过程中的作用以及这两者之间的互动关系。以下为吉冈道隆的设计流程（表 5-1）。

表 5-1　吉冈道隆的设计流程

序号	方 法	详 细 内 容
1	提出问题	从功能、结构、色彩、人、材料、外形等方面对原型提出问题
2	设定目标	对提出的问题进行分类，选定改进目标
3	解决办法	对每项需要改进的目标，提出集中改进设想方案
4	方法合成	将改革方法综合归类，然后画出多种改革设想草图
5	理想构图	根据每项改革目标要求选择较好的设想草图，在此基础上画出理想的构思草图
6	计划说明	针对自己的理想草图说明对于每项改革目标作了怎样的具体改革
7	设计条件	从产品的功能作用、服务对象等方面作出对理论上的阐述
8	构思草图	在对产品的各个改革目标设计的基础上，设计出改进后的新产品的多种构思草图

续表

序号	方　法	详　细　内　容
9	构造略图	对各种构思草图从形态结构上进行归纳，画出几种略图
10	初步外形	根据略图，选择出每种结构较好的一张构思草图，以它为基础画出产品的初步外形图
11	构造详图	分析构造结构，绘制详细构造尺寸图
12	外形尺寸	针对产品外观，制作详细外观尺寸图
13	细节尺寸	如细节较多或细节尺寸不便在外形图中标出，则分别画出个别细节部分尺寸图
14	色彩设计	配色略图，给出标准色
15	效果图	综合以上设计，画出新产品的标准造型效果，制作模型

从以上吉冈道隆的设计流程可以看出，思维更加清晰，设计程序更详细了。

以下给以设计案例来详细介绍吉冈道隆的设计步骤。（设计源自：韩琦）

（1）提出问题。

①现今公厕存在数量不足、分布不合理的问题，在人口密集处普遍存在公厕的资源配置不合理情况。

②缺少对特殊人群的关怀，如儿童、老人、残疾人的专用厕所设备，缺少人性化设计。

③公厕中男女厕位分配不合理。

④灯光设置不够合理。

（2）设定目标。

①提供可供特殊人群使用的专用厕位。

②有效解决男女厕位分配不合理问题。

③融入现代化元素。

（3）解决方法。

多功能、模块化、分区配置、内外美观化、现代化、布局合理化、人性化、耐腐蚀。

（4）方法合成（图5-7）。

①无性别厕位，提高资源利用效率。

②运用现代化的设计手段：立体构成、快面切割等方式。外观既有现代风格，又能实现功能分区。

（5）理想构图（图5-8）。

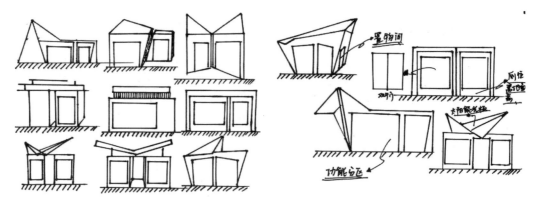

图5-7　方法合成手绘图　　　　　　　　图5-8　理想构图手绘图

（6）计划说明。

①采用立方体和几何体的组合形式，具有现代美。

②厕位上对特殊人群的关怀体现在使用双开门厕位，将厕位面积增大，方便了特殊人群的使用。

③进行功能的分区，将一般厕位、无障碍厕位和置物间分开，提高利用效率和卫生状况。

④升高地基。

⑤外墙面用水泥材料。

（7）设计条件。

①考虑到公共厕所属于户外的公共设施，因此选用防水防腐的特殊水泥材料，内部使用木材，不仅在质感上形成了强烈的对比美，又能具有很好的透气性。

②双开门的厕位设置，方便使用轮椅或行动不便的特殊人群使用，减少了开门时候的阻力，更加符合特殊人群的使用需求。

③增加灯光条和照灯，充分考虑夜间适用人群的方便性和安全性，同时具有美观性。

（8）构思草图（图5-9）。

（9）构造略图（图5-10）。

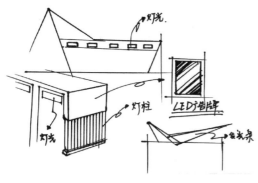

图 5-9　构思草图手绘图

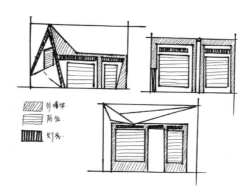

图 5-10　构造略图手绘图

（10）初步外形（图5-11）。

（11）构造详图（图5-12）。

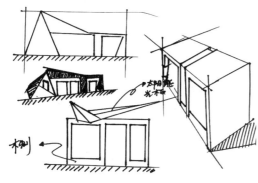

图 5-11　初步外形手绘图

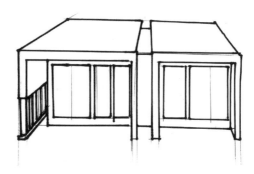

图 5-12　构造详图手绘图

（12）外形尺寸（图5-13）。

（13）细节尺寸（图5-14）。

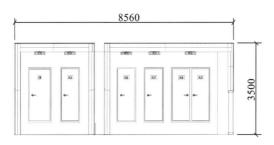

图 5-13　外形尺寸

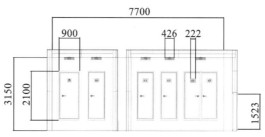

图 5-14　细节尺寸

（14）色彩设计（图5-15）。

（15）效果图（图5-16）。

R：46　　　　R：206
G：46　　　　G：207
B：44　　　　B：201

R：212
G：159
B：109

图5-15　色彩设计　　　　　　　图5-16　效果图

5.1.2　环境艺术设计表达

环境设计从广义的思维表达的高度而言，其形式应该是多种多样的。我们认为凡是能够有效地将思维意念"物化"的行为都被认为是表达的行为。它包括对人的听觉、视觉、触觉的诸多感官刺激作用，而就环境艺术设计思维表达来说，这主要指以视觉传递为主的图形学表达技术。它包括草图分析、草图构思、设计制图、功能分析图、透视效果图、模型制作、视频传达（影视、计算机）等。

由于设计思维表达对于设计过程以及设计目标实现的不可或缺性，使得设计思维表达技能越来越成为衡量设计师职业素质高低的重要标准，并且一直作为一门专门的学科被广大设计工作者和专业人士认识、研究。各种风格、各种类型的设计表达方法异彩纷呈，有助于更好地理解设计思维表达体系以及熟练地掌握设计思维表达技巧，根据我们长期教学及设计实践，现将思维表达按设计过程和表现技法总结归纳为以下两大部分，并配以相关图例，供大家参考和借鉴。

5.1.2.1　按设计过程分类

①分析阶段：现状分析草图、资料分析草图（图5-17～图5-19和表5-2）。

②构思阶段：概念性草图、阶段性草图、确定性草图（图5-20、图5-21）。

③定案阶段：设计施工图、平面图、立面图、剖面图、大样图、设施图（图5-22、图5-23）。

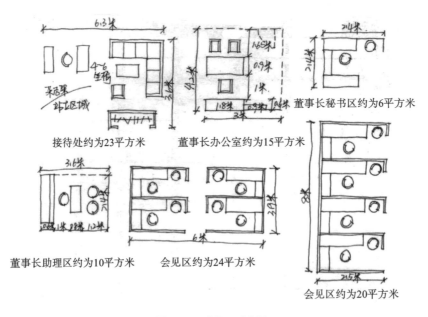

接待处约为23平方米　　　董事长办公室约为15平方米

董事长秘书区约为6平方米

董事长助理区约为10平方米　　　会见区约为24平方米

会见区约为20平方米

图5-17　空间尺寸分析

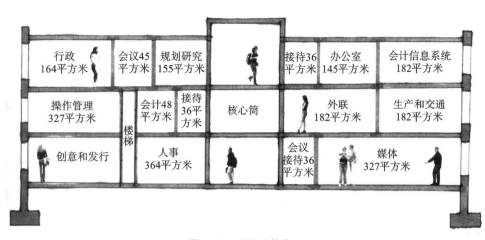

图 5-18　立面功能分区

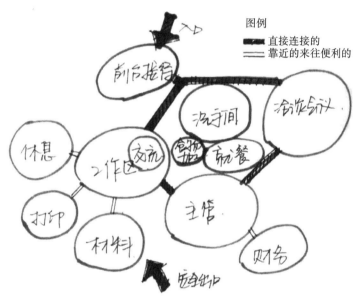

图 5-19　气泡图分析

表 5-2　列表分析

办公空间	需要尺寸	邻接关系	公共通道	自然光和景观	私密度要求	管线入口	特殊设备
接待区	20	2	M	Y	N	N	N
前台	20	1、3、7	H	Y	N	N	N
洽谈会议	50	2、7	I	N	H	N	Y
主管办公	50	5、7	Y	Y	H	N	N
讨论区	30	5、7、13	H	Y	M	N	N
卫生间	15	7	Y	N	H	Y	N
工作区	100	4、5、7、8、10、13	H	Y	M	Y	Y
食品加热/冷藏	10	7、9	Y	N	Y	Y	Y
进餐交流区	20	7、8	I	Y	L	N	N
休息区	10	7	I	N	H	N	N
打印区	10	7	Y	N	N	Y	Y
财务室	10	4	I	N	H	N	Y
材料区	10	5、7	H	N	L	N	N
更衣、存衣	10	7	L	N	H	N	N

注：H—高，M—中，L—低，Y—需要，N—不需要，I—重要，不一定需要。

图 5-20 概念性草图

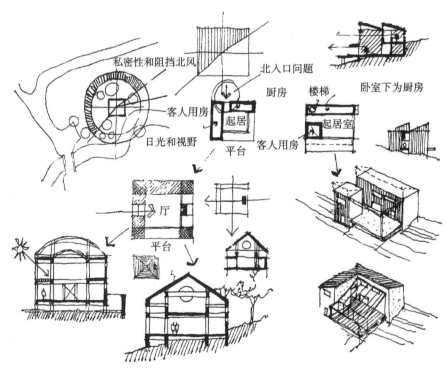

图 5-21 阶段性草图

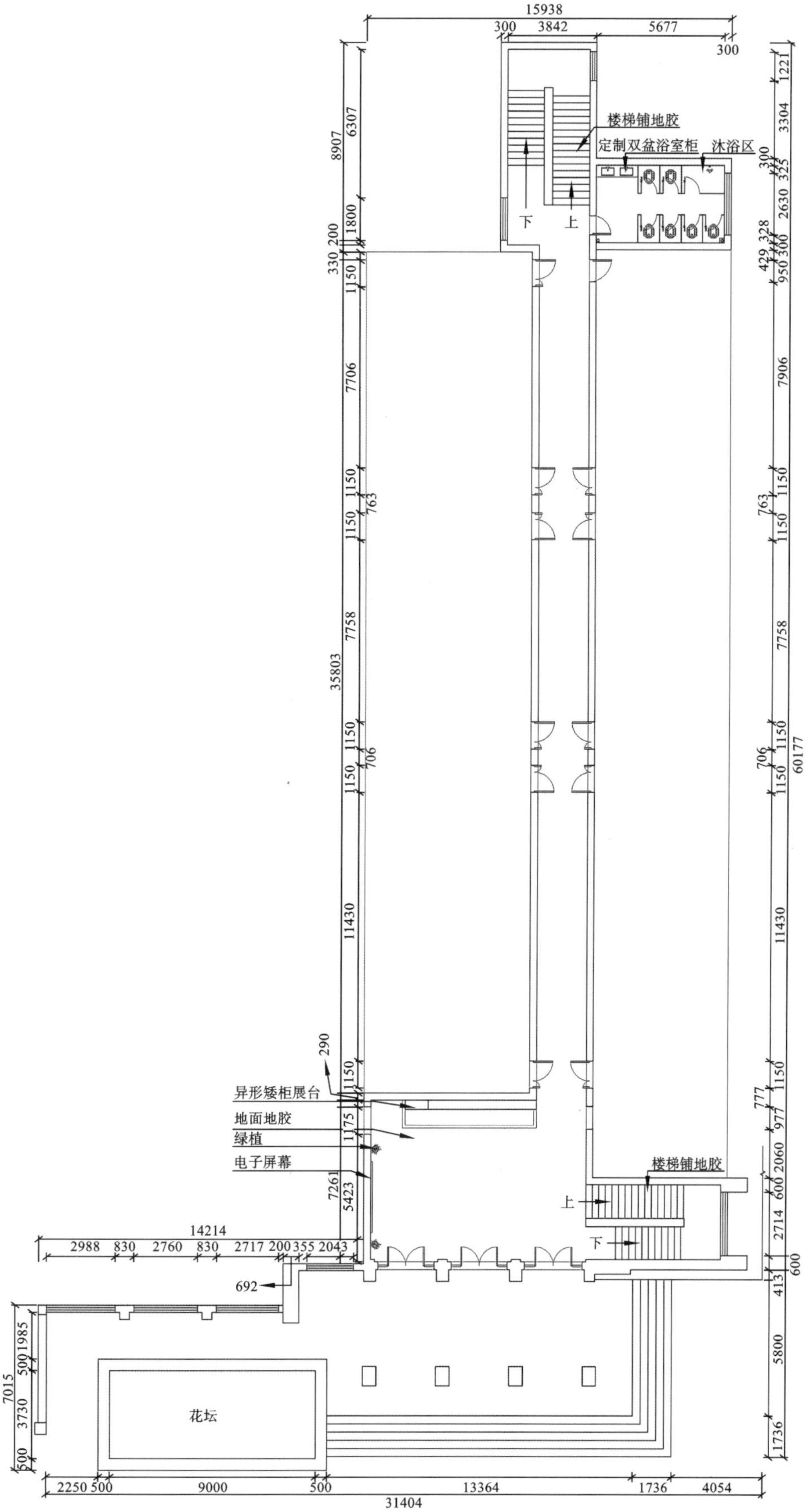

一层平面布置图

图 5-22 设计施工平面图

轻钢龙骨吊顶

石膏板造型

磷资源
开发利用
工程技术
研究中心

暗藏LED灯带
定制隔板

定制背景

大理石台面

发光灯片

1123   6069   2169

9961

一楼A面立面图

图 5-23   设计施工立面图

④效果图：平视图、仰视图、鸟瞰图、轴测图、结构分解图、设计模型（图 5-24、图 5-25）。

(a)

(b)

图 5-24   设计效果图

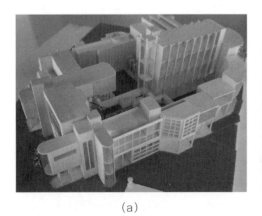

(a)

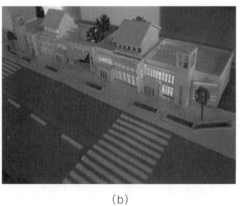

(b)

图 5-25   设计模型图

⑤反馈、修正阶段：设计变更图、设计竣工图（图 5-26）。

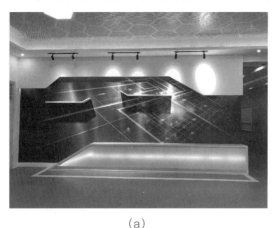
（a）

（b）

图 5-26　施工完工效果

5.1.2.2　按表现技法分类

有以下几类：墨线单勾、彩铅技法、水彩渲染（图 5-27）、水粉技法、快速技法、综合技法、电脑渲染（图 5-28）等。

图 5-27　水彩渲染图

图 5-28　书店电脑渲染图

5.1.3　设计表达应把握的环节

设计表达的过程是设计师从事创作设计的轨迹，设计师可以通过这个过程表达自己思想的基本语言，对于这种语言的表达应该把握如下几个基本环节。

1. 基本造型能力的把握

室内设计表达实际上是将三维空间的形体转变成二维空间画面的图形学制作技法，画面的构图形式、形体结构、比例位置、线条组织、明暗关系、色彩搭配等无不体现出设计师造型功力和美术基础的好坏。总的来说，美术基础及艺术修养对于设计能力的提升是毋庸置疑的。设计表达虽然不是纯艺术表现，但它毕竟与纯绘画艺术有着不可分割的关系，它也具备纯绘画艺术所具有的特质，如整体感、秩序感、对比、统一、节奏、韵律等，因此设计师本人艺术修养的高低都会丝毫不差地反映在他的设计作品之中，并在一定程度上决定了设计作品的成败（图 5-29）。

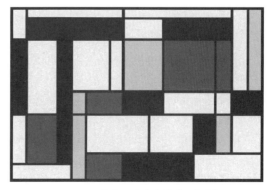

图 5-29　蒙德里安代表作《红黄蓝》

133

2. 对于手绘表达的正确认识

几个世纪以来，徒手草图，平面图、立面图、剖面图三视图以及渲染效果图一直是传统的表现形式（图5-30、图5-31）。如今，计算机绘图以其自身的优势对传统绘图提出了挑战，这是时代的选择。电脑技术在设计部门中得到了普遍的应用，各类招、投标亦多要求电脑表现图，设计专业的学生亦将其作为最主要的设计表达方式，这种现象反映了计算机科学技术给传统设计领域中设计方法、设计观念所带来的变革，其已成为设计创作的新趋势与新动向（图5-32）。

图5-30 手绘表现图（一）

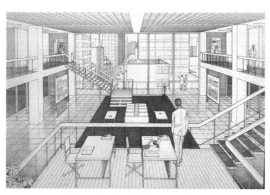

图5-31 手绘表现图（二）

图5-32 电脑表现图

计算机以其所见即所得的虚拟现实技术使方案表现显得直观而生动，成为检查、评估设计方案的有效手段；同时，计算机辅助设计大大降低了设计劳动强度，提高了设计的精度和速度，设计成果也可被反复地运用。因此，计算机技术对整个设计学科的发展起到了很大的推动作用。

然而，就如同一切高新技术一样，电脑技术的运用也存在着众多的负面效应，反映在具体的设计之中，即为重表现而轻设计，设计人员通过电脑在表面效果的处理上所花费的时间、精力远超过设计方案的构思过程，这种重结果而轻过程的情形在一定程度上扼杀了设计初期阶段构思过程中转瞬即逝的灵感。同时，设计人员过分重视电脑技术，必将忽视对基本功的严格训练，艺术修养难以提高。

这些最终都会导致设计人员设计分析、思考、创作能力的丧失，整体素质的降低。因此，客观地评价电脑技术在设计中的作用大为必要。我们更应认识到手绘表现在设计中的不可替代性，它应贯穿于设计过程的始终。因此，在科学发展的今天，手绘表现仍是一种最灵活、最便捷的表达方式（图5-33、图5-34）。

图 5-33　手绘表现图（三）

图 5-34　手绘表现图（四）

3. 设计表达与一般绘画创作的区别

设计区别于一般的绘画形式，有它自身独特的规律。设计源于绘画艺术，但把它同纯绘画艺术相比较却有着明显的不同，这种不同首先表现在两者的最终目的不同。设计的目的是要解决人与物之间存在的问题，通过设计可以将设计师头脑中构思创意表达出来，同时，又能准确地传达设计作品意图（图 5-35、图 5-36）。而纯绘画性质的艺术创作的目的在于艺术家通过绘画的形式向观众展示自身对生活、社会的认知和感悟，它是纯粹的自我情感的抒发。明确设计表达与绘画创作的区别，有助于我们正确地理解设计思维表达的内涵，更好地理解设计师的设计创意。

图 5-35　设计表达形式的建筑艺术作品（一）

图 5-36　设计表达形式的建筑艺术作品（二）

5.1.4　设计思维与表达的训练要点

1. 基本技能与职业素养

建筑、环境艺术设计的工作性质决定了从事此项事业的设计师所应具有的职业素养，设计师既要了解环境艺术空间的构成技术，同时，也要懂得环境艺术作为空间艺术品的创作规律。也就是说，作为一名环境艺术设计师，应具备技术和艺术两方面的职业素养。

（1）掌握建筑构造与材料的知识。

在环境艺术设计的创作过程中，设计思维明显会受到材料、技术的制约，空间环境的总体效果在很大程度上要靠一定材料和技术来实现。实体空间的构成要素有钢铁、砖石、玻璃和混凝土；照明效果的产生需要各种光源和灯光；地面、墙壁、顶棚的装饰一般用大理石、花岗石、瓷砖、实木和墙纸等。技术问题中最主要的是对建筑结构的了解，对建筑力学知识的掌握，以及对结构构造技术的熟悉。意大利建筑工程师奈尔维说过这样一段话："建筑物必须满足功能要求，拥有合格的建筑技术、建筑结构，对于建筑细部能够很好地进行艺术处理，所有这一切构成一个统一的整体。"作为一名设计师，只有在掌握建筑构造原理的同时，还能深入了解材料的性质和特点，而且还能对新、旧材料运用自如，才能创造出令人满意的环境空间。

建筑的结构形式主要有拱形结构、拱券、框架结构和承重墙结构。拱形结构是用砖、石砌筑的特有的结构形式；拱券是把垂直荷载通过砌筑材料的侧面受力传递到地面的结构；框架结构是不用支撑部件的钢性连接结构；承重墙结构是指把来自各个方向的水平荷载通过墙壁的抗击力进行支撑的结构。此外，还可以根据主要结构材料分为木结构、钢结构、钢筋混凝土结构、钢骨架钢筋混凝土结构等。

（2）具备坚实的手头绘画能力。

环境艺术设计师应具有丰富的形象思维能力以及良好的空间意识和尺度概念。基于对生活经验及各类产品的熟悉，能及时借助造型艺术手段把设计构思具体地、形象地、准确地表达出来。因此，环境艺术设计师需要有绘画造型艺术方面的基本技能，如素描、速写、色彩等方面的能力。

素描是一切造型艺术的基础，也是设计表达中必不可少的基本功之一，如比例、结构、质感等特性。对于环境艺术设计师来说，对于素描的训练，主要侧重于对形体的空间结构的理解，加深对对象外在框架和内在构造的认识，侧重于精炼地概括和对用线造型的技巧把握。它还有助于锻炼想象力和对形体敏锐的观察能力和记忆能力。

速写的特点在于能够快速生动地表现对象，它是美术功底的重要组成部分。速写对于画家和设计师基本艺术素质的提高是显而易见的。速写不仅可以记录大量有用的形象信息，开阔构思思路，而且，在早期进行方案设计的草图阶段，它常以独特的无法替代的方式呈现设计师的构思创意，辅助设计师完成设计作品（图 5-37）。对于速写能力的训练，需要注意以下两个方面。

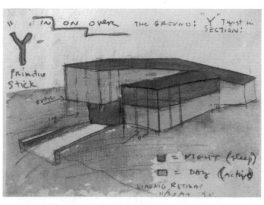

(a)   (b)

图 5-37　大师草图手绘表现图

①透视、构图问题。设计师在下笔之前就应当有正确的透视感觉。

②有效地锻炼高度概括的能力，能够熟练地掌握绘图工具的使用技巧，并且拥有生动的线条表现力。

对于色彩的敏锐感受力是天生的。科学证明，对物象的感知，在色彩和形体之间，对于色彩感觉总是第一位的。在设计作品中色彩设计在很大程度上决定了该作品好坏。因此，对于设计师来说，如何提高色彩修养，是至关重要的一环。通常纯绘画色彩训练更注重以感性认识为主，设计专业则偏向于理性分析为主的色彩构成训练，但两者是相互补充、相辅相成的。因此，设计师应当把色彩因素作为设计作品重要的构成要素之一（图 5-38、图 5-39）。

图 5-38　色彩在设计中的运用（一）　　　　图 5-39　色彩在设计中的运用（二）

设计创作的关键在于创造空间艺术形象的技巧和处理技术问题的能力，设计师的绘画基本功体现在辅助设计、表现设计意图等方面。

（3）掌握声、光、电等物理知识。

采光在环境艺术设计中的运用是设计师十分关注的问题，这个问题将在本书第 7 章详细讲解，光不仅可以满足人们视觉上的需求，而且是一个重要的美学因素。利用自然采光，可以使人在视觉上更为舒适，在心理上有亲近自然的感觉。室内自然采光究竟采用怎样的形式，完全取决于建筑师的设计。在平常生活、工作、学习的环境中，有许多关于声环境问题，如室内的噪声及高水准视听空间的音质处理等，针对诸多问题，设计师要有控制室内外噪声的能力、控制室内混响时间的能力、控制回声的能力，以及控制隔声的能力。针对不同地域、环境的要求，制冷、取暖、通风等要求也有所不同，可以通过专门的技术来解决（如空调、管道等）。随着建筑物类型的不断增多，设计师所面临的各种技术问题也会日趋复杂，设计师除了掌握美学、装饰知识，还应具有丰富的解决实际工作中关于技术问题的能力，才能满足实际生活中人们对于环境空间的需求。

（4）空间组织与空间造型的能力。

从某种意义上说，空间组织的失败是很难用其他办法弥补的，即使有办法弥补，也未必能从根本上解决问题。空间组织的内容涉及单个空间的问题，如单个空间的形状、尺度、比例、开敞与封闭的程度，又涉及若干个空间组合时的过渡、衔接、统一、对比、形成序列等问题。通过这些形式语言形成的空间，既是功能性的、技术性的，也是艺术性的。

2. 设计表达中的透视

对于透视效果图的绘制是设计师必须要掌握的。透视效果图在所有设计图纸、资料中，是最有表现力、最引人注目的一种视觉表达形式，它能表现设计师的创意和构思，直观、简便、经济，比制作模型效率高，而且携带方便（图 5-40）。

3. 设计表达中的构图形式

构图也称为"布局"（图5-41），指在二维空间的画面内，对画面结构和各种成分进行组织、安排、研究和分析归纳所产生的结果。任何优秀的画面结构总是依循一定的规律，画面各部分之间总有一定的内在联系。对于构图的研究不仅要从生活中物象的形式美的变化规律着手，而且更重要的是注重设计表现图特定的结构特征，将内容与形式密切联系，从中寻找构图的基本规律。

界面装修的空间构图，首先必须符合人体所能接受的尺度比例，同时还要符合建筑构造的限定要求。在此基础上运用造型艺术规律，从空间整体的视觉形象出发，组织合理的空间构图。从技术层面来说，结构和材料是室内空间界面构图处理的前提，而理想的结构与材料，其本身也具有朴素、自然的美。

图 5-40　透视表现图　　　　　　　　图 5-41　室内空间构图

一般纯绘画艺术的构图是艺术家对所掌握的生活素材的提炼与加工，在带有强烈个人情感的前提下对其进行重新组合，而形成的二维空间平面上的特定结构。设计表现的特定结构区别于纯绘画艺术的构图表现（但基本规律是相同，设计表现有它的特殊性），其本质就在于表现的出发点不同。

通过实践得知，设计表现构图的灵活性受到一些客观因素的制约。忠实于"设计"原则，成为第一重要的问题，"表现"只能服从于"设计"而从属于第二位。我们面对的对象是广大客户与设计人员而不是艺术家。设计表现构图正是在这些特定的需求之上的，在有限的画面内把设计师的思考构想传达给观众，所以我们在研究设计表现的构图时，应充分认识以上特点，寻求共性，从中找出规律，以便于我们去掌握和应用设计表现构图的基本准则，有助于设计师把设计构思转化为具体形象。设计表现构图方法分类如下。

（1）形式构图。

形式构图就是在设计表现中根据已有的设计形态进行构图处理，设计师要善于发掘设计形态自身所具有的形式美。例如建筑的高低错落、景观的层次变化、室内家具集合形态的构成等，这种由设计本身引出的构图原则往往最合理、自然，同时也更加契合完成设计最终目标的要求。设计形态指点、线、面等形态要素。在环境设计三维性质的表达中，线形要素运用最为直接、明了。水平式构图给人以和平、宁静、平稳、宽广的感觉；垂直式构图能够让人感受到庄重、严肃、雄伟、高大；斜线式构图有运动感、速度感的效果；曲线式构图具有优美、柔和、亲切的效果；其他如三角形构图、四边形构图给人以稳固、安定的感觉。这些极具情感的审美因素在设计表达中的运用对于设计师在构图原则的把握上具有重要指导意义，但形式构成原则不是简单的、基本的几何形态的死板拼凑，而是要将其融入设计命题的内在意境中，使它能更好地为设计中心目标服务（图5-42）。

（2）位置构图。

借鉴绘画构图中的"图－底"关系，即将中国画中所谓"经营位置"的理念，运用到环境艺术设计表现的构图中，设计师依据自己的审美感觉，确定画面的大小、位置、比例，是解决画面构图问题的一种方法。设计表现图中主体部分"形态轮廓"被称为"图形部分"，图形区域与地形区域之间是相互转化、互相利用的关系，设计师通过对图形区域与地形区域合理地安排组织，以创造构图中"你中有我，我中有你"的交融形式，使构图语言更加丰富，形式更为多样，但也应避免在设计中对这两者的过分追求，以防止出现主要物体的堆砌和附属物体零乱的现象。从这个层面上讲，这是绘画技巧中主要与次要关系在构图表现中的运用，只有主次分明，才能相得益彰，最终达到最佳表现效果（图 5-43）。

图 5-42　形式构图　　　　　　　　　　　　　　　　图 5-43　位置构图

（3）透视构图。

选择合适的视点和透视角度，用以作为设计表现构图的原则。

①一点透视图是主体物同视平面保持平行位置的构图方式，这种方式容易使人联想到经典的对称式构图，它的优点是能充分显示设计对象的正面细节，并且在整体上营造庄严、宏大的氛围，但也应避免平行透视构图易出现的呆板和僵化的问题（图 5-44）。

②两点透视图由两点透视的视角角度而来的构图形式，分为水平线移动视角和前后移动视角两种，主体对象以一定的角度呈现。由于同视平面产生角度而形成强烈的立体感和角度处理的灵活性，使其对于设计对象的表达更加细微，准确的物体形态、空间感觉以及周边环境因素都能得到很好的表达（图 5-45）。

③鸟瞰图以纵向移动视角作为透视构图的原则，是视点立体运动的观察方法，在表现场景的完整性上更能发挥它的特点。所谓"一览无余"就是指视点的向下移动，而使表现图具有高度感、宏大感（图 5-46）。

图 5-44　一点透视图　　　　　　　图 5-45　两点透视图　　　　　　　图 5-46　鸟瞰图

4. 设计表达中的空间表现方式

一定的形体占据了一定的空间，其体积、深度便具有了空间的含义。空间是物质运动的载体，其形式必然通过一定的物形得以界定和显现。空间是无限的，但是在无限的空间之中，许多自然和人为的空间又是有限的。人们也用各种方法取得自己所需的空间。例如，一群儿童组合了一个让自己娱乐、兴奋的游戏空间，而游戏结束，人散后这个空间也就消失了。建筑设计和室内设计的设计主体是建筑空间和周围的环境，尤其是设计范围有限、边界比较明确的空间（图 5-47）。有限空间是通过界面对空间的围合与限定形成的。

城市设计和建筑设计都以实体和空间为两个基本要素，两要素之间相互依存，不可分割。如果天安门广场周围的建筑，如天安门城楼、毛主席纪念堂、历史博物馆、人民大会堂都沉入地下，那么广场环境空间就失去了意义。城市空间是由建筑、道路、广场、绿化等组合而成的，建筑空间应该是由建筑围合结构所界定的室内以及室外空间的集合，以"房间"为代表的内部空间由底界面、垂直界面和顶界面组成（图5-48、图5-49）。

图5-47　内部环境设计空间

图5-48　外部环境建筑设计空间

图5-49　城市开放空间设计

5.2　环境艺术设计程序

随着现代装饰材料与施工技术的发展，室内外装饰在建筑工程的综合造价中的比重越来越大，其设计也更趋于配套化和系统化。环境设计的概念早已从单纯的界面装饰发展到内容广泛的综合性功能与造型设计。

环境艺术设计囊括了客观对象（设计课题性质、要求）的方方面面的调查研究。需要设计师具有全面的知识，多方面的修养，丰富的社会知识，创造性思维能力，灵活有效工作方式，以及理论与实际结合的、丰富的实际操作经验。同时，我们理解的环境艺术设计不只是装饰设计，在更大程度上指的是环境的整体设计——室内外环境、空间的总体构思与安排。环境艺术设计的实质和核心是在人文和社会意义上的环境艺术再创造。

设计程序是为设计工作的开展所做的规定途径，也是解决设计工作问题的程序过程，其流程由设计过程中的各个序列组成，设计实践证明，要做好一项设计，事先必须有一个计划的执行程序，这样才能使设计工作的进展有条不紊、步步为营，深入地进行下去。

设计程序，指一个设计项目从启动到结束的全部工作进展的安排程序。仅就"程序"而言，即过程的顺序，准确地说应该是依照顺序排列的多个过程，是一种方法论的描述。其中，所包含的各个阶段的工作步骤是程序的关键环节。由于设计所涉及的内容与范畴极为广泛，其设计程序的复杂性相差也较大，因而进行的程序也各不相同。但总体说来，在所有设计项目的进展过程中，需要逐步归纳出一些相对一致的设计程序。比如，设计信息收集、整理与分析，设计理念确定，设计方案定位与设计推进方式（包括概念产品市场定位、消费者定位、产品设计与生产及销售定位等），设计方案的选择与优化，直至完成设计。围绕设计程序的制定，又有多种程序模式。例如，线性模式，是沿着准备、进入、深入再到发展，直至评价、实施、反馈等程序环节；循环模式，是从发现、整合，再到综合评估、修正与提高等程序环节；螺旋模式，依次为形成、发展、转移和反馈，当一轮设计结束后，新一轮设计又将开始，形成螺旋式的发展模式。其实，设计程序总是表现出一种流程性质，这就是设计程序的基本特点。

设计程序的进展，一般是从最初的酝酿、可行性研究，到设计方案选择与落实、组织实施、试制投产、验收交付等阶段。各个阶段的工作内容及应遵循的先后次序均有相应的规定要求。尤其是设计程序所涉及的面很广，完成一项设计需要多方密切协作与配合。其中，有些工作内容是前后衔接的，有些是互相交叉的，有些则是同步进行的。所有这些工作必须纳入统一的程序轨道，遵照统一的步调和次序，有条不紊地按预定计划完成设计任务，并迅速形成生产能力，取得使用效益。具体来说，设计程序的各个进展阶段大致可归纳为提出问题、目标定位、资料搜集（社会调查）、现状比对、综合思考、方案选择和评价、展开设计与设计实施和监督，各阶段内容如下。

①提出问题——根据客户的要求及市场需求，提出相应的设计问题，主要是围绕设计策划、设计实施，以及设计任务分解等进行讨论所获得的问题。

②目标定位——根据提出的问题，通过比对和验证，进行选择性的目标定位。

③资料搜集（社会调查）——根据目标定位，有选择地进行资料搜集或开展社会调查，充分采集设计项目的相关资料，为全面设计奠定基础。

④现状比对——主要是针对同质产品的现状、功能、造型及市场营销策略进行比较分析。

⑤综合思考——在设计之前需要考虑三个要素问题，即用户、技术、品牌。这些是设计师需要具备的综合知识和综合思考能力所涉及的范围，也是设计师主动思考和综合考虑的相关环节。

⑥方案选择和评价——在进行方案选择时，按照市场调研程序，发现市场、寻找空间、预测市场需求和分析判断投资成本等，为设计可行性研究提供基础信息。而评价主要是根据设计的各项技术指标，采用适宜的科学方法，对项目方案进行评价比较，分析不同方案的优缺点，提出改进建议。

⑦展开设计——在方案确定后展开的精致化设计，以确保设计的完整性。

⑧设计实施和监督——实施是指设计的有效实施过程，监督指依据相关规定和技术参数，及其他有关材料，进行设计管理与控制。

5.3　环境艺术设计决策与管理

5.3.1　设计决策

1. 设计决策的概念

所谓设计决策，主要指针对设计工作的开展作出的决定或选择，尤其是通过分析、比较，在若干种可供选择的方案中选定最佳方案的过程，是设计方案制定的依据，也是确定设计目标的开始。此外，对设计决策的概念界定还有三种理解：一是把设计决策看作是一个包括提出问题、确立目标、设计和选择方案的过程，这是广义的理解；二是把设计决策看作是从几种备选的实施方案中作出最终抉择，是由决策者拍板定案，这是狭义的理解；三是对不确定条件下的设计工作所做的处理决定，这类处理决定既无先例，又无可遵循的规律，作出选择时需要冒一定的风险，而风险选择才是设计决策。这三种理解，可以说是从不同的角度对设计决策做出的解释。

其实，设计决策是一项系统工程，不是简单的一言以蔽之的概念。比如，决策还会涉及预测的相关问题，因为这是为决策服务的先决条件。预测通常是贯穿于决策的全过程，其区别在于，预测注重于对客观事物的科学分析，决策侧重于对有利时机和目标的科学选择。预测强调客观分析，决策突出人的主观性。预测是决策科学化的前提，决策是预测的服务对象和实现机会。

决策的有效性，总的来说，一是明确"是什么"的问题，即设计诀策"是什么"，这是首先要解决的问题，这是决策所包含的全部问题的实质之所在，也是实现决策全部可能性之所在；二是解决"为什么"的问题，就是把设计中关系到各种利益的问题集中起来考虑，在科学决策过程中，以此作为参照，形成决策方案执行的可行性，使决策的可信度提高；三是解决"怎么办"的问题，就是明确解决设计过程中的种种要求，力求细化、量化，而不是抽象、笼统，从而有效地克服主观随意性。

事实上，能够认识和处理好这三个问题，就是对设计决策概念的正确理解。因此，设计决策具有管理科学的核心内容，关系到管理的绩效，是管理者主要职责的体现。

2. 设计决策的推动过程

一般说来，决策过程是思维活动的发展过程。思维的合理性，直接关系到决策过程的科学性，而逻辑正是指导人们进行合理思考的有效工具，科学的决策过程是与逻辑思维密切相关的。依照这一原理，设计决策的推动过程，同样是致力于逻辑与决策过程的融合，体现出逻辑规律和方法。也就是说，设计决策过程的逻辑运用，就像前面提到的三个问题，其要旨在于把握问题、分析问题与解决问题。决策始于认识问题，问题是管理决策的起点，正是有了问题的存在，才有决策的必要。认识问题是进行科学决策的首要前提，而正确运用一定的逻辑方法是使人们全面有效地认识问题的有力保证。这里有分析与综合、归纳与演绎，以及抽象与具体的逻辑方法在认识问题中的应用，即确定目标的逻辑，是整个设计决策过程的方向，它贯穿于整个决策过程。拟定备选方案和评选备选方案，是设计决策依据逻辑判断进行的选择途径。设计决策的具体推动过程可以归纳为如下几个方面。

①确定设计决策的目标。这是指在一定外部环境和内部环境条件下，在市场调查和研究的基础上所预测达到的结果。设计决策目标是根据所要解决的问题来确定的。因此，必须把握所要解决问题的关键。只有明确了决策目标，才能避免设计决策的失误。

②拟定设计备选方案。这是设计决策目标确定以后的推进过程，是围绕目标拟定的各种备选方案。拟定设计备选方案的第一步是分析和研究目标实现的外部因素和内部条件，积极因素和消极因素，以及决策事物未来的发展趋势；第二步是在此基础上，将外部环境各种不利因素和有利因素、内部业务活动的有利条件和不利条件等，同决策目标的未来趋势和发展状况进行排列组合，拟定实现目标的方案；第三步是将这些方案同目标要求进行粗略的分析对比，权衡利弊，从中选择若干个利多弊少的可行方案，供进一步评估和决策。

③评价备选方案。当多种方案拟订以后，随之对备选方案进行评价，评价标准是判断哪个方案最有利于达到决策目标。评价方法通常有三种：经验判断法、数学分析法和试验法。

④选择方案。对各种设计备选方案进行总体权衡后，由决策者挑选一个最好的方案。

由此可见，设计决策的推动过程，是利用系统科学、管理科学、行为科学和经济学等学科进行综合探讨的活动，是以各学科的知识综合体，对不同层次和不同尺度的社会系统中的组织、管理和决策问题进行综合研究后形成的推动。

综上所述，就设计决策的案例来看是有据可依的。2010年上海世博会最大的单体工程，世博会"一轴四馆"之一的"世博轴"工程（图5-50），在前期设计方案的决策推动过程中，就十分注重"世博轴"工程运营的便捷性。设计前期，主办者花费了大量时间进行实地推演论证，并组织各方面专家对设计方案进行细致的评估，甚至通过计算机的多次模拟演示来求证设计方案的可行性。真正做到评价方法的"三通过"原则，即经验判断法、数学分析法和试验法的论证通过。再有，根据设计前期的调查，"世博轴"工程在环保的生态系统建设上推出了新颖独特的设计主张，即首次采用阳光谷结构的建筑形式。在"世博轴"入口及中部沿纵向设置了6个标志，在特征明显的巨型圆锥状阳光谷结构中，自然光可以透过阳光谷玻璃倾泻入地，既满足了部分地下空间的采光、通风的需求，提升了地下空间的舒适感，又节约了大量能源。另外，"世博轴"工程还采用了生态设计理念，通过阳光谷及下沉式草坡把绿色和阳光引入各层空间，开创了地下空间开发利用的新模式。

(a)　　　　　　　　　　　　　　(b)

图5-50　上海世博会"世界轴"工程

5.3.2　设计管理

设计管理是完成设计合作计划的核心环节，它是运转设计资源的一整套实施体系。进而言之，设计管理融合市场决策与运营的各种方式方法，是一项具有战略意义的企划组织过程，用以实现组织目标并创造有生命力的设计成果。

设计管理是完成全部设计计划的统筹环节，具有运转设计资源的一整套知识体系，包括设计计划、组织系统、设计人员、评估环节及机制等。设计管理又是一项设计活动的程序。同时，也是一种管理的战略工具，统筹管理者、设计师和专家的知识结构，来实现组织目标。具体而言，设计管理旨在有组织地联合创造性及合理性的工作环节去完成组织战略，并最终为促进设计的市场化作出贡献。设计师处于设计管理的核心位置，可以理解为内部核心资源。设计师周围围绕的是设计、客户、文化和市场，这些属于设计管理的外围资源。因此，设计管理实际上就是以设计师为核心并协调其与设计、客户、文化和市场关系的行为系统。

目前，国际上给设计管理所下的定义：项目经理为了实现共同目标，对现有的可利用的设计资源进行有效的调用。这是国际设计管理界较为推崇的一个关于设计管理的观点。依此，将其看法可归纳为如下几条。

①目标：完成既定的设计计划，使设计价值最大化。

②方式：计划（项目）、组织（结构）、协调（资源）、控制（进程）、评估（绩效）。

③内容：管——管人，协调设计资源，主要针对设计师；理——理财，管理设计过程中的财务。

④标准：设计管理的最高境界，就是让所有的问题在当时的环境下得到圆满解决。

⑤问题：容易与品牌管理、商业管理混淆，故针对性必须明确。

5.3.2.1　设计管理的能力培养

设计管理的能力培养，直接影响设计师创造与创新素质的提升。因为设计管理所涉及的面十分广泛，既有产品与生产、设计等相关领域的协调，又要与设计师就创新方面的内容进行沟通，以及了解与设计相关的各种法律保护等。具体而言，设计管理能力的培养主要围绕以下六项。

①拟定设计策略之能力。

②决定设计政策之能力。

③撰写设计方案之能力。

④监督与控制设计方案进度之能力。

⑤界定、分析设计问题，评估设计资讯及评价研究方法之能力。

⑥选择设计师及围绕设计内容展开工作之能力等。

总而言之，设计管理的能力培养，突出在设计企划、设计组织、设计控制与设计执行管理等方面。实际上，由此可以引出设计管理的另一方面的内容——设计管理的过程。因为设计管理的过程中每一种能力的培养正好对应设计管理的一个方面，即设计计划、设计组织、设计监督和设计控制。

①设计计划：为整个项目确立最终目标和项目过程设计（拟定设计策略之能力，撰写设计方案之能力）。

②设计组织：为项目确定行为主体（选择设计师及围绕设计内容展开工作之能力）。

③设计监督：包含评价和督促两个方面（界定、分析设计问题，评估设计资讯及评价研究方法之能力）。

④设计控制：注重整个设计活动的进程，以及是否和项目的目标保持一致（决定设计政策之能力，监督与控制设计方案进度之能力）。

在设计管理的实际执行中，这四个部分总是互相交织，互动相生的。设计计划是最早被提出来的，它的作用将贯穿项目始终。设计组织在设计计划中需要被提出，然后实施，一般来说需要具有一定的稳定性，以保证项目的一致性。设计监督和控制从项目确立的时候就同步开始，保证项目不偏离既定的路线。

5.3.2.2 设计管理的价值确认

在确认设计管理是否具有价值之前,需要认识什么是"好设计"。因为无论对于设计师或者设计管理者来说,都需要介入设计管理的一个重要前提,即如何做"好设计"。当然,在不同层次和不同人群中,"好设计"有着各自的衡量标准。

通俗意义上的"好设计",就是好的设想与好的计划。关于"好"的界定是什么呢?这是关于"好设计"的价值评判,其基本点是"利益",分别为企业或设计事务所的利益、客户的利益、社会整体的利益,这些利益的交汇点就是影响设计管理的重要因素。"好设计"就是设计管理平衡了设计师、客户与社会利益的设计。相对"利益说",更为突出的应该是设计管理中的商业价值。"为什么一个好的设计师开工作室,或开公司并不一定能赚钱?"面对这个问题,得出一个结论,即设计的好坏不在于设计本身,而在于设计管理。如何让设计师的工作更有价值,怎样让不懂设计的人理解设计,这是极为重要的事情,也是设计管理体现价值之所在。

如今,市场竞争力如此之大,企业如何在同行中突围而出,除了在市场销售方面要有创新外,产品也应具有独特的创新性,能吸引消费者的目光。这需要设计师在深刻了解消费者需求并掌握市场运营规律后,对产品进行有效设计,才能使得产品既有卖点又符合消费者需求,企业才能实现其商业价值。而对产品与消费者和市场的关系把握,则是设计管理的中心环节。设计管理可以强化消费者和市场的渗透性,提升体验多样性,进而促进设计获得显著成效,推动设计战略目标、理念与发展方向的落实,从而科学性地把企业推向时代的尖端。有资料显示,世界上每 1000 家倒闭的大企业中,就有 850 家是因为战略失误,而成功者则大多是用全部工作的 60% 的时间,倾心于战略思维和研究,以及设计目标创新。因此,如果现代设计管理不借助创造性思维,那么便会出现举步维艰的状况。

由此看来,在设计管理的价值中,每进行一次设计项目的开展,不是单靠某个设计师就能完成整个项目,这就关系到设计管理团队的意识,这是很重要的价值体现。每一个团队中,各个队员都是不同的角色,承担不同的任务,每个人都要尽其职责做好自己的事,但又不可忽略沟通和协作。每个人都可能在工作中出现一些难以解决的问题,这需要大家进行沟通交流并提供协作,才能使团队的目标更明确,才能建立团队中良好的人际关系,有助于问题的解决,使设计水平得到进一步提升,为企业创造更大的价值。马云被称为当今中国"最有前途的人",他在自己的团队支持下,建立了"阿里巴巴"。他在回顾创立"阿里巴巴"的经历中提到,在创立之前,他带着他的团队受邀到北京考察,而后决定回杭州创业时,他给他的团队成员两个选择:一个是可以把他们推荐到雅虎或新浪;另一个是跟他回去创业,可是月薪只有 500 元。最后团队中的所有人都决定跟随马云回杭州。良好的团队意识,造就了一个被业界公认为全球最优秀的网站"阿里巴巴"。这表明,设计管理在企业中的价值,尤其是优秀的设计管理者所创立的良好的设计管理模式,以及具有良好素质的设计师和具有凝聚力设计团队起着非常重要的作用。

5.3.2.3 设计程序的流程管理

设计程序的流程管理,是针对整个设计过程制定的管理规则。其突出特点是将设计项目中先后衔接的各个阶段视为整体项目管理流程。管理流程一般包括五个部分:项目启动、项目计划、项目实施及控制过程、项目收尾和项目后续维护。在管理流程中,每个阶段都有自己的起止范围,有本阶段的管理内容和管理规程。同时,每个阶段都有本阶段的控制环节,即完成工作的相应指标,以及进入下一阶段的重要提示等。每个阶段完成时一定要通过本阶段的控制环节,才能进入下一阶段的工作,这就是形成流程管理的基本特点和要素。

1. 项目启动

在设计项目管理过程中,启动阶段是新项目过程的开始。项目启动时必须了解设计企业或部门的内部组织系统在目前和未来主要业务的发展方向,这些主要业务将使用什么技术及具有相应的工作条件。项目启动的理由很多,但能够使项目成功的最合理的理由,一定能为设计企业现有业务提供更好的运行平台。每个项目在一个阶段完成后，进入下一个阶段之前必须要顺利地通过前一个阶段的环节控制。

2. 项目计划

在项目管理过程中，计划的编制是最复杂的阶段，项目计划工作涉及多个项目管理知识领域。在计划编制的过程中，可以了解后面各个阶段的设计规划。在计划制定出来之后，项目的实施阶段将严格按照计划进行控制。

3. 项目实施及控制

项目实施阶段是占用大量资源的阶段，这一阶段必须按照项目计划采取必要的活动，来完成各项任务。在实施阶段中，项目经理应将项目按设计要求和技术类别或按各部分的功能，分成不同的子项目，由项目团队中的不同成员来完成各个子项目的工作。在项目开始之前，项目经理向参加项目的成员明确任务，并规定要完成的设计内容、设计进度、设计质量标准、项目范围等与项目有关的内容。

4. 项目收尾

项目的收尾过程意味着整个项目的阶段性结束，即项目的干系人对项目成果的正式接收，使项目井然有序地结束。其间包含所有可交付成果的完成，如项目各阶段产生的图纸、生产工序，项目管理过程中的文档、与项目有关的各种记录等，同时通过项目审计。项目的收尾阶段是一个很重要的阶段。项目收尾时还有一项重要事情，就是要对本项目做一个全面的总结，这个总结不仅对本项目是一个全面的总结，同时，也可以为今后的项目提供借鉴。

5. 项目后续维护

在项目收尾阶段结束后，项目将进入维护期。项目后续维护阶段是项目产生效益的阶段。在项目的维护期内，整个项目的运转需要维护期的设计师或工程师对整个项目系统进行正常的维护。

一般着手室内设计操作时，都是在土建基本完成或将完成时即开始内部设计。当然，能在建筑设计的施工图绘制期间，与建筑设计师共同进行各类型房、室、廊、厅等的室内空间构成设计最理想和经济。

第6章

环境色彩设计

学习目的

（1）通过学习环境色彩的基本知识，学生们能够对环境空间中的色彩设计有基本的认识，了解色彩在人机设计上的应用原则和方法。

（2）通过对色彩在不同空间运用的案例分析，学生在空间中能更好地进行色彩搭配。

色彩在环境艺术设计中的重要性显而易见，除了能够给人带来心理影响外，还有更深层次的潜能。在心理学家的研究调查中，让小孩子在他们喜爱的、漆着亮色油漆的房间里考试，最终的成绩会比在他不喜爱的、漆着黑棕色和白色油漆的房间取得的成绩要好一些。当我们走进超市时，首先会被包装鲜艳的物品吸引目光。也就是说，首先引起人们注意的不是商品的形状大小等，而是商品的色彩。室内采用适度对比的收缩性颜色会使人感觉空间变大。令人目眩的光线也可以采用冷色调或深色调加以调和。生活中这类例子比比皆是，这说明当我们的视线集中于一个物体时，首先引起视觉反应的是色彩。

在环境艺术设计中，色彩设计会直接影响到设计质量的好坏。对于色彩的研究，从原理、基本知识、作用和效果，到如何科学合理地利用，每个部分都关系到设计的最终效果。从实践方面来看，色彩是感性的，人类对它的反应是不经思考的直觉反应，但是，我们只有理性地、科学地去看待它，才能更好地融会贯通，发挥它的最大作用（图6-1、图6-2）。

图6-1　色彩在环境艺术设计中的运用（一）

图6-2　色彩在环境艺术设计中的运用（二）

6.1　色彩的基本知识

6.1.1　色彩的三要素

色彩三要素为色相、明度、彩度。

色相是色彩的首要特征，由原色、间色和复色构成，是区别不同色彩最准确的标准。色相即各类色彩的相貌称谓。事实上除了黑、白、灰以外的颜色都有色相的属性，反映不同色彩的品格。我们平常所说的红、橙、黄、绿、青、蓝、紫等色彩名称，就是色相（图6-3）。

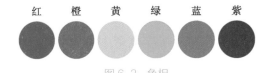

图6-3　色相

明度即色彩的明暗程度（图6-4）。它的具体含义有两点。一是不同色相的明暗程度是不同的。光谱中的各种色彩以黄色的明度最高，以紫色的明度最低。二是同一色相的色彩，由于受光强弱不一样，明度也不同，如绿色就有明绿、正绿、暗绿等，红色有浅红、淡红、暗红、灰红等。

图6-4　色彩的明度

彩度又称纯度或饱和度，指颜色的纯粹程度。用距离等明度无彩点的视知觉特征来表示物体表面颜色的浓淡，并给予分度。彩度越高，色彩越纯，感觉越艳丽；彩度越低，色彩越涩，感觉越浑浊。纯色是彩度最高的一级，在纯色的颜料中加入黑色，就会降低颜料的纯度（图6-5）。

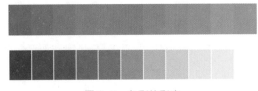

图6-5　色彩的彩度

6.1.2　色彩的调配

从色彩调配的角度，可把色彩分为原色、间色和复色。

原色：指不能透过其他颜色混合调配而成的基本色。红、黄、青可以调配出大多数色彩，但却不能用其他颜色调配，因此，人们把红、黄、青称为原色或第一色。

间色：由两种原色调配而成的颜色，也称第二次色共三种，即橙＝红＋黄，绿＝黄＋青，紫＝红＋青。

复色：也称次色，是指用原色与间色相调或用间色与间色相调而成的"三次色"。主要复色也有三种，即橙绿＝橙＋绿，橙紫＝橙＋紫，紫绿＝紫＋绿。复色是最复杂的色彩，千变万化。与间色和原色相比较，复色含有灰的因素，所以较混浊。

补色：一种原色与另外两种原色调成的间色互称补色或对比色，如红与绿（黄＋青），黄与紫（红＋青），青与橙（红＋黄）。补色表现出一定的暖冷、明暗的对比性，相互排斥，对比强烈，能够取得活泼、跳跃等效果。

6.2　色彩性质简述

研究发现，色彩也具有引发人们各种感情的作用。在环境艺术设计中有必要巧妙地利用色彩的感情效果来塑造空间,营造气氛。例如在教堂中,圣洁的白色会营造纯洁永恒的氛围(图6-6);在欧洲的小镇上,彩色的建筑会让人心生愉悦(图6-7)。

图 6-6　白色赋予教堂神圣感

图 6-7　彩色建筑让人心生愉悦

6.2.1　色彩的知觉与表情

(1)色彩的知觉。

人类在长期进化过程中不断实践,形成了一种视觉本能———一旦发现目标,就会迅速作出反应。物体的客观存在与人的视知觉有时并不是完全相同的,譬如同样大小的两个圆,一个是黑的,一个是白的,黑的就显得比白的小,这就是视知觉的差异。因此,研究视知觉的某些特殊现象,将使设计更合理。

①明暗适应与色适应。

当人从黑暗的地方出来突遇强光,会看不清物体,需稍作休息等待眼睛适应;从明亮的地方进入暗处,也会如此,这便是明适应和暗适应。夜晚打开白炽灯时会明显感到偏橙黄色的光线,但当眼睛适应后,光线就变白了,这种现象叫作色适应。无论是明适应、暗适应,还是色适应,都是我们在设计时必须考虑到的因素,不仅要避免其造成的不利影响,而且要利用这种现象创造更佳的视觉效果。

②色彩的诱目性。

不同色彩对人们的吸引力不同。譬如,红色比较引人注目,白色则相对低调,不易被人察觉。这种容易引人注目的性质叫作诱目性。实验表明,五种色光的诱目性从大到小依次是:红、蓝、黄、绿、白。背景也是色彩是否醒目的一个重要原因。在黑色背景下,色彩诱目性的强弱顺序为黄、橙、红,而在白色背景下,则恰好相反(表6-1)。

表 6-1　色彩的诱目性

背　　景	诱目性顺序由强到弱
黑色	黄、橙、红
白色	红、橙、黄

在一般情况下,红色的诱目性大于橙色和黄色,所以人们常用红色作为警告色彩。在交通信号中,红色表示禁止通行,黄灯则表示慢行,绿色则是畅通无阻的意思。

③色彩的认识性。

人们的眼睛容易识别出色彩的性质称作认识性或可读性。背景色与色彩的识别性有极大的关系。一般情况下,背景色与色彩的明度差越大,识别性就越强。在高彩度色相上,如果是黑色背景,色彩识别性的强弱顺序为黄、黄橙、黄绿、橙、蓝绿、蓝、紫,而在白色背景下,其顺序恰好相反(表6-2)。一般来说,冷色系的色可读性低,暖色系的色可读性高。属性差越大,可读性也越大。

表6-2　色彩的认识性

背　　景	认识性顺序由强到弱
黑色	黄、黄橙、黄绿、橙、蓝绿、蓝、紫
白色	紫、蓝、蓝绿、橙、黄绿、黄橙、黄

④色彩的进退感和膨胀收缩感。

当我们看见颜色时，会感到有些色彩是向前的，某些色彩是后退的，这种现象叫进退感。也就是我们常说的某种颜色为近感色，某种颜色为远感色。色相是影响色彩进退感最大的因素：红、橙、黄等颜色都具有扩大前伸的特点；绿、蓝、紫等色则具有后退收缩感。其次，色彩的明度对色彩的进退感也有影响。一般情况下，明度高的比较靠前，明度低的则靠后，这就是色彩的膨胀收缩感。从彩度上看，彩度越高，扩张力越大；彩度越低，缩小感越强。从明度上看，明度越高越膨胀，明度越低越收缩。从色相上看，红、橙色等趋于扩张，蓝、紫色趋于收缩。

在设计中，可以利用色彩的进退感与收缩膨胀感对室内某些环境进行调整。如墙面用冷色系，墙面向后退，加大深度，看起来似乎更开阔；过大的物体可用收缩色；要突出加大某部分物体，可用暖色系列和明度高的色彩等。

（2）色彩的表情。

色彩的表情就是色彩通过某种面貌给人一定的感受和联想。比如黄色代表热情、绿色代表活泼与生命、黑色代表严肃沉静、蓝色代表忧郁等。

①色彩的冷暖感。

色彩本身是没有温度的，但是由于人们根据自身的生活经验所产生的联想，赋予了色彩给人的冷暖感觉。人们一般认为：红色为暖，有似火的感觉；蓝色为冷，有似冷水的感觉；绿色和紫色为中性色。不同色彩以其明度和彩度的高低而产生冷暖的变化。

色彩的冷暖感还与明度有一定的关系。明度高的白色具有凉爽感，含黑的暗色具有温暖感。在暖色中，彩度高的具有温暖感（图6-8）；在冷色中，彩度越高，反而越具凉爽感。

图6-8　化妆品店色彩设计

色彩的冷暖感还与物体表面的光滑程度有关。表面越光滑，越偏冷；表面越粗糙，则越偏暖。比如光滑的玉石则给人以冷的感受，而冬季的毛绒皮具则会给人温暖的感受。

设计人员对色彩的冷暖感必须极为敏感，这对环境艺术设计具有非常重要的作用。

②色彩的兴奋感和沉着感。

一般而言，色相中的红、橙、黄暖色系列给人以刺激感，兴奋感，所以也叫兴奋色；蓝绿、蓝色给人以沉静感，故叫沉静色；绿色和紫色是中性色。白色和黑色以及彩度高的颜色常给人紧张的感觉，而这些不同的色彩所造成的兴奋感或沉静感，可以很好地为不同的空间和环境服务。在某些需要情绪激烈的场合，如文化娱乐场所、体育馆场所，可以用偏暖色系列；而在需要安静、休息的环境，则适宜用蓝色等冷色系列，如医院、卧室等（图6-9、图6-10）。

③色彩的轻重感。

色彩的轻重感取决于色彩的明暗程度。一般来说，色彩的轻重感主要取决于其明度。明度高的感觉轻，明度低的则感觉重。如果其他条件相同，暖色系列略轻，冷色系列略重。从彩度上看，彩度高的偏轻，彩度低的偏重。

图 6-9　名品店的色彩设计给人以不同　　　　图 6-10　名品店的色彩设计给人以不同
　　　　　的品牌特色感受（一）　　　　　　　　　　　　的品牌特色感受（二）

　　轻重感的产生也是以生活经验作为基础的。例如，黑色的钢铁很重，于是人们便感受到黑色的东西较重。虽然，轻重感的产生原因各有说法，但我们必须清楚，色彩轻重感的存在是客观存在的（图6-11、图6-12）。

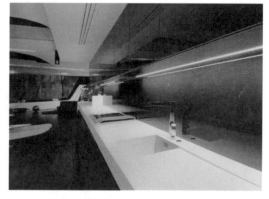

图 6-11　黑色的室内设计给人以沉重感（一）　　　图 6-12　黑色的室内设计给人以沉重感（二）

　　④色彩的软硬感。

　　色彩的软硬感是由色彩的明度和彩度引起的。明度高、彩度低的色彩产生柔软感，而明度低、彩色高的色彩给人以坚硬感。白色和黑色有坚硬感，灰色则有柔软的感觉。比如大理石会给人坚硬的触感（图6-13），而灰色的沙发，触感会比黑色和白色的柔软，更有温馨的感觉（图6-14）。

图 6-13　色彩的软硬感（一）　　　　　　　　图 6-14　色彩的软硬感（二）

⑤色彩的距离感。

在同一视距条件下，明亮色、鲜艳色和暖色有向前的感觉（图6-15），而暗色、灰色、冷色有后退的感觉（图6-16）。

图6-15　明亮色有向前的感觉

图6-16　灰色有后退的感觉

⑥色彩的华丽和朴素感。

色彩华丽感和色彩朴素感是由色彩的搭配和组合形成的感觉，但是单个色彩在一定情况下也会造成华丽和朴素感。一般来说，彩度越高越华丽，彩度越低越朴素；明度越高越华丽，明度越低越朴素。因此，在色彩的搭配组合上，如多用色相差大、纯度高、明亮的色彩容易有华丽的感觉（图6-17），相反，用色相差小、纯度低、较暗的色彩容易形成朴素感（图6-18）。

图6-17　彩度低的华丽感

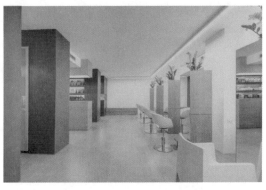

图6-18　彩度低的朴素感

⑦色彩的疲劳感。

在一般情况下，艳丽、纯度高、刺激性强的颜色容易使人疲劳。因此，暖色较冷色容易使人疲劳。色彩变化大、明度高、色彩对比强烈，也会让人产生疲劳感。反之，色彩单一，对比弱，不会使人疲劳会有单调枯燥感。如门、窗等部位用绿色来缓解视觉疲劳（图6-19）。

（3）色彩的对比效应。

色彩的各种视觉效果都不是绝对的，在不同的环境下会产生不同的效果。同样是红色，在蓝色的背景对比下与在黄色背景对比下会产生不同的色彩感觉，也就是说，一定的色彩效果是依靠某种对比关系而成立的。

图6-19　运用绿色来缓解视觉疲劳

（4）色彩的共感性。

人的视觉、听觉、味觉、嗅觉、触觉等，并不是孤立的，往往一种感觉的刺激会引起其他感觉的共鸣，如看到红色，人们会感到温暖，看到蓝色会感到凉爽。人的感觉受到刺激后，立即引起的直接反应，称为第一次感觉，除第一次感觉以外的其他感觉系统的反应，称为第一次感觉的共鸣。因此，第一次感觉亦称主导性感觉，第二次感觉称伴随性感觉。伴随性感觉又叫共鸣，或共感觉。共感觉可以是视觉的、听觉的、触觉的、嗅觉的等。

由视觉引导的主导性感觉可以引起各种不同的共感觉。尽管这些感觉系统并不与视觉对象发生直接作用，但是仍可通过视觉，因人的各种综合生活经验等造成反应。无论是建筑环境、室内环境还是包装设计、交互设计、广告宣传上，都需要充分了解和全面掌握色彩的共感性。因为，人们在一下不能了解某一种感觉时，会自然地借助其他感觉来进行联想。譬如，在一堆音乐 CD 片里，要挑出一盘较柔和宁静的音乐时，如果事先并不知道 CD 的内容，也没有文字介绍，大多数人会挑选一些绿色调和蓝色调的封面（图 6-20）。

图 6-20　张敬轩专辑《家园》封面

6.2.2　色彩的记忆、联想、爱憎与象征

色彩通过人的视觉接收系统作用于人，造成生理和心理上的一系列反应。色彩的记忆、色彩的联想、色彩的爱憎、色彩的象征等都是人类在生活经验的基础上对色彩的主动把握。

（1）色彩的记忆。

色彩的记忆是一个复杂的科学问题，而今已有越来越多的人在关注和研究这个问题，其中，用一些大家所熟悉的，同时也具有明显色彩特征的物体来命名色彩是一种有效的办法。以下分别是以矿物、植物、动物等来命名色彩的例子。

①以矿物命名的色彩，如钛白、金色、银色、黄铜色、古铜色、铁灰色、石青色、朱砂色、翡翠色等。

②以植物命名的色彩，如草绿色、葡萄紫、橄榄绿、橘黄色、桃红色、茶色、苹果绿等。

③以动物命名的色彩，如孔雀蓝、象牙白、银鼠灰、猩猩红等。

④以其他名称命名的色彩，如唐三彩、土黄色、天蓝色、海蓝色、月白色等。

可见，这种用某种具体的事物来命名特定色彩的做法，把色彩性质与人们对某种东西形成的色彩抽象记忆联系起来，使人看到某种东西就想起某种色彩，这是使人印象明确、记忆方便的有效方法。

（2）色彩的联想。

准确地说，色彩本身是没有表情和感情的。我们认为色彩有表情和情感，其实质是色彩引起人们对事物的联想，人们借助色感经验，通过色的相貌和表面特征，又赋予其人的感情，从而形成不同的心理效果。

色彩的联想与每个人的经验、知识、记忆以及现实环境有很大关系。这种联想可能是某种具体事物的记忆，譬如，想到枫叶就是金黄色，想到橘子就是橙色，想到天空就是蓝色，等等。色彩联想也可能是某种事物的抽象记忆的对照物，如，纯洁是白色的，热情、暴力是红色的，悲哀、死亡是黑色的，等等。人们对事物的联想有共同性、普遍性，也会因人的生活经历不同，文化修养不同，而有一定的差异性、特殊性。

（3）色彩的爱憎。

色彩的爱憎也是一个极为复杂的心理学问题。这种对于色彩的爱好与嫌恶是由于民族的、历史的、生活环境的以及个人的年龄、性别、性格、所受教育等因素造成的。世界上各国各民族都有自己的色彩爱好，这与各个民族所处的地理环境、历史文化、宗教信仰等有相当大的关系。譬如，中国人偏爱象征爱国、革命、活力的红色。非洲人则喜爱对比强烈的鲜艳色彩。一个人对色彩的喜好，也会随着年龄的增长而变化。一般来说，儿童喜爱的颜色偏鲜艳、明快，到中青年后会趋于爱好偏灰色。性别的不同也同样会对色彩的偏爱产生影响，在设计男性和女性的使用空间时应有所体现。性格不同也会造成对色彩喜好的差异，内向的人偏爱冷灰色，外向的人则偏爱明快、纯度高的色彩。在设计色彩时，应该分析众多因素中的色彩爱憎因素，只有这样才能更合理地做出色彩的设计。

（4）色彩的象征。

色彩的象征就是用某种颜色表示特定的某种内容，或者代表一定的意义。象征的产生源于人们长期对于一种事物的色彩联想和记忆，久而久之，它便成为一种固定的表示一个具体事物，甚至其抽象概念的方式。

①红色会让人想到婚礼、血液与火焰，也是使人激动、兴奋的色彩。因此，人们会通过红色联想到热情、激动以及流血和战争，发展到抽象概念有奔放、不顾一切、欢乐和热情（图 6-21、图 6-22）。

图 6-21　2013 年音乐剧《悲惨世界》
　　　　　电影海报

图 6-22　2013 年音乐剧《悲惨世界》电影剧照

②黄色会使人联想到活力无限的青年或是清晨的一缕阳光，由于它明度很高，给人以阳光灿烂、光明、活泼、辉煌的感受，象征着希望和智慧。在古代黄色是地位的象征，给人以崇高、威严、雍容华贵、神秘的感受，因此是我国历代帝王贵族使用的颜色（图 6-23、图 6-24）。古代罗马也把黄色当作高贵的颜色，但基督教却将黄色视为犹太的颜色，极为厌恶。

③橙色是红与黄的结合色，它既有红色热情和诚挚的性格，又有黄色光明、活泼的特性，既温暖又

图 6-23　中国古代帝王服饰

图 6-24　故宫的色彩设计

明亮，是人们普遍喜爱的色彩（图6-25、图6-26）。橙色又有丰收的含义，给人明亮、华丽、健康、向上、兴奋、温暖、愉快和辉煌的感受。

图6-25　橙色在环境艺术设计中的运用（一）　　　图6-26　橙色在环境艺术设计中的应用（二）

④绿色是象征希望的颜色，说起大自然，人们会想到绿色。它是草地、森林、树木的象征，充满生命力和活力。绿色给人以环保、静谧、和平、休息的感受（图6-27、图6-28）。

图6-27　绿色在环境艺术设计中的运用（一）　　　图6-28　绿色在环境艺术设计中的应用（二）

⑤蓝色为幸福色，表示希望、高洁、沉静（图6-29）。蓝色也意味着悲伤和冷酷，"蓝色的音乐"即"悲伤的音乐"。

⑥紫色是高贵、庄重、优雅的颜色，也是具有女性化的色彩，它象征着美好、兴奋、优雅。在日本，紫色的衣服被视为高等级的衣服。在古希腊，紫色是国王的服装色。紫色与夜空和阴影有联系，所以有一定的神秘感，也容易有忧郁感（图6-30）。

⑦白色是代表纯洁和神圣的颜色。在欧美，白色是婚纱的颜色，它代表爱情的纯洁和坚贞不渝。在中国，白色则具有两种含义：吉祥和神圣的意义，如白牛、白象；也有死亡的意思，如丧葬仪式时穿白衣服表示悼念和缅怀。白色的明度最高，因此它是具有干净、坦率、纯洁等象征意义（图6-31、图6-32）。

图6-29　蓝色在室内设计中的运用

图 6-30　紫色在室内设计中的运用

图 6-31　白色在室内设计中的运用（一）

图 6-32　白色在室内设计中的运用（二）

⑧黑色是二重性的色。它具有庄重、严肃、坚毅、沉思、安静的感觉（图 6-33、图 6-34），也有恐怖、忧伤、消极、不幸、绝望和死亡的意义。黑色还有捉摸不定、阴谋的感受。黑色也象征权力和威严。

图 6-33　黑色在环境艺术设计中的运用（一）

图 6-34　黑色在环境艺术设计中的运用（二）

⑨灰色比白色深些，比黑色浅些，介于黑白两色之间，不比黑白纯粹，却也不似黑白单一。它具有柔和、安静气质，同时也具有中性色沉闷和深沉的特色（图 6-35、图 6-36）。

⑩金银色也称光泽色，具有金属感，质感坚实，表面光亮，给人以辉煌、高雅、华丽的感受（图 6-37）。

图 6-35　灰色在室内设计中的运用(一)

图 6-36　灰色在室内设计中的运用(二)

(a)

(b)

图 6-37　金银色在室内设计中的运用

6.3　环境色彩设计的基本原则

色彩设计如同环境设计的其他部分设计一样，要首先服从使用功能，在这个前提下，还必须做到形式美，发挥材料特性，满足人们的各种心理需要等。

6.3.1　空间色彩的使用功能的要求

色彩能从生理、心理方面对人产生直接或间接的作用，从而影响工作、学习、生活，因此，在色彩设计时，应该充分考虑空间环境的使用功能和要求等。譬如，学校教室为了保护学生视力宜用深绿色黑板，这是因为黑色黑板与白墙对比过于强烈，容易造成眼睛疲劳。

商场、商店，尤其是自选商场，商品种类繁多，一般应采用简单、素净的墙面及货架（图 6-38、图 6-39）。副食品鲜肉区会使用浅绿色墙面，这是因为红色与绿色产生色彩对比可以使鲜肉看起来更新鲜。在住宅中为了营造温馨、舒适的环境，宜用浅黄、浅绿等色彩。

考虑功能要求也不能只从概念出发，而应该根据具体情况做具体分析，一般可以从三个方面去做一些具体的分析和考虑：分析空间和用途，分析人们在色彩环境中的感知过程，分析变化因素。

分析空间性质和用途，不是只做概念的理解。比如，以往传统的色彩概念认为，医院应整洁、干净，以白为主，而现代科学证实，人们经常生活在白色的环境中，对心理和生理是不利的，容易造成精神紧张，视觉疲劳，并且会联想到疾病和死亡，使人的心情不愉快。所以，对于手术室采用灰绿色——红色的补色，可以缓解医生的视觉疲劳。医院病房的色彩设计，对于不同科室、不同年龄患者应该有所区别。如老年人的病房宜采用柔和的浅橙色或咖啡色等，避免大红、大绿等刺激色彩；外伤病人和青少年病房宜用浅黄色和淡绿色，这种冷色调有利于减少病人的冲动，抑制烦躁痛苦的心情；儿童的病房应采用鲜明欢快的色调，营造欢乐的氛围，有利于疾病的治疗。由此可以看出，同一个医院，也有众多的区别，只有认真分析，才能准确找出合适的色彩。

图 6-38　使用空间对色彩设计的要求（一）

图 6-39　使用空间对色彩设计的要求（二）

另外，人们在不同室内环境中所处的时间不同，对色彩的感知也不同。譬如，在车站、机场及餐厅等，绝大多数人在此停留的时间较短，因此，色彩可以明快和鲜艳些，以给人较深刻的印象。而办公室及家庭住宅，人们在这里的时间很长，色彩就不宜太鲜艳，以免过于刺激视觉，用较淡雅和稳定的色彩，有助于正常的工作和休息（图 6-40、图 6-41）。

图 6-40　公共活动空间的色彩设计（一）

图 6-41　公共活动空间的色彩设计（二）

最后，生活和生产方式的改变导致环境变化。譬如，随着商业活动的增多，庄重、神秘的银行也朝着平易近人的方向发展。因此，色彩的选用也开始由传统的比较庄重的色彩向轻松亲切的色彩发展。

6.3.2　力求色彩符合形式美

色彩的配置也必须遵循形式美的法则，处理好对立统一的关系，注意主次、节奏与韵律、平衡与重点等关系。

色彩设计首先要有一个基调，大致体现空间性质和用途。基调是统一整个色彩关系的基础，基调外的色彩起着丰富、烘托、陪衬的作用，因此，基调一定要明确。用色的种类、面积都应视基调而定，必须是在统一条件下的变化。多数情况下，室内的色彩基调多由大面积的色彩，如地面、墙面、顶棚以及大的窗帘、台布等构成。所以，这些部分的色彩时决定了基调。

色彩也应遵循统一与变化的原则。强调基调就是重视统一，而求变化则是追求色彩的丰富多彩，更趋向个性化。求变化不能脱离统一基调。一般情况下，小面积的色彩可以采用较为鲜艳的色彩，而面积过大，就要考虑对比是否过于强烈，破坏整体感。

室内色彩还需注意上轻下重的问题，即追求稳定感和平衡感。多数情况下，顶棚的色彩应比墙面，尤其是地面要明度高些，地面可用明度较低的色，这样符合人们的视觉习惯（图 6-42、图 6-43）。

图 6-42 色彩在空间设计中的轻重感（一）　　图 6-43 色彩在空间设计中的轻重感（二）

节奏和韵律也是色彩形式美的重要法则。环境色彩设计与绘画还略有不同，环境色彩多由建筑元素、构件、家具等物件构成。这些物体相互之间都有前景与背景的关系，如墙面的色彩是柜子的背景，而柜子也许又是一个花瓶或其他物品的背景。强调节奏和韵律要考虑色彩排列的次序和节奏，这样可以产生韵律感（图 6-44）。

图 6-44 墙面的色彩充满着节奏感

6.3.3　结合建筑与装饰材料进行色彩设计

环境色彩设计是建立在建筑与装饰材料色彩的基础上的，大部分材料的色彩是受限制的，不可能随心所欲地进行选择和调配。同一个色彩用在不同的材质上，视觉效果也并不完全相同。

装修材料，尤其是天然材料，应尽量发挥材质特点和自然美，不要过多地雕琢和修饰（图6-45、图6-46）。

图6-45　装修材料色在环境空间中的运用（一）　　图6-46　装修材料色在环境空间中的运用（二）

6.3.4　色彩符合民族特点、文化意蕴和气候等环境的特点

不同的民族有不同的用色习惯，有着禁忌色和崇尚的用色。对不同色彩的喜爱和厌恶也反映了各个民族的文化。另外，气候条件也是色彩设计中应考虑的一个因素。尤其是在一些比较炎热或者比较寒冷的地区，一定要考虑到人在特定气候条件下的色彩感受。

6.4　外部环境色彩设计

外部环境色彩设计涉及建筑、城市道路、绿地以及自然山水、花草树木等（图6-47、图6-48）。

图6-47　外部环境色彩设计（一）　　图6-48　外部环境色彩设计（二）

6.4.1　外部环境色彩的影响因素

外部环境与自然的联系紧密，环境色彩也在很大程度上受到自然环境的影响，这与内部环境不同。同时，外部环境的功能、尺度、视觉感受等都与内部环境有一定的区别，所以要研究和分析外部环境的色彩特点，从而找出适合外部环境色彩设计的规律和方法来。

（1）气候对外部环境色彩的影响。

不同的地区由于气候条件的不同，会对环境色彩的选择和使用带来影响。所以不同气候条件的地区会有明显的地区色彩差异（图6-49）。

图 6-49　地区色彩设计

（2）周边环境对外部环境色彩的影响。

外部环境色彩的设计，无论是处在自然环境中，还是在城市环境中，都要结合周边的环境因素分析，并进行整体的思考。风景区中的建筑物设计，应注意保护环境和风景，使环境与建筑物相互映衬。城市里的建筑物也需与周围建筑的色彩相协调。

（3）建筑与装饰材料对外部环境色彩的影响。

建筑材料由于它本身的空隙率、密实度和硬软度不同，因此可形成不同的质感。如金属、玻璃属硬质材料，表面光滑，感觉偏冷；木材、织物属软质材料，质地疏松，感觉偏暖。材料的质地、纹理和色彩不同，会给人不同的粗糙、细腻、轻重等感受。人们也常常用材料的这些质感、纹理、色彩等特性，结合对比、协调等手法来处理与外部环境的关系，色彩是其中重要的手段之一。材料与建筑构造的关系最为直接，不同的构造需要不同的材料。不同的材料又有各自色彩上的特点，建筑材料的色彩与材料本身的结构和生产工艺等有关。材料的色彩选择是不能随心所欲的，尤其是天然材料，如木材和石材，我们只能选择它，而不能改变它的色彩，所以，建筑材料的色彩对外部环境的色彩有一定的制约和限制。设计师应结合材料的功能因素，并考虑材料的色彩关系进行设计和处理（图6-50）。

（4）使用性质对外部环境色彩的影响。

色彩在功能性上的表现也是比较突出的，人们对空间中的建筑物、设施等都会有色彩上的基本认定。如我国古代建筑强调色彩的使用性质。宫殿的金黄色屋顶、大红柱子、朱门金钉等，都显示王宫贵族的尊严和地位。民居、民宅则以青砖灰瓦白墙为多，形成统一协调的色彩关系。云南白族民居中有"三坊一照壁"的格局，照壁则都以白色为主，因为白族民居的"三坊"形成三面围合，光线不易射进，照壁的反光可以大大增加室内的光线。

图 6-50　学生宿舍外墙立面

6.4.2　外部环境色彩的构成要素

外部环境构成的要素主要有自然要素和社会要素两方面内容。自然要素包括天地山水、地形地貌、花草树木等；社会要素包括建筑物、构筑物、设施、道路、硬地、小品、交通工具和人等。

（1）自然环境。

自然环境是指某一特定地理位置，由于气候、地形等因素的影响所形成的天地山水、地形地貌、花草树木的景致特点。环境艺术设计首先要分析和研究自然因素，充分而合理地利用环境因素，与环境协调一致。不同地区的自然环境也是有差异的，天地山水在我国南北方，在不同海拔高度的地区，有着极大的差别。

自然环境是一个地区的先天条件，从某种意义上说，我们不可能去改变它的本来面貌。从环境设计的角度讲，我们应更多地考虑如何在一定条件下做到与自然环境协调。在这点上，国内外设计史上都有优秀的典型案例。如我国园林和寺庙建筑强调人与自然和谐相处，而西方则更注重人的能动性。例如土耳其博德鲁姆 Primex 酒店，它是精品酒店，位于爱琴海岸，享有原生态的自然环境。内部空间与花园的设计强调自然体验，设计师凭借多年经验，精选色、味、光、水等元素。露台、入口、室外楼梯处的藤架由 Akaschu 木来打造，充满茉莉花的芬芳，如百叶窗一样，起到遮阳的效果（图 6-51、图 6-52）。

图 6-51　土耳其博德鲁姆 Primex 酒店（一）　　　图 6-52　土耳其博德鲁姆 Primex 酒店（二）

（2）建筑。

建筑的造型和色彩往往会对空间环境的整体有很大的影响，城市空间多由建筑物围合而形成，建筑色彩的影响尤其大。建筑出于使用功能、精神及文化等方面的原因，都具有各自的造型特点。色彩则是造型手段中的一种，每幢建筑不管使用什么样的材料，建筑的外形都具有某种色彩。色彩的使用关系到建筑的使用功能和艺术表现力等。巧妙地利用色彩可以增强建筑造型的表现力，如利用色彩的冷暖、明暗、进退、轻重感来加强建筑物的体积感、空间感，利用色彩丰富建筑空间，也可以利用色彩来加强建筑造型的统一等。建筑是空间环境构成的主要元素。因此，把握建筑的色彩关系，往往是掌握空间环境整体的关键。

（3）构筑物与设施。

构筑物主要指建筑的围墙、台、池、桥、架塔等。设施是指室外的家具，如座椅、灯具、栏杆、垃圾筒、指示标牌等。构筑物和设施虽然面积不大，但常常可以使用比较鲜艳的色彩，以起到点缀的效果，也便于引起注意，达到一定的指示作用（图 6-53、图 6-54）。

图 6-53　纽约内斯堡大学艺术中心景观设计（一）　　　图 6-54　纽约内斯堡大学艺术中心景观设计（二）

（4）道路与硬地。

　　道路是外部环境中不可缺少的、最具使用功能的元素，道路的色彩对环境也有影响。道路色彩的选择首先要考虑它的使用功能，一般来讲，像沥青、混凝土路面的色彩与周围环境有较大的区别，同时也不容易吸引人，往往暗示是汽车通道，人们会快速离开。如果铺装了加色混凝土预制块或彩色陶瓷砖就会吸引人，具有趣味性的许多广场等空间常常用这种材料和色彩来增加空间的变化和整体性（图 6-55、图 6-56）。

图 6-55　斯布鲁克城市广场（一）　　　　　　图 6-56　斯布鲁克城市广场（二）

6.4.3　外部环境色彩的设计与处理方法

　　按规模、性质等的不同，外部环境可以归纳为城市、街区、组群、单体等几个层次；按性质的不同，外部环境可分为文化性环境、居住性环境、商业性环境、办公性环境、休憩性环境等。不同层次和不同性质的环境，也必须按照各自的环境要求和特点去考虑色彩的关系。

　　（1）城市空间环境。

　　城市空间环境的色彩范围极广，很难有一个较具体的城市整体的色彩规划设计，最多也只能是由城市规划部门从宏观上加以管理和控制。苏州和纽约是两个较有色彩特征的城市。纽约是现代高楼林立，苏州是粉墙黛瓦，但也只是在一定范围和时期内得以体现，要大规模实现是不太可能的。

　　（2）街区空间环境。

　　街区大约有两种形态：一是面状构成，主要是居住区、工厂、学校、城市中心广场等，其特点是有一个相对独立的地段，有足够的外部空间，区域内的建筑和设施有较强的关联，一般有整体的规划；二

163

纽约内斯堡大学艺术中心景观设计采用各种方式将艺术融入设计元素中，从诗歌艺术到草坪设计，草坪空间看起来如同一座干净的雕塑，又如一幅平静的绿色油画。

斯布鲁克城市广场运用花岗岩和黄铜这两种材料平衡用地关系，不同类型的花岗岩铺装以及黄铜色调烘托出轻松休闲的氛围。四种不同类型的花岗岩铺设出一个连贯的广场表面，黄铜色的接地导板和街道家具在街道中间恰当地勾勒出广场的区域。夜晚，沿着住宅区立面分布的步行区灯火通明，广场中央低位设置的照明灯具创造出山峦的轮廓和天上的星星。

是带状构成，主要是各种街道，如商业街、文化街、商务街等，其特点是围绕街道形成线性空间环境，建筑作为该空间环境的侧界面，并融入街道的整体环境。

街区的色彩设计必须有一个统一的设计思想指导，其方法如下。

①同色组合。

建筑采用同色组合，只是在建筑的细部等装饰上用其他色彩进行点缀。如仿古的商业街采用粉墙、青瓦和青石地面，整体色彩统一，而店面招牌可以用醒目的色彩点缀，色彩就能既统一又有变化。

②类似色彩组合。

类似色彩是指色相邻近，或色相虽有差别但明度一致的颜色。这种组合要比同色组合有变化，也可以在细部上采用统一的色彩，整体关系会更协调。

③整体一致，局部变化的组合。

某些使用性质或空间角色比较特殊的建筑，可以通过与整体色彩的差异化或用对比色来强调，这样既可以突出这些建筑的标识性，同时，由于面积所占比例很小，不会影响整体的统一关系。

④对比色彩的统一。

在一些娱乐性或商业性的空间中，采用对比的色彩可以起到气氛渲染作用。可运用色相、明度、彩度等的对比，但一定要注意统一。对比色的统一实质上是要在对比的色彩关系中找到某种共同的因素，或用某种共同的因素将它们联系起来。

⑤用节奏和条理的方法处理色彩。

采用有规律的方法来安排色相、明度和彩度的变化。如相同色相，不同彩度，不同明度的层级性递增递减，形成大范围的色彩韵律推移。

（3）建筑组群空间环境。

建筑组群空间环境主要是指那些不是由一次性的整体规划和建设完成的，而有时间上的先后顺序建设的空间。这种空间往往由于建筑的性质不一样，建设的时间不一致，业主的要求和设计师的指导思想不统一，带来整体难以统一的问题。为了力求环境的协调和统一，要求努力做到以下几点。

①基于"先来后到"的原则，后设计的建筑应尽量尊重已存在的建筑。对于有文化价值的古代建筑，自然不必多说，即便是时间跨度不长的建筑，也同样应尽可能协调色彩，不要为突出自己，有意与邻近建筑形成对比，破坏整体性。

②增加建筑之间的距离，增加绿化的面积。在可能的情况下，尽量让建筑物之间的距离不要小，增大距离，同时加大绿化面积，因为绿化植物的色彩可以起到调和的作用，这在一些花园别墅的建筑群里运用得比较好。

③在这种空间里，色彩设计一般宜少些夸张。若每幢建筑都只突出自己，不考虑与周围建筑的关系，色彩过于鲜艳，就会使整体不协调和不统一。反之，如果在色彩设计上，都能采用相对比较中性的色彩，给别的建筑和整体留下比较大的余地。

④在建筑物以外的公共空间里，还有各种构筑物和设施。对它们采用统一的设计，用色彩串联色彩变化较多的建筑物，如统一围墙的色彩等。设施和构筑物虽然面积不大，但是统一了色彩后也可以在相互间建立一定的联系，也可以用周围建筑物的色彩来作为建筑的某些局部装饰色彩，起到一定的联系作用。

6.5 内部环境色彩设计

6.5.1 内部环境色彩的影响因素

内部环境的色彩应该与环境的形态等其他要素一样，力求为创造安全、舒适、愉悦的内部环境提供条件。色彩的设计也要从使用功能、生理和心理的反应，环境气氛的营造，审美的需求以及色彩在空间中的标识功能等方面考虑和协调各方面的关系，以求达到一个最佳的平衡点。色彩的选择和配置，直接关系到空间的功能实现。办公室、会议室、图书馆等空间与教室有类似的功能需要，所以这类空间应以宁静、安详的色彩为主。舞厅、歌厅等娱乐性空间的性质要求活跃、欢快，甚至狂热的氛围，因此，应使用彩度和明度高的色彩，容易调动人的情绪。珠宝首饰店的展台等宜用沉稳的颜色，这样可以突出首饰等展品，而不至于色彩过艳影响顾客对珠宝和首饰色泽的判断等。当然，每个特定的空间都有特殊的功能性质要求，只有对具体对象做具体的分析和研究，才能有效地将色彩和功能结合起来。

色彩的选择与空间的环境气氛要求是密切相关的。空间的环境气氛可用语言描述，譬如，宁静一般表现为冷色调，色彩单纯，变化不多；庄重则一般是黑色、棕色等沉稳的颜色；优美一般更偏向于粉红、浅绿等彩度偏高的色彩；欢快则一般由多种色彩对比而成。可见，环境色彩的选择往往随空间的气氛要求而发生变化。

空间是为人服务的，不同的服务对象有不同的审美要求，也会出现不同的色彩变化和差异。如年轻女性偏爱粉红、粉绿等色彩，年轻男性则偏爱色彩明亮、有对比的色彩；知识分子偏爱典雅、理性的色彩组合；儿童则偏爱艳丽的色彩。审美的差异具有明显的个性，因此，对服务对象的了解和调查也是环境色彩设计工作不可缺少的部分。除了以上影响空间色彩的因素外，还应注意色彩的标示作用（图6-57）。色彩在空间里常起到重要的指示作用，如安全标识和空间引导和识别的标识。商场里也有用地面色彩来划分不同的区域表示商品的展出分区。还有在一些需要有暗示功能的地方，也可以用色彩来处理，如楼梯的扶手用醒目的色彩表示，以达到引导的目的。

图 6-57 色彩的标示

6.5.2 内部环境色彩的构成要素

内部环境色彩的影响因素虽多，但它的构成却与外部环境的构成一样，由围合面、设施、家具等共同完成。因为色彩本身不能独立存在，必须依附于具体的物体之上。内部空间的色彩构成要素可以分为三个层面。

（1）第一层面——围合面。

围合面包括顶面、墙面、地面，是空间的主要构成要素，也是内部环境色彩的主要构成要素。对于绝大多数内部环境来说，围合面的色彩是室内色彩基调的主要构成要素，因此，围合面的色彩是影响整个室内色彩的重要因素。

围合面往往是室内其他物件的背景色，起着衬托的作用。所以，围合面色彩的选择既要考虑环境色彩基调，又要考虑作为自身背景的色彩关系。通常情况下，围合面的色彩不宜太鲜艳或浓重，选用低彩度的色，容易与家具等物件形成协调关系。当然，这不可一概而论，得视具体的环境和对象而定。（图6-58、图6-59）。

（2）第二层面——家具、设施、构件。

家具、设施、构件在空间环境中占据了一定的面积，对空间的色彩能产生较大的影响。家具、设施、构件与围合面应是色彩统一的关系。这种统一有两种方式：一是调和的统一，在色彩的相互关系上用类似和协调的色彩组合构成；二是采用对比的统一，家具、设施、构件可以用与围合面有一定差异的色彩进行对比组合，如浅调的墙面用深色的家具可以较好地突出家具（图6-60、图6-61）。

图6-58　围合面色彩设计（一）

图6-59　围合面色彩设计（二）

图6-60　家具、设施、构件色彩设计（一）

图6-61　家具、设施、构件色彩设计（二）

（3）第三层面——陈设、绿化、小品。

陈设、绿化和小品是室内空间装饰层面的主要物件。装饰是美化和调整空间整体效果的重要手段。陈设、绿化与小品的色彩比较富于变化，在空间中可灵活布置。围合面与家具等相对需要固定，一般不宜随意进行改动和变换，而陈设、绿化与小品恰好可以根据构图等的需要灵活改动。陈设、绿化和小品运用得当，经常有画龙点睛的效果（图6-62、图6-63）。

图6-62　陈设、绿化、小品色彩设计（一）

图6-63　陈设、绿化、小品色彩设计（二）

6.5.3　内部环境色彩的选择与处理

内部空间的性质各不相同，大致上可分为工业建筑空间环境和民用建筑空间环境。下面就不同的空间环境类型讲述色彩的选择和处理。

6.5.3.1　工业建筑空间环境色彩的选择和处理

工业建筑空间是人们进行生产活动的场所，空间环境直接影响到生产效率和生产者的身心健康。合理的工业空间的色彩设计可以为劳动者提供一个良好的环境，以提高工作效率、降低劳动强度、缓解疲劳、减少事故等。

过去的工业建筑空间环境不注重色彩设计，往往简单地把墙面刷成白色，把机械设备涂成灰色。这种环境沉闷压抑，且易于积灰，造成污染。机械设备也易与背景色混在一起，不易识别。实践证明，如果室内墙面用淡蓝色或淡黄色，生产线用深绿色，吊车用橙色钓钩，可使视野清晰，动静分明。工业建筑空间的色彩设计，首先要考虑功能和特殊的用途，色彩既能反射光线，增加室内的光亮度，又不耀眼，清晰地反映物体的外形，较好地显示工作区域，使危险地带和障碍物突出、醒目，防止事故的发生。

基于以上的基本认识，工业建筑空间的色彩选择和处理应根据不同的生产性质采用不同设计。

（1）一般劳动厂房。

一般劳动厂房应根据其生产的性质、设备状况、工艺布置、采光通风方式、室内亮度要求等因素来进行选择，以确定顶面、墙面、地面以及门窗、机械设备的色彩。厂房的色彩从使用功能上一般可以分为焦点色、机械色、环境色三种。

①焦点色：主要是指工人注视的局部对象，如加工件、制品、机械运行部分及操作中心的色彩等。焦点色是工人操作主要注视点，为便于识别，应与背景色彩区分，如加工件色彩为白色，背景色可为暗而无光泽的颜色。如加工件是铸铁、铸钢件等，背景可用浅褐色，操作把手、按钮等应与背景色有比较明显的色彩差别，以提高操作的效率，减少事故。

②机械色：机械色是指机械本身的色彩，包括邻近的机械设备、工作台、装配线等的色彩。一般宜用无刺激的、安静的颜色。可以选择与空间的色彩相似或有对比的色相。笨重、巨大的设备可以用较高明度的颜色，这样可以减少深色带来的沉重感。

③环境色：环境色是指人的视觉在室内空间所能见到的各种景物，如墙面、地面、顶面、建筑构件等的色彩。环境色的选用应考虑空间体量的大小、背景色与焦点色的对比关系、自然的采光和人工照明、环境所需的气氛等。

（2）精密性生产厂房。

在精密性机械、精密仪器仪表、光学等的生产中，加工非常精细，工人容易疲劳，影响效率和产品质量。所以，精密性生产空间的色彩选择有一些特殊的要求。

①减少视觉疲劳的要求：在精密性制品生产时，工人的视觉比较紧张，容易疲劳，所以，凝视点及其周围应选择不易产生疲劳感的色彩。

②提高照明效果的要求：不同的色彩和材料有不同的明度和反射率，这些都会影响室内空间的照明效果。一般说来，墙面及地面色彩的明度不要过高，防止眩光，选用草绿色、墨绿色、灰色等色彩则较为合适。而顶面的色彩明度可以稍高些，因为顶面与视觉角度有一定差距。

③安全和环境美化的要求：生产车间等空间要尽量消除安全隐患。因此，对一些有安全要求的地带、设备等必须用醒目的色彩加以标示，这类色彩面积不宜太大，种类不宜太多。同时，在满足了功能等要求外，还要根据已有的基本色彩考虑整体的色彩构图，注意节奏和韵律、对比与协调等形式美的关系，力求创造符合视觉美感要求的色彩环境。

6.5.3.2　民用建筑空间环境的色彩选择和处理

民用建筑空间环境与我们的生活更为紧密，其色彩设计也更复杂，影响因素更多。民用建筑空间环境分为公共空间环境和居住空间环境两种空间类型。

民用建筑公共空间环境的色彩设计，除了首先考虑使用功能外，它的公众性要求空间在环境气氛上有个性，给公众一个比较深刻的印象，成为公众喜欢光顾的地方。色彩是在环境气氛的创造中最敏感、最容易取得效果的手段。不同类型的空间设计要求也有所不同。

（1）公共厅堂。

在宾馆等门厅、过厅、电梯厅、服务性场所等，旅客一般只是短暂停留，而这种空间应吸引人，给旅客一个比较深刻的印象，所以公共厅堂的空间要求环境气氛比较活跃、欢快。通常在这类空间里，色彩的变化可以多一些，以活跃气氛。门厅的色相多为暖色为好，这样比较容易形成温和和欢快的气氛。明度也需要高一些，同一颜色、不同材料产生的视觉感受会有比较大的差异，所以，宾馆门厅的色彩还必须结合材料综合考虑（图6-64、图6-65）。

图6-64 门厅色彩设计（一）

图6-65 门厅色彩设计（二）

（2）餐厅。

色彩对人的其他感觉也会产生影响，譬如，色彩对味觉有刺激的连带效果。黄色作为餐厅的基调色可以使进餐成为一种享受，绿色和白色的搭配可以营造清爽、新鲜、令人愉快的气氛（图6-66、图6-67）。

图6-66 餐厅的色彩设计（一）

图6-67 餐厅的色彩设计（二）

（3）观众厅。

人们认为观众厅的台口是舞台演出景象的画框，所以，传统的手法是将它装饰得富丽堂皇、鲜艳夺目。而现代的观念则认为，观众厅首先应满足观众看演出的功能，所以，近年来观众厅的设计都以朴素、简洁、大方为主，以突出舞台的演出。

（4）图书馆。

图书馆的设计应有利于阅读，避免分散读者的注意力，所以，图书馆的空间一般要求简洁、大方、明快，不宜有过多的装饰，以免分散注意力。色彩的设计明度可稍高，以满足读书的需要。宜用低彩度的颜色，如浅灰绿色、浅灰黄色、灰白色等。

（5）商业建筑。

为了招揽顾客，创造经济效益，一般商业建筑空间的设计都强调色彩要热闹、欢快、醒目，色彩变化丰富，色相不过于单一，饱和度高，更易引人注意，形成热闹的氛围。当然，不同性质的商业空间也要具体分析，才能确保色彩的整体设计符合要求。光照条件的好坏不仅影响人们正常生活，而且从环境设计的角度来看，光的设计是决定空间环境优劣的重要环节之一。环境光设计的作用有二：一是要科学地提供适量的光照度，满足使用功能的需要；二是通过光的合理、艺术性的设计，协同环境设计的其他手段，创造所需的气氛和意境（图6-68）。

图 6-68　商业空间色彩设计

本章思考

（1）请举例说明外部环境色彩的设计与处理方法有哪些。

（2）陈述内部环境色彩的构成要素。

第7章
环境光设计

学习目的

（1）环境光设计由自然光源和人工光源决定，其中自然光源的主要建筑结构为窗，因此窗的设计在自然光源的设计中尤为重要。学习建筑窗结构的历史，能够帮助同学们更好地理解自然光设计。

（2）了解照明的基本知识、人工光源的运用及基本照明技术手段，学习室内外光环境设计手法和常规思路。

（3）将"绿色照明"的理念根植于心，作为照明设计的指导思想和最终目标。

社会文明发展到今天，人类逐渐远离了日出而作、日落而息的生活方式，照明不再是为"明"而"照"。随着社会的发展、科技的进步，以及人们生活水平的提高，照明设计不仅要满足人们对其功能的要求，还要重视光环境的塑造。

环境光设计是建筑设计、城市规划设计以及城市设计中非常重要的内容。环境光设计不仅创造了丰富多彩的夜景，也丰富了城市的整体景观。

7.1 人与环境光

对于人的视觉来说，光的基本作用就是提供照明。照明设计时，应考虑光的照度、色温、方向等，这些因素都会直接或间接地对人的生理和心理产生影响。例如，明亮给人兴奋、喜悦的感觉，黑暗给人恐惧、沮丧的感觉；冷光给人寒冷、凉爽的感觉，暖光则给人炎热、温暖的感觉（图7-1）。这些体验不仅是心理上的，有时还会反映在生理上。再如，摄影时用斜侧光（如伦勃朗光①）进行男士人像摄影，可以使面部看起来更加硬朗和英气，而用正侧面柔光则可以表现少女的温柔和善良。如何充分利用这些光现象，以及如何去研究、发现光现象及其规律，是环境设计师所要做的工作之一。

图7-1 暖光的用餐空间

光可以帮助我们看到物体并予以区分。当然，这不仅需要足够的照度，还受到亮度、对比度、眩光、漫射光、颜色等因素的影响。光亮度是指一个表面的明亮程度，即从一个表面反射出来的光通量。物体的光亮度取决于两个因素；一是外界所提供的光量；二是其表面色彩的深浅和质地。即使各表面处

---

① 伦勃朗光得名于世界著名的荷兰画家伦勃朗。自然界中它多指雨天或阴天时，从乌云中的缝隙或边缘以放射状照向地面的光。

于同等光量下，光亮的浅色表面也会比深暗的无光表面（或粗糙的表面）反射更多的光线。一般情况下，物体光亮度越高，越容易被看清。空间中光的亮度超过一定极限后，光的辐射会损伤人的眼睛，反之，亮度过低，物体在视觉中会模糊不清，甚至难以看见，所以，空间中光的亮度是随着功能要求而决定的。研究表明，明亮的房间比灰暗的房间在视觉中显得开阔，因此光线的对比程度也是影响辨认物体的要点。一般来说，光线对比较小的情况下，眼睛更能看清细节，所以，光线的强弱布置和对比是根据整体空间需要来决定的，不同功能的空间有不同的设计要求。例如，美术馆对光的要求比较苛刻，一般不会使用强度过高的光源。另外，美术馆展厅空间往往很大，一般会运用光线的明暗、阴影、投射的角度来丰富整个空间，并且整体的光线是柔和的感觉（图7-2）。而商业空间需要招揽顾客、引人注目，因此，在设计光环境时需要传递更多的视觉信息（图7-3）。

图7-2　美术馆展厅空间　　　　　　　　　　　　　　　图7-3　商业空间

室内因光源的种类、布置方式不同，会产生各种不同的光，如直射光、漫射光、眩光等。所谓眩光是指视野内有亮度极高的物体或有强烈的亮度对比，而引起不舒适或造成视觉能力降低的现象。眩光是影响人们观看的不利因素，如太阳光直射眼睛，夜晚开车时突然眼睛被对面车的远光灯照射，夜晚醒来眼睛被室内灯光照射等。因此，要避免眩光，就需要采用各种手段，如降低对比度、调整灯具位置、用灯罩改变灯光的投射方向等。建筑师与设计师对空间进行艺术化处理，以满足人的心理需求，光则是设

计师们常用的艺术化处理手段。光对表现物体的体积、空间、质感、色彩以及空间的导向和尺度等都有不可低估的作用。光在空间造型中起着独特的、其他要素不可代替的作用。它能修饰形与色，使本来简单的造型变得丰富，并在很大程度上影响和改变人们对于形与色的视觉感受（图7-4）。它同时还能为空间带来生命力、创造环境气氛等，如晚会中，多种颜色的光不停变幻，可以烘托气氛。

光可以表现物体的特征。不同方向的光照射同一个物体，可以强调或减弱物体的体积感和空间感，甚至将三维的物体平面化。建筑中一些材料的使用，质感的对比和表现，也都离不开光的作用。光可以将金属的坚硬和光滑，以及它的冷漠性格予以精确地表达，也可以将丝绸的柔软细腻、棉麻织物的粗糙朴素等特征表现得淋漓尽致。

变化光源的布置和光的组成方式等，可以营造出不同的效果。对空间中的光进行艺术性的设计，可以创造空间的不同气氛。例如柔和的光可以为教室、图书馆等空间营

图7-4　商业空间中灯光的效果

造静谧的氛围（图 7-5）；变化、闪烁的光则可为娱乐空间营造出热烈、欢快的氛围（图 7-6）。不同的环境气氛都离不开光的作用。

图 7-5 图书馆照明空间

图 7-6 舞台灯光

7.2 采 光

光有自然光和人工光之分，在环境设计中，自然光的利用称为采光，人工光的利用则称为照明。室内一般以照明为主，但采光也是不可或缺的部分。室外是以自然光为主，但同样离不开人工照明。自然光作为光源既可以节约能源，又更符合人的生理和心理需要。窗户不仅可以引进自然光，还可以连通外界，室外景色条件较好时其作用更加突出（图7-7）。采光的质量主要取决于自然光的强度以及方向。自然光来自太阳，由两部分组成：一是直射光，直射光的方向随季节和时间有规律地变化；二是整个天空的散射光，比较稳定和柔和。

直射光和散射光的比例随天气和太阳的高度而变化，天气越晴朗，太阳越高，直射光的比例就越高。自然光的弱点是在光源的控制上不如灯光那样容易，太阳的升起与落下，都会影响直射光的投向。天气的阴晴变化，也会引起光的强弱变化。需要引起特别注意的是，太阳的直射光会造成强烈的眩光，导致辨识物体困难。要解决这些问题，需要对光的特性和环境进行分析，利用一些手段来发挥自

图 7-7 利用天窗更大范围地引进自然光

然光的长处，弥补其不足之处。例如，直射光是变化、运动的，能形成明显的阴影，而这常常可以用来作为艺术处理的手段，强调建筑的造型、表现材料的质感、渲染环境的气氛等。在设计过程中，对门窗开设的方式、大小、位置、方向，采取的辅助设施等进行全面思考，对最终实现主动控制自然光十分有益。

7.2.1 室外环境的自然光利用

建筑大师柯布西耶在《走向新建筑》一书中说道：高明的建筑师能够巧用阳光，使阳光在建筑物上产生出乎意料的光影效果，令人对建筑产生刻骨铭心的印象。设计师可以利用自然光独特的能力，让阳

光通过不同的形式照射进空间，形成不同的空间环境。但随着日出日落、阴晴变化等，自然光线的强弱、方向、直射、漫射等也会随之变化。自然光的运动和变化不受人的意志控制，但是人们却可以利用自然光的变化规律，有意识地加以合理利用，这是室外光环境设计一个重要的方面，但也是比较容易忽视的问题。

设计师应对当地的气候（如晴天与阴雨天的年平均天数、光的强度等）有比较清楚的了解。例如，昆明与成都因地理位置不同，海拔高度不同，在自然光环境上有较大区别。昆明每年的日照天数较长，

且由于海拔高，太阳光强烈，辐射光经常可以使物体表面升温；而成都则相反，春季阴天较多，即使是晴天，太阳光的强度也很弱。气候的差异对环境设计提出了不同的要求，也是环境设计的依据。例如，光照充足且紫外线强的地区，室外的休憩地点应有遮阳棚、遮阳伞等防护设施，同时，为避免眩光，应考虑设施的朝向。直射光易形成阴影，建筑物的结构和自然物、树木等形成的阴影变化，往往可以带来意想不到的艺术感。一些著名的建筑师与设计师对光影有独到的理解和诠释，创造出一些极具艺术品位的设计（图 7-8）。

图 7-8　自然光影

7.2.2　室内环境的自然光利用

建筑结构中窗户的大小和位置，会对室内环境产生一定的影响。建筑师眼中的窗户具有象征功能，同时还得具备其他三种功能：照明、通风和在玻璃制造技术限制下的取景。

窗户既可以向外瞭望，也可以向内窥视。绘画作品中的窗户是通往另一种现实的开口——但现实是固定的。与之不同的是，在早期格窗时代，透过窗户观察是一种形式的窥视。正如艾伦·麦克法兰（Alan Macfarlane）和格里·马丁（Gerry Martin）在 The Glass Bathyscaphe: How Glass Changed the World 一书中所指出的：住宅开始成为照相机的镜头或西洋景的看点，一个人坐在昏暗的灯光下，向外观察色彩的丰富。或者，如同《荷兰的房间》所述：人们透过窗户向灯火辉煌的房间内张望。荷兰画家约翰内斯·维米尔[1]（Johannes Vermeer）的作品《拿水罐的少女》成功地捕捉到了通过宽大窗格投射进来的光线（图 7-9）。对于画家，窗户起到了表现画面深度或定格被描绘对象的作用，画家在画面中捕捉到了透过富裕的荷兰人住宅中常见的宽大格窗透射进来的光线。莱昂纳多·达·芬奇（Leonardo da Vinci）向那些想完善绘画技巧的人推荐使用一小片玻璃："使用某种装置将自己的头部固定，无法活动，然后在玻璃上作记号，将透过玻璃所看到的内容临摹在纸上。"换句话说，透过玻璃窗向外看使世界带有透视感，在画家理解透视之前，这种现象就一直存在。

图 7-9　《拿水罐的少女》

1. 窗的历史

在英语中，"窗户"一词起源于古冰岛语"vindauga"，意为"风之眼"[2]。最原始的窗户形式取自稍作改变的门洞形式，窗户与门相比仅仅是另一种引导光线进入室内且在一定程度上抵挡户外恶劣天气的方法。北欧早期建筑窗户的用料十分丰富，从羊皮纸到山羊皮，牛角薄片到亚麻油纸，实际上任何

---

[1] 约翰内斯·维米尔是荷兰优秀的风俗画家，被看作"荷兰小画派"的代表画家，代表作品有《戴珍珠耳环的少女》《花边女工》《士兵与微笑的少女》。
[2] 风之眼指由一条芦苇或藤条编织的席子遮挡的墙面开口。

一种半透明的、光线可透过的材料都能用于窗户。这些廉价的材料也十分适合地中海地区的温暖气候，因此这也可以解释为何窗户在北欧得到发展的同时，希腊人为了适应当地炎热气候而发展出带有门廊和柱廊的相对复杂的建筑结构和形式，而摩尔人 [①] 和西班牙人则在建筑中央的天井庭院中建造喷泉以使环境凉爽。日本的天气潮湿而炎热，开窗并不十分必要，相比之下日本人更愿意将玻璃工艺上的技巧运用到装饰工艺品上，同时，日本地震频繁，对早期脆弱的玻璃来说是极大的危险，因此纸屏风替代了玻璃窗，它同样能够透光并能挡住潮湿的热空气。

最大规模的玻璃窗最早出现在庞贝古城（Pompeii）[②] 的公共浴室中，据说尺寸达到了 112 厘米 ×81 厘米，但是玻璃真正大规模地应用在建筑中还是经历了很长一段时间。玻璃应用的规模化不是因为加工工艺的完善和生产成本的降低，而是因为基督教堂的建造。11 世纪的教堂记录就已经频频提到彩绘玻璃，特别是圣本笃会 [③] 将大量的时间和金钱投入教堂彩绘玻璃窗的建设之中，他们希望用这种富丽堂皇的建筑装饰艺术来赞美和歌颂伟大的上帝。然而 10—11 世纪教堂建筑中的窗户几乎都没能保存至今，甚至 12 世纪教堂的窗户如今也十分罕见。当时教堂的窗户是狭小昏暗的，因此这样的窗户成为建筑室内的固有部分，它不鼓励甚至阻止人们把视线投向室外。不是所有的教堂建筑设计师都依赖玻璃，在 5 世纪的意大利拉文纳地区的高卢 [④]，拜占庭时期的建筑设计师创造了一种利用片状雪花石制作的薄形窗户，这种结构的窗户营造出的室内效果光线柔和，但昏暗低沉（图 7-10）。

图 7-10 海登大厅中的长画廊

12 世纪的教堂结构十分原始，没有很坚固的承重墙，墙体也不厚，窗户的尺寸被放大。窗户形式在哥特式建筑风格出现后发生了转折性的改变，不再像从前一样狭小昏暗。为了渲染宗教的神秘感，建筑形式被尽可能地淡化，室内空间中存在的任何一种物质都变得模糊微弱。哥特式建筑上玻璃的效果是无与伦比的，流畅紧凑的建筑结构为照明留下了大量的余地，但是如果没有玻璃的介入，则无法达到这种效果。哥特式建筑中普遍使用了彩绘玻璃窗，这种形式的窗户源于法国，放射状窗棂和较宽的彩色玻璃片可以适应比以前大得多的窗洞。其他建筑与教堂建筑在窗户运用上有较大区别。在北欧，窗户的形式还是保留原有的形式与规模，功能还是挡风遮雨以及防止盗贼入侵。诺曼底人将窗户开在高墙上，有圆形也有方形，宽度为 30～46 厘米，长度为 122 厘米，因此窗户的防御功能比透光功能更加重要，尺寸稍大的窗户必须增加护栏和护窗板。即使是教堂也必须考虑窗户的防御功能，防止非法入侵。意大利威尼斯附近小岛上的托塞罗圣玛丽亚·阿桑塔大教堂的窗户就开得很高，另外还用一块大型石板遮住窗口。玻璃窗形式演变的另一个影响因素是材料的成本，在 19 世纪薄形平板玻璃的生产工艺出现之前，玻璃的成本很高，而且因受到工艺的限制尺寸相对较小。

15 世纪和 16 世纪的格扇窗对玻璃的尺寸要求不高，能根据格扇的轮廓嵌进小块玻璃即可，这种形式一直沿用，直到玻璃规模化生产之后，才相应地出现了更加丰富的窗户造型，如英国都铎风格的窗户以及直棂风格的窗户。然而传统的玻璃镶嵌式的窗户在伊丽莎白一世时期的大型住宅建筑中仍然十分常

① 摩尔人指在中世纪时期居住在伊比利亚半岛（今西班牙和葡萄牙）、西西里岛、马耳他、马格里布和西非的穆斯林。
② 庞贝古城是亚平宁半岛西南角坎帕尼亚地区的一座古城，距罗马约 240 千米，位于意大利南部那不勒斯附近，维苏威火山东南脚下 10 千米处，西距风光绮丽的那不勒斯湾约 20 千米，是一座背山面海的避暑胜地。庞贝古城始建于公元前 4 世纪，79 年毁于维苏威火山大爆发，但由于被火山灰掩埋，街道房屋保存比较完整，从 1748 年起考古发掘持续至今，为了解古罗马社会生活和文化艺术提供了重要的资料。
③ 圣本笃会是天主教隐修院修会之一，529 年由意大利人本尼狄克创立，是在意大利中部卡西诺山（Monte Cassino）上建立的第一座隐修院，严格遵守本尼狄克所制定的会规，要求修士发"绝财、绝色、绝意"三愿，称为"发三愿"。
④ 古罗马人把居住在现今西欧的法国、比利时、意大利北部、荷兰南部、瑞士西部和德国南部莱茵河西岸一带的凯尔特人统称为高卢人。

见，如英格兰德贝郡的哈登别墅。通常只有规模宏大的建筑才会镶嵌玻璃窗，到 16 世纪后期，在规模相对较大的农庄和城市住宅中玻璃才变得常见。规模较小的住宅一直等到 17 世纪末期出现了大面积方形玻璃，才有条件安装玻璃窗。

17 世纪以前，窗户是与墙面齐平的，之后开始出现一些外凸的窗户结构形式，从飘窗、凸窗到弓形窗。这些结构形式都根植于中世纪凸窗——拉丁文的 oratoriolum，指的是一种小型的祈祷室，是在住宅的楼上为主人和客人聆听楼下举行的家庭祷告而修建的小房间。15 世纪和 16 世纪的建筑商还引进了老虎窗[①]（dormer window）。荷兰人在 17 世纪晚期发明的吊窗在短短的 30 年内就取代了传统的直棂式窗户[②]。吊窗沿着垂直方向滑动，与竖铰链窗不同，吊窗由安装在横档上两扇可以相互重叠的窗板组成，它们沿着窗框中的凹槽上下滑动，由一组滑轮装置控制。与传统的竖铰链窗相比，吊窗可以加大玻璃窗扇的面积，而不会像竖铰链窗那样遮挡视线。在英格兰，1685 年废除南特赦令[③]后，大量胡格诺教派（Huguenot）的玻璃匠人被驱逐至英国，大型彩绘玻璃窗才得以发展。几乎在同一年，伦敦宴会剧院（Banqueting House）需要重新装配玻璃——随之而来的是玻璃质量的改善和幅面的增加。

18 世纪，吊窗占统治地位，这主要是因为乔治王（1714—1830 年）风格和帕拉第奥式[④]风格崇尚的是秩序与整齐。19 世纪初，建筑师威廉·钱伯爵士[⑤]（William Chambers）对此作了总结："窗户最需要考虑的是尺寸，这要根据当地的气候和房间的面积来决定。帕拉第奥发现窗户的宽度不能超过房间宽度的 1/4，也不能小于房间宽度的 1/5；而窗户的高度应该是其宽度的 13/6 倍。"也就是说，如果要遵循大师的理论，窗户设计的灵活性将十分有限。1774 年，伦敦的建筑法规对普通住宅的形式和传统乔治风格的建筑都加以规范与标准化，其中要求窗框不得突出建筑墙面，此举将人们关注的焦点从突出的窗框转移到了玻璃窗的比例上，随着时代的进步，玻璃窗的比例也不断增加。除此之外，还有其他的元素也发生了巨变，那就是人与自然的关系。直到 18 世纪，景观房还一直为大部分人所唾弃。当时人们认为，住宅应该是避难所，它是将人类与自然环境分隔的地方，因此，窗户也应该是纯功能化的，而绝不是冥思、凝视与欣赏自然美景的位置。18 世纪中叶，飘窗再次出现在建筑形式中，这并不是简单的建筑风格的怀旧潮流，而是为了满足那些刚富裕起来的地主阶层在豪华的客厅里欣赏优美风景的需求。

18 世纪之后窗户的发展较为缓慢。尽管人们相信加速发展窗户的形式需要更先进的科学技术和全新的审美形式，但是 19 世纪的建筑师们似乎更加关注建筑的风格与形式，而对新材料、新技术没有兴趣。唯一的例外是约翰·帕科斯顿（Joseph Paxton）设计的水晶宫[⑥]，这幢预制安装玻璃和钢铁结构建筑是第一个透明的、墙上没开窗的建筑，而其中所蕴含的理念却一直到 60 年后才为人所理解，特别是当大部分工业建筑放弃了传统的窗户的时候。

位于德国阿尔弗德的法格斯鞋楦厂是由年轻的建筑师沃尔特·格罗皮乌斯（Walter Gropius）于 1911 年设计完成的，建筑没有窗户，也可以说整个建筑立面都是窗户，玻璃幕墙和玻璃转角使它成为当时风格最前卫的建筑（图7-11）。早期现代主义风格的建筑被打破，传统窗户模式的建筑逐渐被取代，

---

① 老虎窗的英文名称来源于"宿舍"（dorm）的英文，之所以这样称呼，是因为它最初出现在卧室和宿舍上，通常位于斜屋顶处，并且由一个凸出于屋顶之上的小型三角墙组成拱顶。

② 直棂式窗户为窗框内用直棂条（方形断面的木条）竖向排列像栅栏一样的窗户。

③ 南特赦令又称为南特诏令，是法国国王亨利四世大致在 1598 年 4 月 30 日签署颁布的一条敕令。这条敕令承认了法国国内胡格诺教徒的信仰自由，及其在法律上享有与公民同等的权利。这条敕令也是世界近代史上第一份有关宗教宽容的敕令。

④ 帕拉第奥（1508—1580）是意大利文艺复兴时期的建筑理论家、建筑师，生于帕多瓦，在维琴察当过泥瓦匠，曾到罗马学习和研究古代建筑。他熟悉古罗马建筑，在复兴古罗马建筑对称布局与和谐比例方面做出过贡献，建筑作品风格严谨而富有节奏感。

⑤ 威廉·钱伯是中国建筑的狂热爱好者，曾分别在 1743 年和 1748 年两次造访中国。据说当时欧洲大陆各国兴起了一阵"中国热"（皇室贵族热衷于穿中国丝绸，喝中国茶叶，用中国瓷器，甚至谈论孔子，学说中文）。

⑥ 约翰·帕科斯顿借助现代工业技术提供的经济性、精确性和快速性，第一次完全采用单元部件的连续生产方式，通过装配式结构的手法来建造大型空间，设计和建造了伦敦世界博览会会场水晶宫。只用 6 个月就建成了长 563 米、宽 124 米、最大跨度 22 米、最高顶棚高度 33 米，建筑面积 9 万平方米的水晶宫。

其中包括查尔斯·雷尼·麦金托什（Charles Rennie Mackintosh）设计的格拉斯哥艺术学院（Glasgow School of Art，1897—1909 年）（图 7-12），它融合了苏格兰民间风格、英国的复兴哥特式风格和巴洛克风格，创造了全新的建筑风格。

图 7-11　法格斯鞋楦厂

图 7-12　格拉斯哥艺术学院

　　不到 20 年，与传统模式完全不同的窗户开始备受年轻的荷兰建筑师盖里特·里特维尔德（Gerrit Rietveld）的青睐与推崇。他于 1925 年在荷兰乌特勒市设计的施罗德住宅（又名乌德勒支住宅）是现代建筑的主要里程碑，窗户被简化成平面的，它与建筑中的其他元素一样，必须满足里特维尔德试图创造抽象的设计作品的野心。该建筑的抽象风格与同时期的皮特·蒙德里安（Piet Mondrian）的一件建筑设计作品十分相似，但前者的结构更具灵活性，同时，里特维尔德在建筑设计中引进了一种新的理念，就是通过移动隔断变换室内空间，以及利用窗户合适的打开角度来消融建筑的死角、改变空间的排列。德维拉公寓是建筑师皮埃尔·查鲁耶（Pierre Chareau）和伯纳德·比沃特（Bernard Bijvoet）为一位著名的妇科专家设计的巴黎住宅。这座公寓为建筑设计开创了新的可能性，它几乎全部由玻璃材料组成，彻底摆脱了以往建筑对窗户的需求。但与随后建造的玻璃建筑相比，德维拉公寓解决了私密性的问题。由于一楼是外科诊室，两位建筑师率先在建筑中使用了玻璃砖，它能最大限度地吸收光线，同时又能阻挡向内的视线——这是该建筑设计的精华所在。虽然该建筑一直被人们描述为没有窗户的房子，但事实上，它有窗户。伦佐·皮亚诺（Renzo Piano）设计的东京赫尔墨斯百货公司大楼也采用了这种设计手法，既可以保证建筑的私密性，又可以为室内提供柔和的光线。

　　勒·柯布西耶提倡横向长窗，也反映了现代建筑技术发展为建筑结构所带来的更多可能性：他在 1924 年出版的著作《走向新建筑》中所阐述的"新建筑的五项原则"，其中一项就是钢筋混凝土结构。与 18 世纪出现的上下推拉的窗户一样，它们都避免了过重的窗框，也提供了全新的取景形式。当然这种设计影响的不仅仅是取景框：勒·柯布西耶设计的萨沃伊住宅（Villa Savoie，1925—1930 年），位于伯希（Poissy），模糊了建筑内部和外部的视觉、功能的区别。建筑设计的出发点就是打破这种界限，各种形式的窗户（包括没有镶嵌玻璃的窗洞）、贯穿整个建筑高度的大型落地窗以及狭小的观景窗，都充满了对新生活的憧憬。对建筑设计师来说，这座建筑既意味着与传统风格的决裂，也标志着一种精确的、逻辑性强的、理性化的建筑风格的诞生。勒·柯布西耶认为窗户的发展史与建筑是重合的，建筑立面上有规律的孔洞是结构体系的反映。当结构体系改变时，如钢筋混凝土出现的时候，建筑的立面形式必然随之发生变化。当然，勒·柯布西耶的观点不可避免地会遭到某些人的反对。有资料记载，他曾与同事奥古斯特·佩罗特（Auguste Perret）对窗户形式产生分歧：佩罗特推崇垂直窗（法式落地长窗），而柯布西耶则比较提倡"横向长窗"。然而他们争论的深层含义并不是简单地判断两种窗户孰好孰坏，因为佩罗特认为柯布西耶所要消灭的不是法式长窗的形式，而是一种深深植根于法兰西文化的传统。

1965 年柯布西耶去世时，很多建筑以整面的玻璃幕墙来替代窗户，使柯布西耶渴望拥有"如此亲密的风景，以至于产生置身于花园之中的错觉"的愿望得以实现。菲利普·约翰逊（Philip Johnson）为他自己在康涅狄格州新迦南（New Canaan）设计建造的住宅被认为是大型平板玻璃在现代住宅中完美应用的典范（图 7-13）。甚至连弗兰克·劳埃德·赖特都对此感到迷惑："我是应该脱帽致敬呢？还是不屑一顾呢？"这位建筑大师说道，"我都分不清是在室内还是室外。"

钢结构使建筑能够迅速提升高度，也更经济。钢结构建筑的外观明显不同，随着自重不断变轻，建筑的造型更加自由，窗户也已不再是墙面开洞。如果说密斯·凡德罗设计的完全是玻璃和钢结构的法恩斯沃斯住宅（图 7-14）是绝无仅有的个性化建筑作品，那么他的另一个作品——芝加哥的湖滨大道公寓楼（1948—1951 年）（图 7-15）则是国际上争相仿效的建筑作品。这些建筑是最早的钢结构玻璃幕墙建筑，其窗户清楚地显示了耐火混凝土下隐藏的建筑钢结构。

图 7-13　菲利普·约翰逊设计的玻璃住宅

图 7-14　法恩斯沃斯住宅

作为一种结构，玻璃幕墙有效地满足了现代商业办公建筑的需求，建筑成本大大下降，而建筑高度不断提升。同时空调的出现，彻底改变了窗户在建筑中扮演的角色。20 世纪 80 年代办公建筑大量兴起，又对窗户产生了新的影响。一是为了改进窗户的隔热能力，设计产生了双层玻璃窗框结构；二是为降低建筑成本，而对窗户采取标准化设计。许多建筑由标准化建筑预制件拼装而成，其中也包括玻璃窗，这也就限制了窗户造型的个性化设计。

在这些限制条件下，窗户不断地变化发展。对于让·努维尔（Jean Nouvel）和伊东丰雄这些建筑师来说，窗户和建筑立面一样都要被推倒和打破，这样才能消除建筑的实体感和静态感。而美国设计师里克·乔伊（Rick Joy）和温德尔·伯涅特（Wendell Burnette）设计的建筑作品都处于风景优美的场景中，窗户仍然是柯布西耶风格中调节室内与室外关系的媒介。伦敦、柏林和维也纳这样的历史名城，窗户设计所面临的挑战有所不同，保护历史遗迹的强烈要求为建筑师带来了一定的困

图 7-15　湖滨大道公寓楼

难，他们只能遵循既定的规划，然而，这并没有扼杀设计创新，甚至还起到了催化作用。人们不通过打开窗户来调节空气——不可否认这曾经是窗户最重要的功能——窗户并没有像一些评论家所担心的那样消失，被单调的玻璃幕墙吞噬。这些原本简单的开洞成为了强有力的建筑内涵的表现方式，以及现代建

筑设计师交流如何运用光线的最纯粹的形式。

2. 窗的大小和位置

窗的开设取决于室内空间的属性（开放还是封闭），如住宅空间要求窗的尺寸小一些，可以保证一定的私密性，而商业空间则要求窗的尺寸大一点，保证室内开敞、明亮。一般的窗开设在侧面，但有些空间，在条件允许的情况下，可以设在顶上，如酒店的某些休息区、中庭等，可以充分利用顶上的自然光，扩大空间的范围。

（1）侧窗。

侧窗是一种构造简单且不受建筑层数限制的采光装置。当窗间墙比较大时，窗间墙附近的照度会比较低，提高侧窗的位置可以提高远处的照度。侧窗的采光有较强的方向性，易使物体产生阴影，空间中物体的布置要考虑这一因素。侧面光可以很好地表现物体的体积、质感，如果整个场景比较杂乱，那么侧光产生的影子只会让画面乱上添乱，因为侧面光往往明暗反差过大，缺少光线的过渡，人无法分清画面中具体的组成元素。而对于较简单的单个物体，侧光往往会让画面非常富于表现力，为画面增加强烈的艺术感。如在头像绘画中，往往 3/4 侧面头像最能体现结构素描的特点，这个角度是能够较强体现头像体积感和空间感的角度，体面关系非常明确，结构也比较直观。如果要提高空间的整体照度，除了将窗子开大外（窗子的大小往往受建筑外观整体设计的限制）（图 7-16），还可以分析和观察太阳光的变化情况，用反射光的方式提高空间的照度。在光线进入的部位用反射能力较强的材料或色彩，例如，墙的顶面或侧面用白色或浅色，这样可以使空间有较多的反射光，尽量消除光线死角（图 7-17）。

（2）天窗。

如果空间进深大，单靠侧窗难以满足光的照度，同时又具备开设天窗的条件，可以采用天窗采光，即在屋顶开设采光口（图 7-18）。工业建筑的车间和一些大型的民用建筑空间都采用天窗采光的方式。开设天窗的方式较多，且各具特点，可以根据空间的功能要求和环境的具体情况来选择采用何种方式。常用的天窗有矩形、M 形、锯齿形、横向下沉式、横向非下沉式、天井式、平天窗以及日光斗等。

图 7-16　开大窗，提升空间亮度　　　　　　　图 7-17　墙侧面用白色或浅色，提升空间亮度

（3）采用辅助设施。

采用辅助设施可以解决两个问题：一是提高室内的照度；二是防止眩光。眩光是由光的直射造成的，阻挡光的直接进入就可以改变光的性质，使直射光变为散射光，因此，我们可以在窗外装置遮阳隔片（类似百叶窗）（图7-19）；还可以在窗外设置雨棚，或者在合适的位置设置反射板，都能起到调整光源的作用。另外，也可以安装棱镜玻璃或磨砂玻璃等来使直射光变成散射光。

图 7-18　天窗　　　　　　　　　　　　　图 7-19　百叶窗

7.3　照　　明

7.3.1　照明的基本知识

7.3.1.1　照明的作用

照明是用灯具来给空间提供光源，除了这个基本功能外，它还在空间中起着其他作用。

1. 调节作用

室内空间是由界面围合而成的，而且又受各界面的形状、色彩、比例、质感等的影响，因而空间感与空间有一定的区别。照明在空间中有着重要的作用，它可以调节空间感，也可以调整灯光，以弥补各个界面的缺陷。如住宅空间层高较低时采用吸顶灯，层高较高时采用吊灯进行调整。我们可以通过合理安排灯具来丰富层次，通过调整灯具来柔和顶棚与墙面的交界线，通过灯光的分散、组合、强调、减弱等手法来改变视觉印象。灯光还可以用来突出或者削弱某个地方。在展厅中，人们常用聚光灯来突出物品，起到强调的作用。灯光的调节并不限于对界面的作用，对整个空间同样有调节作用。因此，灯光的布置并不仅仅是提供照明，照明方式、灯具种类、光的颜色都会影响空间感。直接照明，光线较强，可以给人明亮、紧凑的感觉；间接照明，光线柔和，容易使空间开阔。暗设的反光灯槽和反光墙面可造成漫射性质的光线，使空间更具有统一感。如室内空间的下照灯，下照灯瓦数较小，其光源被合拢在灯罩内，仅为照亮而已，但对于营造柔和的光环境，增加室内温馨气氛有很大的作用，故其多用于门廊、客厅、卧室、餐厅等场所（图7-20）。

2. 揭示作用

（1）对材料质感的揭示。

对材料表面采用不同方向的灯光投射，可以不同程度地强调或削弱材料的质感。如大理石饰面光滑，采用射灯可以更好地表现其表面的光泽。

（2）对展品体积感的揭示。

调整灯光投射的方向，造成正面光或侧面光，有阴影或无阴影，对于表现一个物体的体积也是至关重要的。在展厅的设计中，设计师常用这一手段来表现展品的体积感。

（3）对色彩的揭示。

灯光可以忠实地反映材料色彩，也可以强调、夸张、削弱甚至改变色彩的本来面目（图 7-21）。如翡翠行业常说"灯下不看翠"，"色差一分，价差十倍"，可想而知灯光对于物体颜色的影响。舞台灯光也同样如此，如果舞台上人物和环境需要一定的色彩变化，往往不是去更换衣装或景物的色彩，而是用各种不同色彩的灯光进行照射，以变换色彩，适应气氛的需要。

图 7-20　下照灯

图 7-21　原本水泥质感的墙面，经过暖光的照射，削弱了其原本的样貌

3. 空间的再创造

灯光环境的布置可以直接或间接地作用于空间，用联系、围合、分隔等手段，以形成空间的层次感。两个空间的连接、过渡可以通过灯光完成，一个系列空间也可以通过灯光的合理安排串联在一起。用灯光照明的手段来围合或分隔空间，不像用隔墙、家具那样形成比较实的界限。

4. 强化空间的气氛和特点

灯光有色也有形，它可以渲染气氛。如安藤忠雄著名的光之教堂，在教堂一面墙上开了一个十字形的洞而营造了特殊的光影效果，令信徒们产生接近天主的错觉，同时也渲染了一种肃穆感（图7-22）。酒吧微暗、略带暖色的光线，会给人一种亲切温馨的情调。而办公室属于公共场所，其主要功能是为人们提供交流、工作的空间，因此，在照明设计时需要选择有足够亮度的灯具。另外，灯具本身的造型具有很强的装饰性，它配合室内的其他装修元素以及陈设品、艺术品等，一起构成强烈的气氛、特色和风格，而这些正是室内设计中体现风格特点不可缺少的要素。

5. 指示作用

在空间设计中，除了提供光照、改善空间等需要照明外，还有一些特殊的地方需要照明。例如，紧急通道指示、安全指示、出入口指示等，这些也是设计中必须注意的方面。

图 7-22　安藤忠雄光之教堂

7.3.1.2　光照的种类

灯具的造型和品种不同，光照产生的效果也会不同。灯源所产生的光线大致可以分为三种：直射光、反射光和漫射光。

（1）直射光。

直射光是指光源直接照射到工作面上的光，它的特点是照度大、电量消耗小。但直射光往往光线比较集中，容易引起眩光，干扰视线。为了防止光线直射眼睛产生眩光，可以将灯源调整到某个角度，使眼睛避开直射光；或者使用灯罩；也可以使光集中到工作面上。在空间中经常用直射光来强调物体的体积，表现质感，或加强某一部分的亮度等。选用灯罩时可以根据不同的要求决定灯罩的投射面积。灯罩有广照型和深照型，广照型的照射范围较大；深照型的光线相对比较集中。

（2）反射光。

反射光是利用光亮的镀银反射罩的定向照明，是光线下部受到不透明或半透明的灯罩的阻挡，同时光线的一部分或全部照到墙面或顶面上，然后再反射回来。这样的光线比较柔和，没有眩光，眼睛不易疲劳。反射光的光线均匀，因为没有明显的强弱差，所以空间会比较统一，感觉比较宽敞。但是，反射光不适合表现物体的体积感和强调重点物体。在空间中，反射光常常与直射光配合使用。

（3）漫射光。

漫射光是指利用磨砂玻璃灯罩或者乳白灯罩以及其他材料的灯罩、格栅等，使光线形成各种方向的漫射，或者是直射光、反射光混合的光线。漫射光比较柔和，且艺术效果好，但是漫射光比较平，多用于整体照明，如使用不当，往往会使空间平淡、缺少立体感。

在实际设计中，设计师可以结合三种光线的特点及性质，有效地配合使用。根据空间的需要分配不同的光线，可以产生多种照明方式。

7.3.1.3　光源的照射方式

空间中光源的照射方式千变万化，主要可分为直接照明与间接照明，又可以根据不同的投射角度与方式，产生不同的功能与效果，建构出在天花板、墙面至整体空间的光影面貌，打造个人喜欢的照明环境（表7-1）。

表7-1　光源的照射方式

照明分类	直接照明	间接照明	漫射照明	半直接照明	半间接照明	一半直接一半间接照明
光线方向	发光体的光线未透过其他介质，直接照射于需要光源的平面	发光体须经过其他介质，让光反射于需要光源的平面	发光体的光线向四周呈360°扩散漫射至需要光源的平面	发光体未经过其他介质，让大多数光线直接照射于需要光源的平面	发光体须经过其他介质，让大多数光线反射于需要光源的平面	发光体的光线一半向上、一半向下平均分布照射
上照光线	0～10%	90%以上	40%～60%	10%～40%	60%～90%	50%
下照光线	90%以上	0～10%	40%～60%	60%～90%	10%～40%	50%

（1）直接照明。

直接照明就是全部灯光或90%以上的灯光直接投射到工作面上。直接照明的优点是亮度大、光线集中，暴露的日光灯和白炽灯就属于这一类照明。直接照明又可以根据灯的种类和灯罩的不同大致分为三种：广照型照明、深照型照明和格栅照明。广照型照明光线分布较广，适用于教室、会议室等环境。深照型照明光线比较集中，相对照度高，一般用作台灯、工作灯，供书写、阅读使用。格栅照明光线中含有部分反射光和折射光，光线比较柔和，比广照型照明更适合用于整体照明。

（2）间接照明。

间接照明是90%以上的光线先照射到顶面或墙面上，然后再反射到工作面上。间接照明以反射光为主，特点是光线柔和，没有明显的阴影，可营造出比较放松的氛围。实现间接照明通常有两种方法：一是将不透明的灯罩装在灯的下方，光线射向顶面或其他物体后再反射回来；另一种是把灯泡设在灯槽内，光线从平顶反射到室内形成间接光线（图 7-23）。

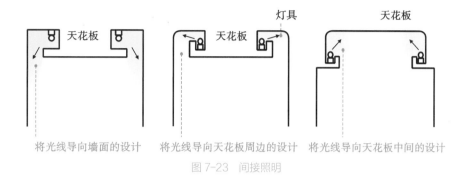

将光线导向墙面的设计　　将光线导向天花板周边的设计　　将光线导向天花板中间的设计

图 7-23　间接照明

（3）漫射照明。

漫射照明灯光射到上下左右的光线大致相同，有两种处理方法：一种是光线从灯罩上部射出经平顶反射，两侧从半透明的灯罩扩散，下部从格栅扩散；另一种是用半透明的灯罩把光线全部封闭产生漫射。这类光线柔和，视感舒适。

（4）半直接照明。

半直接照明是 60% ～ 90% 的光线直接照射到被照物体上，其余的光通过漫射或扩散的方式完成。在灯具外面加设羽板或由半透明的玻璃、塑料、纸等制作而成的伞形灯罩都可以达到半直接照明的效果。半直接照明的特点是光线不刺眼，常用于商场、办公室的顶部，也可用于客房和卧室。

（5）半间接照明。

半间接照明是 60% ～ 90% 的光线先照到墙面和顶面，只有少量的光线直接照射到被照物体上。半间接照明的特点和方式与半直接照明有类似之处，只是在直接与间接光的量上有所不同。

（6）一半直接照明一半间接照明。

该照明方式发光体的光线一半向上投射、一半向下投射，平均分布照射。

7.3.1.4　照明的布局方式

照明的布局方式有三种，即基础照明、重点照明、装饰照明。

（1）基础照明。

基础照明，又称整体照明，是指大空间内全面的、基本的照明，特点是光线比较均匀（图 7-24）。这种布局比较适合学校、工厂、观众厅、会议厅、候机厅等。但是基础照明光源并不是绝对平均分配，在大多数情况下，基础照明作为整体处理，然后在一些需要强调突出的地方加以局部照明。

图 7-24　香港学校室内空间基础照明

（2）重点照明。

重点照明，又称局部照明，主要是指对某些需要突出的区域和对象进行重点照射，使这些区域的光照度大于其他区域，起到醒目的作用。如超市的货架、服装店的橱窗等，配以重点照明，以强调物品、服装等（图7-25）。商业空间的重点照明是在基础照明的基础上，为了加强商品的视觉吸引力，或突出某些部位（如门头、橱窗、形象墙等），在需要增加局部照度的位置采用。除此之外，室内的某些重要区域或物体也需要做重点照明处理，如雕塑、装饰画等。重点照明在多数情况下与基础照明结合运用。

（3）装饰照明。

为了对室内进行装饰处理，增强空间的变化和层次感，制造某种环境气氛，常使用装饰照明。设计师可以使用装饰吊灯、壁灯、挂灯等装饰性和图案性都比较强的灯具，来渲染空间气氛，以更好地表现具有强烈个性的空间（图7-26）。装饰照明是以装饰为主要目的的独立照明，一般不承担基础照明和重点照明的任务。

图7-25　服装店橱窗的重点照明

图7-26　壁灯

7.3.2　照明设计的原则和内容

7.3.2.1　照明设计的基本原则

照明设计主要遵循以下基本原则。

（1）安全性。

安全性在任何时候都必须放在首要考虑的位置。电源、线路、开关、灯具的设置都要采取可靠的安全措施，在危险的地方要设置明显的警示标志，并且还要考虑设施的安装、维修和检修是否方便，以及安全和运行的可靠，防止火灾和电气事故的发生。

（2）适用性。

照明设计应该有利于人们在室内进行生产、工作、学习、休息等活动。灯具的类型、照明的方式、照度的高低、光色的变化等都应与使用要求一致。照度过高不但浪费能源，还会影响视力；照度过低眼睛可能会无法看清物体，影响正常的工作和学习。闪烁不定的灯光可以增加欢快、活泼的气氛，但容易使眼睛疲劳，可以用在舞厅等环境，但不适用于一般的工作和生活环境。

（3）经济性。

照明设计应符合我国当前电力、设备和材料等方面的生产水平，尽量采用先进技术，发挥照明设施的实际效益，降低造价，获得较大的照明效果。

（4）艺术性。

合理的照明设计可以帮助体现室内的气氛、风格，可以强调室内装修及陈设物的材料质感和纹理，恰当的投射角度有助于表现物体的体积感和立体感，因此，照明设计同样需要艺术化的处理和艺术想象力。

（5）统一性。

统一性就是强调整体性。照明设计必须与室内空间的大小、形状、用途和性质相协调，符合空间的整体要求，而不能孤立地考虑照明问题。

7.3.2.2　照明设计的主要内容

照明设计的主要内容包括照度的标准、灯具的位置、照明的范围、色温的选择与确定、灯具的类型与选择、开灯的时长。

1. 照度的标准

照度是指被照面单位面积上的光通量[①]。人们常说的工作面不够亮，通常就是指照度不够。同样面积的情况下，光源的光通量越大，照度就会越高。一般而言，若要求作业环境明亮，照度的要求也会更高。例如：书房整体空间的一般照度约为 100 勒克斯，但阅读时的局部重点照明则至少需要 600 勒克斯，因此可选用台灯作为局部照明工具。

合适的照度是保证人们正常工作和生活的前提。不同建筑物、空间、场所，要求的照度不同。即使是同一场所，功能不同的部分，照度的要求也不相同，因此，确定照度的标准是照明设计的基础，如何选择可以参考我国民用建筑和工业企业建筑标准。

2. 灯具的位置

灯具的位置要根据人们的活动范围和家具的位置等来确定。如读书、写字的灯光要与人保持一定的距离，有合适的角度，不要有眩光等；而需要突出物体体积感、层次感以及质感时，一定要选择有利的角度。通常情况下要避免形成阴影，但是某些场合需要加强物体的体积或者进行一些艺术性的处理时，则可以利用阴影以达到效果。

3. 照明的范围

室内空间的光线分布不是平均的，某些部分亮，某些部分暗，亮和暗的面积大小、比例、强度等，是根据人活动的内容、范围、性质等来确定的。如舞台是剧场的重要活动区域，为突出其表演功能，灯光必须要强于其他区域。某些咖啡厅，需要安静和较小的私密性空间，照明的范围就不宜太大，灯光要紧凑；而机场的候机厅或车站的候车厅则需要灯光明亮，光线布置均匀，视线开阔。确定照明的范围时要注意以下几个问题。

①工作面上的照度分布要均匀：特别是一些光线要求比较高（如精细物件的加工车间、图书阅览室、教室等）的工作面，光线分布要柔和、均匀，不要有过大的强度差异。

②室内空间的各部分照度分配要适当：一个良好的空间光环境的照度分配必须合理，光反射比例必须适当。因为人的眼睛是运动的，光强度对比过大，会使眼睛感到疲劳。在一般场合中，各部分的照度差异不要太大，以保证眼睛的适应能力。但是，光的照度差异又可以引起人的注意，形成空间的某种氛围，是舞厅、酒吧、展厅等空间内普遍使用的手段。所以，不同的空间要根据功能等确定照度分配。

③发光面的亮度要合理：亮度高的发光面容易引起眩光，造成人们的不舒适感，眼睛疲劳，可见度降低。但是，高亮度的光源也可以给人刺激，营造气氛。例如，天棚上的点状灯，有种满天繁星的感觉，营造一种浪漫、美好的气氛（图7-27）。原则上讲，在教室、办公室、医院等场合要避免眩光的产生，而酒吧、舞厅、客厅等空间里可以适当地用高亮度

图 7-27　点状灯

---

① 光通量是指单位时间内，由光源发射并被人眼感知的所有辐射能量的总和，单位为流明。

的光源来营造气氛。

4. 色温的选择与确定

色温是指光波在不同能量下，人眼所能感受的颜色变化，单位是开。一般色温低的光线，会带点橘色，给人以温暖的感觉；色温高的光线会带点白色或蓝色，给人以清爽、明亮的感觉。空间中不同色温的光线，会直接决定照明给人的感受（图 7-28）。

自然光　　　　　　人造光

高海拔蓝天无云9000～11000开　9000
阴天8000～9000开　8000
　7000
晴天6000～7000开　6000　昼光色灯泡5700开～7100开
正午阳光5400开　5000　昼白色灯泡4600～5400开
一般白天5000～6000开
早晨与午后阳光4300开　4000
月光4100开　3000　黄光灯泡3000开
日出与日落2500～3500开　2000　烛光1900开

图 7-28　色温

冷暖、热烈、宁静、欢快等不同的感觉氛围需要用不同的色温来营造。另外，根据天气的冷暖变化，用适当的色温来满足人的心理需要，也是要考虑的问题之一。如在冬天的夜晚，看到某个餐厅黄色的灯光，瞬间会让人产生温暖的感觉。

5. 灯具的类型与选择

每个空间的功能和性质不同，灯具的作用和功效也不同。因此，要根据室内空间的性质和用途来选择合适的灯具类型。除此之外，设计师们还必须注重灯具的装饰作用。仅达到光的使用要求是比较容易的事，只要经过严格的科学测试、分析，然后合理分配，就基本可以做到。但是，如何充分发挥灯具的装饰功能，配合其他设计手段来准确、完整地体现设计意图，则是一件艰难的工作。现代灯具的设计除了要考虑发光要求和效率等，还要特别注重造型。因此，各种各样的形状、色彩、材质，无疑丰富了装饰所需要的基本元素。当然，灯具的造型只能部分反映装饰性，其装饰作用只有在整个室内装修完成后才能实现。灯具作为整体装饰设计的一部分，必须符合整体的构思、布置，而决不能过于强调灯具自身的装饰性。例如，会议室或教室的照明布置，整个天棚用横条灯槽有序排列，整体组成很规则的图案，给人一种宁静的秩序感。虽然这种图案式的布置有很强的装饰性，但会受到空间属性、特点、风格等因素的局限，例如高级、豪华的水晶吊灯，在此便不能起到很好的装饰作用，而装在一个宽大的欧式古典风格的大厅里，就会使大厅富丽堂皇（图 7-29）。灯具是装饰材料的基本单元，犹如画家手中的一种颜色，如何表现则需要设计师的灵感、智慧。

图 7-29　豪华吊灯

灯具与空间之间应注意造型和材质的搭配。一般来说，可以从造型本身、环境性质以及线、面、体和总体感觉等方面去比较，分析灯具与空间是否具有共性。同时，材质上的共性与差异也是分析灯具与空间是否搭配的主要因素。通常有一定差异是合适的，但差异过大，会难以协调。例如，一个以软性材料为主的卧室装修，有布、织锦、木等材料，给人比较温暖、亲切的感觉，如果搭配不锈钢材质的、线条硬朗的灯具，效果就不会太好。实现灯具的装饰功能，除了选用有装饰效果的合适灯具外，也可以用一组或多个灯具组合成趣味性的图案，使它具有装饰性。另外，利用灯的光影作用形成许多有意味的阴影也是一种有效的手法。

1）灯具的种类

照明灯具种类繁多，它可以装设于空间中的不同平面（天花板、墙面或者地板等），并用不同的方式照亮空间。了解照明灯具的特征与功能，并搭配空间的使用功能，选择主要照明设备并搭配辅助照明设备，就能配置出实用的照明环境。

（1）按固定方法分类。

①天棚灯具。天棚灯具是位于天棚部位灯具的总称，又可以分为吊灯和吸顶灯。

a. 吊灯。吊灯根据吊杆固定方式的不同，又可以分为杆式吊灯、链式吊灯和伸缩式吊灯三种。

杆式吊灯（图7-30）从形式上可以看作一种点、线组合灯具，吊杆有长短之分。长吊杆突出了杆和灯的点线对比，给人一种挺拔之感。链式吊灯是用链条代替直杆作吊具（图7-31）。伸缩式吊灯是采用可收缩的蛇皮管与伸缩链作吊具，可在一定的范围内调节灯具的高低。灯大多有灯罩，灯罩的常用材料有金属、塑料、玻璃、木材、竹、纸等。吊灯大多用于整体照明或装饰照明，很少用于局部照明。吊灯使用范围较广，无论是富丽堂皇的大厅，还是家居空间的餐厅都可见到它的身影（图7-32）。

图 7-30　杆式吊灯

图 7-31　链式吊灯

图 7-32　伸缩式吊灯

照明设计时应注意吊灯的大小，结合空间的大小选用合适的吊灯，否则会给人尺度上的错觉。由于吊灯处于比较醒目的位置，因此，其形式、大小、色彩、质地都与环境营造有密切关联，如何选择吊灯是一个需要仔细考虑的问题。

b. 吸顶灯。吸顶灯是以固定的方式安装于天花板的灯具，可分为以下几种（表7-2）。

表7-2　吸顶灯的类型

吸顶灯类型	特　　点
凸出型	灯具的座板直接安装在天棚上，灯具凸出在天棚下面。在高大的室内空间中，为达到一定的装饰效果，常用这类大型灯具
嵌入型	灯具嵌入顶棚内，这种灯具的特点是简洁，顶棚表面平整，可以避免因灯具安装在顶棚外形成的压抑感。这种类型的灯具有聚光和散光等多种形式。嵌入型灯具可以形成一种星光繁照的感觉
投射型	也是凸出形式，但不同于凸出型的是投射型强调的是光源的方向性
隐藏型	看得见灯光但看不见灯具的吸顶灯，一般做成灯槽，灯具放置在灯槽内
移动型	将若干投射型灯具与可滑动的轨道连成整体，安装在顶棚上，是一种可满足特殊需要的方向性射灯。此类灯具比较适合用于美术馆、博物馆、商店、展示厅等空间

②墙壁灯具。墙壁灯具，即壁灯，大致有两种：贴壁壁灯和悬壁壁灯（图7-33、图7-34）。大多数壁灯具有较强的装饰性，但壁灯一般不能作为主要光源，通常是与其他灯具配合组成室内照明系统。

图7-33　贴壁壁灯　　　　　　　　　图7-34　悬壁壁灯

③落地灯。落地灯为桌灯、台灯的延伸，高度比桌灯和台灯高，底部有底座或脚架可支撑立于地面上。装饰性强的落地灯，可为空间带来不同的层次感，除了能移动外，亦能作为指定方向的照明。落地灯与台灯的差别在于不会占用工作台面空间（图7-35）。

图7-35　落地灯

④足下灯。将灯具嵌在楼梯或沿着走廊的低地板区域，可以在夜间起到安全导引的作用，特殊感应式的设计更为节能、方便（图7-36）。

⑤感应灯。市面上常见的感应灯包括光感应灯、红外线感应灯、磁簧或弹簧式拍手感应灯、声控感

应灯。最常安装于室外的属于红外线感应灯，兼具照明与防盗双重功能（图7-37）。

图 7-36 足下灯

图 7-37 声控感应灯

⑥结构性照明灯。结构性照明是将光源或灯具与空间中的天花板、墙面或地板结合等，或是嵌入并固定于家具之中，通过间接照明的手法，均匀地照亮空间（图7-38）。

⑦台灯。台灯主要用于局部照明或装饰照明。书桌、床头柜、茶几等台面上都可以使用台灯（图7-39）。它不仅是照明工具，也是一个装饰品。台灯的变化形式很多，由各种不同的材料制成。台灯的选择同样也应以室内的环境、气氛、风格等为依据，常用钨丝灯、卤素灯、日光灯、节能灯。

图 7-38 结构性照明灯

图 7-39 台灯

⑧聚光灯。聚光灯内有聚光装置，将光线投射在一定的区域内，让被照射物体获得足够的照度与光亮，常用来凸显空间中的重点（如墙面上的画作、展示柜内的收藏品等），还可搭配天花板轨道做更有弹性的灯光配置（图7-40）。

⑨洗墙灯。洗墙灯泛指用于投射在墙面上的光源，墙面上会形成光晕渐层的效果，除了用在建筑外观打灯或招牌照明上，现在很多室内设计师也将洗墙灯用于室内营造不同的照明情境（图7-41）。

图 7-40 聚光灯

图 7-41 洗墙灯

⑩嵌灯。嵌灯是指灯具全部或局部安装进某一平面的灯具，又依据安装的方向可分为直插式嵌灯和横插式嵌灯。投光角度可以改变的称为可调整式嵌灯。除此之外，安装部位应预留一定的空间安装，并应留意散热问题（图7-42）。

（2）按光源种类分类。

光源是影响室内照明设计的重要因素。光线设计得宜，可以让空间更舒适。灯具按光源种类可以分为白炽灯、卤素灯、荧光灯、LED灯等。

①白炽灯：白炽灯由灯丝、玻璃外壳、防止灯丝氧化的惰性气体、保险丝和灯头组成。由于灯是因其中的钨丝温度升高而发光的，随着温度的升高，灯光由橙变黄，再由黄变白。白炽灯的色温为2300开，光色偏红黄，属暖色，容易被人们接受。白炽灯的缺点是发光效率低，寿命短，产生的热量较多，现在有些时尚的空间也会使用白炽灯组成灯群，造型美观（图7-43）。

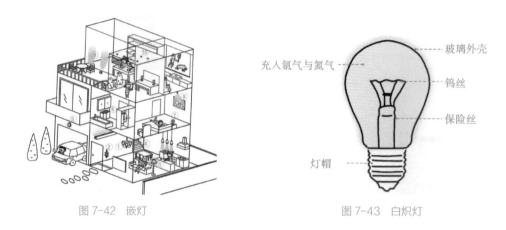

图7-42 嵌灯　　　　　　　　　　　　图7-43 白炽灯

②卤素灯：卤素灯也属于白炽灯的一种，是白炽灯的改良产品，发光效率与寿命都比较高，内有微量的卤素气体，透过气体的循环作用，可减轻白炽灯光束衰减和末期玻璃内部的黑化现象。卤素杯灯将光源与杯灯相结合，杯灯内镀上反射膜，将卤素灯的可见光线从前方送出，产生聚光灯的效果。同时，易产生高温的红外线则穿过反射膜发散于外，减少热辐射，直接照射于人体或物体上（图7-44、图7-45）。

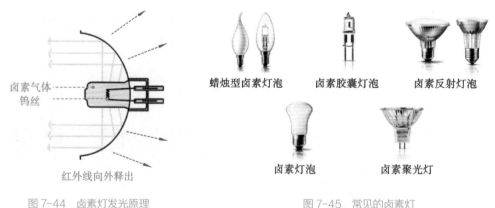

图7-44 卤素灯发光原理　　　　　　　　图7-45 常见的卤素灯

③荧光灯：荧光灯也称日光灯，属于放电灯的一种，通常在玻璃管中充满有利放电的氩气和极少量的水银，并在玻璃管内壁涂上荧光物质作为发光材料（同时也决定了光色），在管的两端有用钨丝制作的二螺旋或三螺旋钨丝圈电极，在电极上涂上能发射电子的物质。

荧光粉决定了所发出的光线的色温，不同比例的荧光粉可制成不同光色，一般而言白光的发光率会大于黄光。荧光灯不是点光源，其聚焦效果低于卤素灯和LED灯，但它适合用来表现柔和的重点照明，也适合用作一般的环境照明。

　　荧光灯的优点是耗电量小，寿命长，发光效率高，不易产生很强的眩光，因此，常被用于工作、学习场所。荧光灯的缺点是光源较大，容易使景物显得呆板、单调，缺少层次和立体感。通常为了合理地使用灯光，可以将白炽灯与荧光灯配合起来使用。

　　与钨丝灯不同，荧光灯必须设有安定器[①]，与启动器配合产生让气体发生电离的瞬间高压。荧光灯启动的方式可以分为以下三种。

　　a. 预热型：当启动器加热大于电极时，大概需要等待 2 ～ 3 秒的时间才会点亮灯管，启动过程灯管会有闪烁现象。

　　b. 快速启动型：通过电容器的连续使两极立即放电，可在 1 秒以内迅速点灯，通常可以通过调整两极间的电压来调整灯光大小。

　　c. 瞬时启动型：相比于预热型，它使用更高的电压来启动，可在 1 秒以内启动，但寿命比预热型和快速启动型的短，因此不适用于频繁开关的场所。

　　荧光灯发光原理：灯管电源开启时，电流流过电极并加热，从发射体向内释放出电子，放电产生的流动电子跟管内的水银原子碰撞，产生紫外线，当紫外线照射荧光物质后即转变成可见光（图7-46）。荧光物质的种类不同，发出灯光的颜色也不同。

　　节能灯属于荧光灯的一种，近年来发展出将灯管、安定器、启动器结合在一起，配合使用白炽灯灯座的改良型荧光灯泡，称为节能灯（图 7-47）。节能灯与传统的白炽灯相比，拥有较高的发光效率，也更为省电。节能灯形式很多，常见的有螺旋形、U 形、球形与长形，其中前三者因造型需求而将灯管挤压缩短，发光效率比日光灯管低很多，尤其是球形灯具外覆玻璃罩，导致发光效率更差、更耗电。如果以相同光亮度来比较，U 形节能灯因转折较螺旋形少，发光效率相对高些，而球形节能灯因玻璃外罩则较螺旋形节能灯效率又更差。

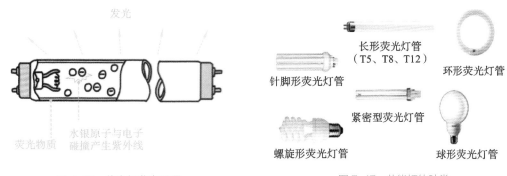

图 7-46　荧光灯发光原理　　　　　　　　图 7-47　节能灯的种类

　　④ LED 灯。

　　LED（light-emitting diode，发光二极管）灯是一种半导体元件，它利用高科技将电能转化为光能，光源本身发热少，属于冷光源，其中80% 的电能可转化为可见光（图 7-48）。LED 灯为固态发光光源，不含水银与其他有毒物质，不怕震动，不易碎，且非常环保。

　　LED 灯因二级晶圆制造过程中所添加的金属元素不同、成分比例不同，而发出不同颜色的光，也因其体积小、辉度高，早期常用作指示照明。目前，LED 灯因发光效率和亮度不断提高，加之本身所具有的寿命长、安全性高、发光效率高（功率低）、色彩丰富、调控弹性高、体积小、环保等特点，在照明市场逐渐普及（图 7-49）。

---

① 安定器：气体放电型电光源包括荧光灯、高压钠灯及高压水银灯等。它们都是通过高压或低压气体放电来发光的，是安定器为了使电流维持稳定性的一个设备。现在最广泛使用的是电子安定器，采用电子技术驱动电光源，甚至可以将电子安定器与灯管集成在一起，电子安定器通常还兼具了启动器的功能。

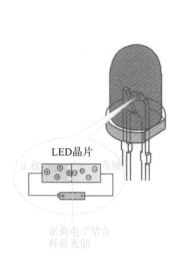

图 7-48　LED 灯

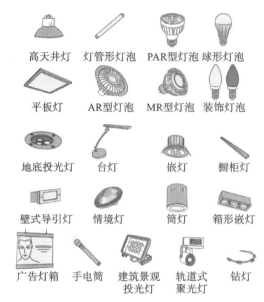

高天井灯　　灯管形灯泡　PAR型灯泡　球形灯泡

平板灯　　　AR型灯泡　　MR型灯泡　装饰灯泡

地底投光灯　　台灯　　　　嵌灯　　　橱柜灯

壁式导引灯　情境灯　　　筒灯　　　箱形嵌灯

广告灯箱　　手电筒　建筑景观　轨道式　钻灯
　　　　　　　　　　投光灯　聚光灯

图 7-49　常见的 LED 灯具应用

LED 照明节能产品在生活中的应用如表 7-3 所示。

表 7-3　LED 照明节能产品在生活中的应用

户外照明	隧道、路灯、街灯
消防照明	紧急照明及出口指示灯
娱乐照明	聚焦灯、舞台的天幕灯或 LED 光条
机械影像	手术灯及医疗检查用灯
家用照明	阅读台灯、神明灯及圆形灯
手持式照明	手电筒及矿工灯
展示用照明	冷冻、冷藏柜光源
景观照明	庭院路灯、感应探照灯、阶梯灯
商业替代光源	嵌灯、投射灯、珠宝灯、吊灯
招牌字形灯	招牌及广告看板

2）灯具的造型

灯具的造型丰富多彩，各式各样的造型无疑给室内设计师提供了极大的选择余地。灯具的造型千变万化，品种繁多，大体上可以分为以下几种类型。

（1）传统造型。

传统造型强调传统的文化特色，给人一种怀旧的意味。例如，中国的传统宫灯强调中国古典文化韵味，安装在中式传统风格的室内，能起到画龙点睛的作用（图 7-50）。传统造型里还有地域性的差别，如图 7-51 所示的水晶吊灯，来源于欧洲文艺复兴时期崇尚的灯具装饰风格。尽管现今这类造型并不是照搬以前的式样，有了许多新的形式变化，但从总体造型上来说，依旧强调的是传统特点。日本用竹、纸制作的灯具也是极有代表性的例子（图 7-52）。除此之外，传统灯具造型使用时还应注意室内环境与灯具造型的文化适配性。

图 7-50　宫灯造型

图 7-51 水晶吊灯　　　　　　　　图 7-52 用竹编制的吊灯

（2）现代流行造型。

现代流行造型多以简洁的点、线、面组成的简单明朗、趋于几何形、具有线条感的造型。这类具有很强的时代感，颜色也多以纯色为主，如红色、白色、黑色等。现代流行造型的灯具非常注意造型与材料、功能的有机联系，同时也极为注重造型的形式（图 7-53～图 7-55）。

图 7-53 灯具点造型的布局　　　图 7-54 灯具线造型的布局　　　图 7-55 灯具面造型的布局

（3）仿生造型。

仿生造型多以某种物体为模本，以适当的造型处理而成（图 7-56、图 7-57）。不同灯具在模仿程度上有所区别，有些极为写实，有些则较为夸张、简化，只是保留物体的某些特征。如仿花瓣形的吸顶灯、吊灯、壁灯等，以及火炬灯、蜡烛灯等。这类造型有一定的趣味性，一般适用于较轻松的环境。

图 7-56 仿花瓣形的吊灯　　　　　图 7-57 千纸鹤图案的吊灯

（4）组合造型。

组合造型一般由多个或成组的单元组成，是一种适用于大空间的大型灯具。从形式上讲，单个灯具的造型可以是简洁的，也可以是复杂的，主要还是整体的组合形式。一般运用比较有序的手法进行处理，如四方、六角、八合等，强调整体规则性（图7-58）。

3）灯具的选择

在室内设计中，照明设计应该与家具设计一样，由室内设计师提出总体构思和设计，力求室内设计整体统一。但是由于受到从设计到制作的周期和造价等一系列因素的制约，大部分灯具只能从商场购买，所以选择灯具成为一项重要的工作。

（1）灯具的构造。

我们需要对灯具的构造有一定的了解，以便选择更准确。灯具从制造工艺来看，大致可以分为以下几种。

①高级豪华水晶灯具。高级豪华水晶灯具多半是由铜或铝等做骨架，进行镀金或镀铜等处理，然后再配以各种形状（粒状、片状、条状、球状等）的水晶玻璃制品。水晶玻璃铅成分在24%以上，经过压制、打磨、抛光等加工处理，使制品晶莹剔透，熠熠生辉。另外，还有一种静电喷涂工艺，水晶玻璃经过化学药水处理，也可以达到闪光透亮的效果（图7-59）。

图 7-58　灯具和吊顶的组合造型　　　　　图 7-59　水晶灯

②普通玻璃灯具。普通玻璃灯具按制造工艺大致可以分为两种类型。一是普通平板玻璃灯具，用透明或茶色玻璃经刻花（或蚀花）、喷砂、磨光、压弯、钻孔等各种加工，制作成各种玻璃灯具。二是吹模灯，根据一定形状的模具，用吹制方法将加热软化的玻璃吹制成一定的造型，表面还可以进行打磨、刻花、喷砂等处理，辅以配件组合成灯具。

③金属灯具。金属灯具多半是用金属材料（如铜、铝、铬、钢片等），经冲压、拉伸、折角等制成一定的形状，再对表面进行镀铬、氧化、抛光等处理。筒灯就是典型的金属灯具（图7-60）。

图 7-60　筒灯

（2）选择灯具的要领。

选择灯具时应注意以下几点。

①灯具的选型应与整个环境的风格相协调。例如，同样为餐厅设计照明，西餐厅和中餐厅因为整体的环境风格不同，灯具选择必然也不同。一般来说，中餐厅的灯具可以考虑具有中国传统风格的八角形挂灯或灯笼形吊灯等，而西餐厅选择玻璃或水晶吊灯更适合。

②灯具的规格与大小应与环境空间相配合。尺度感是设计中的重要因素，大型豪华吊灯安装宾馆大堂里也许很合适，突出和强调了空间特性，但安装在普通客厅或卧室里，便可能破坏空间的整体感觉。因此，选择灯具时要考虑空间的大小，层高较低时，尽量不要选择过大的吊灯或吸顶灯，可以考虑用镶

嵌灯或体积较小的灯具。

　　③灯具的材质应有助于提升环境的艺术气氛。每个空间都有自身的特点，灯具作为整体环境的一部分，同样起着重要的作用。无论空间强调的是朴实无华、乡土气息的感觉，还是富丽堂皇、光彩夺目的感觉，都必须选用与材质相匹配的灯具。一般情况下，强调乡土风格的空间可以考虑用竹、木、藤等材料制作的灯具，而强调欧式风格的空间则更适合使用水晶、玻璃等制作的灯具。

　　6. 开灯的时长

　　LED 灯泡可比白炽灯泡节能 85%，因此最好选择节能灯泡或 LED 灯泡。如客厅、卧室、室内展示等空间，开灯时间较长，可视情况选用节能灯泡或 LED 灯泡。

7.3.3　照明的应用

7.3.3.1　照明在家居空间中的应用

　　（1）现代风格。

　　空间整体以简洁设计为主，兼具现代感造型的灯具，可以表现较强烈的风格。现代风格的家居大多没有太复杂的设计，而以明亮的空间感或几何造型为重点（图 7-61）。自然光的色温、高功率的 LED 日光灯，就是很好的选择，只要再加上可微调的控制开关，就能依据空间需求表达出想要的层次感和突出想要显示的重点。现代风格的空间大多偏向展现个人风格或独到的品位设计，因此科技感或者比较前卫的设计也是设计师们考虑的方向。现代风格的设计还可以隐藏所有的灯具，让光线自己来说话。

　　（2）自然乡村风格。

　　烛台式吊灯是设计师们公认的表现自然乡村风格的最好选择。自然乡村风格大都偏向于呈现建筑材料原始朴拙的美感，或表现时间流逝的痕迹，因此，会大量使用木材、棉、麻等天然材料，营造出自然与温馨的感受。烛台造型的吊灯最容易成为空间的焦点。如果是餐厅的灯具，配合 e12 灯泡，将光源向上投射，更能营造出情境照明的效果（图 7-62）。

图 7-61　现代风格的灯具

图 7-62　自然乡村风格的灯具

　　（3）工业风格。

　　金属材质的灯具可以表现出粗犷、不加修饰的美感。工业风格的空间没有太多多余的装饰，设计上通常没有吊顶，需要用主吊灯、轨道灯、立灯等来照亮空间，选择具有产品原始样貌的工业风格最为恰当，如金属吊件加轨道灯、钨丝灯泡或中世纪风格的灯具。

　　对于没有细腻装潢、空间简单粗犷的 loft 风，可以采用金属质感，甚至是探照灯式的灯具（图 7-63）。灯具还应搭配空间变化，如果选择造型特殊有个性的鹿角灯，也能成为很好的点缀。铁皮灯罩搭配外露光源或古董灯具，都能很贴切地表现工业风格。

　　（4）日式风格。

　　日式空间大多以木制家具为主，柔和圆润的灯具最能凸显和风禅味。布面的灯具或半透光材质的灯具，所散发出来的灯光效果最为柔和，与沉静的日式风格相配（图 7-64）。如果想表现东方情调，灯笼造型可以完美地进行诠释。在日式的家居茶室设计中，如果用线编的灯罩，配以灯笼式的浑圆设计，便能体现浓浓的日式风情。除此之外，纸制灯具（如纸灯笼）、竹制灯具或竹制灯罩，也十分适合日式风格。

图 7-63　工业风格的灯具　　　　　　　　图 7-64　日式风格的灯具

（5）古典风格。

古典风格大多强调细致与带点皇室品位的奢华，线条或做工繁复且具有华丽感的灯具最能表达出视觉上的感受。设计华丽或镶有水晶的灯具，比较能表现出古典又低调奢华的韵味。水晶吊灯柔和的光线透射出来，可以在墙面上形成特殊的光影变化，搭配造型古典的镜子或家具，整个空间都充满了浪漫的气氛（图 7-65）。

（6）北欧风格。

北欧地区气候寒冷，有着雪地、森林和丰富的自然资源，生活品质良好，因此有着独特的室内装饰风格，铁件、玻璃、原木是常见的建筑材料，适合造型简单或混搭风格的灯具。简单但时髦的北欧风，可以搭配有点年代感的经典设计灯具，更能提升质感。选择灯具时应考虑材质与整体空间的搭配以及使用者的需求。一般而言，浅色的北欧风格空间中，如果有玻璃及铁件，就可以考虑挑选有类似质感的灯具，如几何造型简单，色彩是黑、白、灰的木质灯具（图 7-66）。

图 7-65　古典风格的灯具　　　　　　　　图 7-66　北欧风格的灯具

7.3.3.2　照明在商业空间中的应用

家居空间和商业空间在本质上就存在差异，一个是长期停留的居所，一个是短暂停留的空间。家

居照明以舒适为主，但商业照明则追求短时间内的高感受性（图
7-67）。商业照明设计手法更丰富，除了基本的要求外，更强调
气氛的营造和视觉张力的塑造。

　　适当的照明设计可以引导商业空间的动线，设计师也可借助灯
光聚焦与配置，让商品或服务更有质感与吸引力。商业空间中的照
明设计应注意以下三个方面。

　　（1）表达空间或建筑物的整体特性。

　　照明与空间本身属性有关，例如，一栋玻璃幕墙建筑，内外光
线没有明显界限，将灯光和建筑融为一体会影响整体视觉效果（图
7-68）。

　　（2）维持基础照明同时表现商品特性。

　　在兼顾灯光效果的同时，仍然要维持空间的基本照度。所谓基
础照明指的是能看到空间，能辨识方位，并且能利用技巧形成视觉
上的照度差异。例如利用射灯的角度，勾勒出空间光线的对比性和层次感（图 7-69）。

图 7-67　商业照明

图 7-68　南京 iPhone 手机店

图 7-69　利用射灯形成光影

　　（3）重视灯光效果与人的心理感受联结。

　　一般来说，平价商品和高价商品会在灯光颜色上展现不同的色温，平价品牌强调明快、有活力，大
多选择白光；高价商品则需要营造一个舒适、有质感的光源，大多选择黄光。

　　商业空间的照明设计可分为五个方向：诱导配光、基础安全配光、重点照明、情景照明和紧急与逃
生照明。

　　（1）诱导配光。

　　诱导配光，指从空间外部进入门的过程中，用低尺度的灯光建立一种视觉上的次序，引导人们随着
微弱但有次序的光线往空间内移动（图 7-70）。

　　（2）基础安全配光。

　　不同商业空间中的产品拥有不同的特性，但都需借助一定的照度才能被辨识，同时这种照度也应
确保顾客在空间里活动的安全。例如餐厅的照明，只有打在桌面上的柔和光源，才能照亮餐桌上的食
物，凸显食物的美感；而商场里的服装店，则需要在衣物陈列架上投以足够的光源，才能照亮产品（图
7-71）。

　　（3）重点照明。

　　重点照明也称局部照明。例如投射在展示台面上的光源，强调产品的特性，一般会以聚焦效果好的
LED 射灯为主，也可以针对想强调的区域，特别安置光源，凸显特性（图 7-72）。

图 7-70　餐厅内不同部位有不同照度　　　　图 7-71　服装店内的衣物陈列架照明

（4）情景照明。

操控不同的光源为空间增添一些视觉变化的情景照明，既能丰富空间与光影的想象，又能创造更多商业空间的视觉盛宴。例如可以结合电子产品，利用按钮控制不同的光影氛围，形成不同的情景模式。随着科技进步，情景照明系统已能利用手机等电子产品直接进行操控（图 7-73）。

图 7-72　利用重点照明突出物品　　　　　　图 7-73　利用不同形式的灯光丰富空间

（5）紧急与逃生照明。

保障公共安全的紧急照明系统，必须依照相关规范安装。

1. 餐厅照明

餐厅照明永远以食物为先，昏黄光源最为合适，无论是餐厅还是咖啡厅，照明都以投射到桌面的光源为主，利用光源增加食物的美感。虽然传统卤素灯的灯光效果最佳，但用电量较高，且光源较热，照久了会让人感到不适，因此，LED 灯可以考虑为最佳光源，减少热度和用电量。

（1）色温适中，呈现食物的最佳色泽。

色温建议以 3000 开为主，尤其是桌面部分，该色温最能呈现食物与饮料的色泽，挑选 LED 灯时也以接近此色温为主（图 7-74）。

（2）避免灯具直射产生眩光，可使用轨道灯。

商业空间的灯光配置无法避免的状况，就是商业空间比较大，灯具多，顾客走动时难免会被直接照射到，产生眩光。建议使用轨道灯避免眩光，这是因为轨道灯可以调整方向，可以依据不同的使用需求调整光源，尽可能地避免眩光（图 7-75）。

2. 服装店照明

服装店最重要的产品是服装，服装款式不可能一成不变，因此如何控制重点照明是关键，光源

图 7-74　餐厅空间用暖色灯光照射桌面

图 7-75　电影院售票处的空间轨道灯

演色性 ① 指数高，产品呈现的色彩才能不失真。具体可使用以下三种方法。

第一：使用可调节光源的轨道灯。服装陈列常需要变动，轨道灯可依据每次的布置调整光源的位置。色温选择上，如果想强调休闲感，可选用 4000 开的光源，想营造温暖感，可选择 2700 开的光源。

第二：不失真地呈现真实色泽。灯光必须随着空间需要营造的氛围进行调整，但要留意衣服的颜色不能失真，因此光源不能太过昏暗，演色性不佳，容易导致衣物色彩失真。

第三：更衣室适合正面打灯，以不产生阴影为原则，最好的光源应像舞台后方的梳妆台的光源一样，利用可变色温的光源，正面打光。白色可以看清衣服在户外阳光下的真实色泽，黄光则反映出室内光线的柔和。此外，也要避免光源产生的阴影，正面打光可以避免阴影，建议挑选择 3000 开的色温，脸色看起来较好看。

（1）岛型展示台灯光。

人形模特展示的衣物往往是空间内的视觉重点，但每一季的衣物特色不同，因此在照明设计上，光源最好可以移动。如果纯粹只是打灯，可以使用轨道灯增添灵活性，也可以利用材质凸显灯光。

根据展示台的陈列状况，适当调整光源，不要有阴影及眩光出现是首要条件。一般来说，直射光不容易产生阴影，光线比较平淡，侧光虽然容易有阴影，但能形成较为丰富的层次。建议直射光和侧光结合应用，实际打光的技巧因为变动性太大，必须依据现场因素进行调整。

在规划展示台时，也可以使用金属材质，利用金属材质的反光特性，增强视觉效果（图 7-76）。

图 7-76　利用金属和灯光相互融合，更好地表现商品特性

① 演色性（color rendering）是指物体在光源下与在太阳光下给人感受的真实度。表示光源演色性程度的指数称为平均演色性指数，最低为 0，最高为 100。一般平均演色性指数达到 Ra80 以上，可以称得上是演色性佳的光源。美术馆与画廊对光源的平均演色性指数要求至少达到 Ra90。

（2）橱窗照明。

橱窗照明设计因为要结合商店所在的位置（是单一店面还是位于大卖场中），会有不同的考虑，以下是橱窗照明设计的注意事项，但还是需要依据现场条件进行调整（图7-77）。

①所有灯光应集中在橱窗内部陈列的商品上，应避免光源照射到橱窗外，以免引起反光。

②尽量使用隐蔽性光源，光线较为柔和，不会产生刺眼的光线。

③建议使用演色性指数高的光源配合适当的色温，橱窗内的商品色彩才不会失真。

④橱窗光源不可避免地会受日光影响，因此，夜晚的光源就更加重要。夜晚橱窗内的亮度一定要大于室外，光源强度可为室外的两倍以上，以免产生"吃光"的现象。

⑤可以利用壁面色泽改变灯光效果，如使用平光或是消光漆色，减少光源的反射，进而凸显橱窗内部商品的特色。

图7-77 服装店橱窗照明

3. 理发店照明

理发店照明设计首选正面光源，以减少面部的阴影（图7-78）。理发店照明设计时应注意以下几点。

①留意光源的位置，工作台面要留意光源本身的反射，强光容易刺激设计师和顾客的眼睛，引起不适，因此，光源建议安装在镜面两侧或顶部，建议使用2700～3000开色温的光源，正面照射也可减少阴影的存在，让顾客看起来气色比较好。

②传统的卤素灯虽然演色性较好，能让肤色看起来好看，但热度较高，照射时间久了，会产生不适感，采用LED灯则没有这项困扰，演色性也不差，因此，建议选择LED灯。不过，两者不要混用，光源错乱演色性反而会变差。

③建议座位交错摆放，尤其是前后排，这样光源才不会彼此影响，而且理发店里镜面较多，交错座位也能减少反射产生的不佳效果。

4. 超市照明

超市不需要太多空间氛围，着重突出产品特性即可。超市的产品数量多，种类也多，因此照明以光源充足明亮又能呈现完美的演色性为主。不同区域的光源建议使用不同色温，设计重点也不同（图7-79）。

①生鲜、蔬果区。该区域的商品大多逐层摆放，每一层都需要光源，利用隐藏光源可逐层打光，且彼此不受影响。建议使用5700开色温，尤其是特别加重红、绿色泽的特殊日光灯，如三波长荧光

灯^①。这种日光灯的荧光粉因为配方不同，可以更好呈现生鲜、蔬果的色泽，使它们看起来更可口诱人。

　　②冷饮、一般产品区。该区域的光源不需要像生鲜、果蔬区为了凸显产品而强调亮度，冷饮和一般产品区建议使用 4000 开色温，看起来舒服适中，又具有一定的照度。

图 7-78　理发店照明

图 7-79　超市照明

7.3.3.3　照明在城市景观中的应用

　　随着人们生活质量的提高、夜生活的丰富以及城市夜间照明技术的发展，城市景观照明也成了城市环境艺术设计关注的一个重要领域。城市景观照明不仅有利于提高交通运输效率，保障车辆、驾驶员和行人的安全，而且在美化环境中起着重要的作用。景观照明的对象有重要建筑、广场、道路、桥梁、园

　　① 三波长荧光灯是指以丙烯三基色荧光粉取代卤素荧光粉涂布于灯管表面的日光灯管，具有演色性好、发光效率高、灯管不易黑化、使用寿命长等特性。

林绿地、江河水面、商业街和广告标志以及城市市政设施等，其目的就是利用灯光将上述照明对象加以重塑，并有机地组合成一个协调、优美、壮观、富有特色的夜景画面，以此来展现一个城市或地区充满活力、繁荣昌盛的形象。

城市照明系统是城市环境艺术设计中非常重要的一环，照明的种类一般有节日庆典照明（图7-80）、建筑夜景照明、构筑物夜景照明、广场夜景照明（图7-81）、道路景观照明、商业街景观照明、园林夜景照明、水景照明、公共信息照明、广告照明、标志照明等。

图 7-80　中秋节日照明　　　　　　　　　　　图 7-81　广场夜景照明

照明可以采用泛光照明、轮廓照明、建筑化夜景照明、多元空间立体照明、剪影照明、层叠照明、"月光"照明、功能照明、特种照明等多种方式，可以根据具体情况加以选择和组合，使环境设施达到最佳的视觉效果。

例如，夜晚的庭院若想装点出情调和美感，就需要搭配园内的景观进行照明设计，灯光不宜过黄或过白，演色性指数越高越好。一般建议用 3000 开的暖色光源，并且演色性指数要大于 85。亮度均匀并不是最好的选择，适度地提高重点景观的对比，会更有层次，要善用地灯、树灯，区分景观空间中的明暗层次（图 7-82）。

图 7-82　庭院照明

此外，灯具在承担照明功能的同时，也成了环境的组成部分，精心设计、造型各异的灯具不仅能装饰环境，还能反映地域文化的特征。

本章思考

（1）设计师应该如何将"绿色照明"融入设计中？

（2）如何让灯具在室内设计中既满足照明的功能性又起到较好的装饰性？

第 8 章
环境艺术设计外部空间的处理手法

学习目的

（1）学习环境艺术设计外部空间的概念和环境设施的类型及其特征。

（2）深入了解环境艺术设计外部空间的基本配置及庭园设计。

8.1　环境艺术设计外部空间的概念和内涵

环境的性格，常常由环境设施决定。一个设计师不能把一个具有权威性的市政广场设计成具有娱乐性质的空间，也不能将反映宁静生活的住宅设计成气派的剧院或工业建筑。这就要求在设计中，功能表现应统一。另外，还必须体现出不同景观类型在某种情绪上的表现。

在环境艺术设计中，很难做到随意组织不同的景观元素及设施等就能使其协调统一。在设计中，景观元素和设施采用同样的几何形状，也很难完全达到协调的目的，尽管如此，环境艺术设计还是需要加强统一性，主要有两种设计手法。第一，通过次要部位相对于主要部位的从属关系，以从属关系求统一。例如突出主体控制性地位的方法是利用向心平面布局，以及能够衬托主体的景观元素，把视线凝聚在主体上。在纪念性建筑中，强调主体的庄重和重要地位，来加强其统一感和权威感（图8-1）。第二，通过表现形式，如外形高的、突起的更容易吸引视线，将突出暗示运动的要素，如过道、台阶和楼梯等。建筑师常常把中心雕塑设计得比实际更大，并且一改人们头脑中印刻的材料，以一种超乎寻常的材料去吸引人们（图8-2）。这样突出建筑主体的支配地位，是城市环境景观达到统一的重要原则。

图 8-1　强调中心主体的对称式布局

图 8-2　广场上的大型雕塑

8.2　环境设施的类型及其特征

环境设施作为公共环境的组成部分，不仅是人们室外活动的必要装置，而且以其特有的功能和美学特征增强了环境的文化内涵和艺术性。环境设施设计既是环境艺术设计的重要内容，同时也具有产品设计的特点。

"环境设施"英文为 street furniture, urban furniture 或 sight furniture 等，可以翻译成"街道家具""城市家具"和"园林家具"等；在欧洲某些国家也被称作 urban element，翻译成"环境元素"；在日本，则被理解成"街道的装置"或"步行道路的家具"，也叫做"街具"。我国一般称为"环境设施""公共设施"或者"公共辅助设施"。

环境设施是伴随着城市的发展而产生的融环境艺术与工业设计产品于一体的环境产品，包括公交候车亭、报刊亭、公用电话亭、垃圾容器、自动公共厕所、休闲座椅、路灯、道路护栏、交通标志牌、指路标牌、广告牌、花钵、城市雕塑、健身器材及儿童游乐设施等城市公共环境服务设施。环境设施通常也被人们形象地称为"城市家具"。城市家具准确地诠释了人们渴望把城市变成像家一样和谐美丽、整洁舒适的美好企盼。

从公共设施的历史来看，环境设施可以追溯到上古时代祭祖祭天的公共场所，古希腊古罗马时期的城市排水系统、古奥林匹克竞技场等也属于当时的城市环境设施。我国古代的牌坊、牌楼、拴马桩、石狮、灯笼、水井、华表、碑亭灯等生活小品和构筑物，都反映了古人对城市生活设施的需要。城市环境设施的内容和形式虽处于交替变化之中，但其重要性却随着城市的不断发展而大范围普及。小到下水道井盖，大到雕塑水景，环境设施融入市民的智慧和创意，体现了人们对和谐、便捷、安全的生活空间的追求。环境设施的内涵丰富，概念繁杂。从室内空间到室外空间，从私密空间到社会公共空间，环境设施与人们的生活关系密切，只要有适宜人生存的空间环境，就会出现相应的环境设施。环境设施的分类也随着依据的不同而发生变化，空间环境是环境设施分类的重要依据。环境设施可分为公共系统设施、公共景观系统设施等。

8.2.1　公共系统设施

公共系统设施是城市空间不可缺少的构成要素，它不仅满足了人们在户外活动场所休息、活动、交流等生活需求，还可以改善城市环境，点缀美化环境，增加城市空间的设计内涵与时尚品位。如日本东京街头的下水道井盖，采用藤蔓般的曲线设计，并且材质上与周围铺装形式相统一（图8-3）。从某种程度上讲，公共设施已经成为城市文明的载体。随着城市生活质量的提高，人们开始重视周围的公共设施，也逐渐对公共设施的应用形式和视觉感受提出了更高的要求。按照用途可以将城市公共系统设施分为交通设施、信息设施、休息设施、卫生设施、游乐设施等。

图 8-3　日本东京街头的下水道井盖

8.2.1.1　交通设施

交通设施可根据其功能分为安全设施和停候设施两大类。安全设施是指在城市道路中给人们出行提供安全提示、保护和控制的设施和装置，主要有交通标志、信号灯、反光镜、减速器、过街大桥、道路护栏、围栏、止路障碍、台阶、坡道、铺地、路灯等附属设施。安全设施的设置地点要醒目，避免遮挡，应考虑夜间使用时对照明的要求。停候设施主要指为人们停候提供便利服务的设施，如城市中与人出行和交通工具有关的自行车、机动车停放点和候车点、加油站、收费站等。停放交通工具的设施应满足车辆尺寸和停放间距的要求，可与绿化设施结合设置，兼顾美观性和实用性。

（1）路障设计。

路障是防止事故发生，提高安全性的交通类设施，如阻车装置、减速装置、反光镜、信号灯、护栏、扶手，还有疏散通道、安全出入口、人行斑马线、安全岛等。在大多数室外环境中，由于车辆的增加，都需要发生避免意外事故，确保行人安全便成了首要的问题。路障在重视功能的情况下要考虑形态所形成的景观效应，起到"添景"的作用。路障应与周围设施、建筑风格等相协调，达到赏心悦目的效果。由于路障设施给人的感觉常偏冷漠，因而在设计上要注意其形态上的趣味性等。路障设施的造型、色彩、材料及设置场所、间距都应该根据特定的环境精心设计（图 8-4）。

（2）公共灯光照明设施。

公共灯光照明设施最基本的功能是保障夜间人们在公共场所活动的安全，分布在城市的主要景点处、交叉路口、步行街、商业店面、广场等人流密集的地方。在白天，它以优美的身姿点缀、美化公共空间，并对周围空间起着界定、限定、引导的作用（图 8-5）。在夜晚，公共灯光照明设施可以反映空间、色调和层次，能更好地呈现整个空间气氛，与环境造型和风格要求相一致（图 8-6）。如武汉长江大桥，桥头堡采用古朴经典的照明方式呈现，暖色灯光烘托建筑结构细节，营造一种庄重而具有时代气息的视觉感受（图 8-7）。

图 8-4　西班牙巴塞罗那某教堂广场边缘路障

图 8-5　德国柏林路灯

图 8-6　静修大道夜景灯光

图 8-7　武汉长江大桥夜景灯光

（3）自行车、电动车停放设施。

自行车、电动车停放设施能使自行车、电动车停放有序，又不需要安排专门的负责人（图 8-8）。这类交通工具停放设施的规划应注重便利性，以就近原则设置。如中国珠海智能空中生态自行车亭，长

3 米，宽 1.8 米，高 4 米，设有 10 个车位，整个存放或取车过程不到 1 分钟。如有非法取车或遭到破坏性盗车时，设施会自动报警，设计也十分具有科技感（图 8-9）。位于维也纳博物馆区的一款自行车架，杆架色彩多样，时而弯曲拱起，时而螺旋上升，从地面升起又回到地面，带给人们一种错综复杂的感觉，大自行车排列和悬挂的方式很多。自行车修理店和动感单车也可以使用，整体设施还设计了太阳能供电的夜间照明设施，招贴画则借鉴了加油站的理念（图 8-10）。通过对城市空间和各方面系统的有效分析，还可以设计一系列多功能停放架（图 8-11、图 8-12）。

图 8-8　美国街头电动车停车处

图 8-9　珠海智能空中生态自行车亭

图 8-10　维也纳博物馆区自行车架

图 8-11　集树木护栏、自行车架和座椅于
一体的多功能停放架

（4）加油站。

加油站通常指的是为汽车和其他机动车辆服务的、零售汽油和机油的补充站，在设计中应以加油功能为导向，满足加油功能（图 8-13）。在满足了现阶段经营的基础上，再考虑场地预留原则，提高投

设计师将自行车从走廊和楼梯中解放出来，设计了一种安装简单、不可移动、可以锁两辆自行车的装置。该装置也成了城市绿化空间的一部分。

图 8-12　plantlock 自行车架

图 8-13　Niemenharju 加油站

资回报率。如 Niemenharju 加油站休憩区，它位于河边的池塘和山脊之间，十分适合人们在漫长的旅途中停下来，融入自然环境。它是由 24 根类似树木的柱子组合而成，给游客一种置身丛林的感觉。由柱子支撑的顶棚向上弯曲，似乎想吸引驾驶者的注意。这些设施的出现就不单单是传统意义上的加油站了。又如日本的 cosmo 加油站，利用了空间小巧的特点，油枪在构筑物的顶端，使用方便，又节省空间。

（5）公共交通候车亭设计。

由于城市公交的日益发达，候车亭已发展成为城市公共设施的重要组成部分，设计独特的候车亭也成了城市一道美丽的风景。候车设施一般由标牌和遮棚构成，可附设休息椅、引导图、广告、垃圾箱以及电话亭、自动售货机等设施，以满足人们的多种要求（图 8-14、图 8-15）。候车设施在设计上应具有视觉上的通透性和色彩上的识别性，造型轻松、活泼，比例尺度适当（图 8-16）。车次信息牌的主要作用是为出行者提供信息，包括时刻表、停靠站点、票价表、城市地图、区间运行时间等内容（图 8-17）。

图 8-14　美国纽约某公共汽车站

图 8-15　候车车次标牌设施

该巴士候车亭位于戈登广场艺术区，它是一件将功能性和标志性元素纳入新公共艺术之中的作品。它由一张不锈钢板折叠而制成的候车厅，为了适应当地的自然条件，候车厅表面遍布穿孔式设计。到了晚上，候车厅内设有照明设施，灯光投射在周围的建筑物和自身表面，改变了原有环境，同时作为崭新的、充满活力的设施与环境相融。

图 8-16　巴士候车亭

该动态展示车
站可通过远程
控制多媒体信
息，使市政府
与市民之间的
交流更加直
接，也可以及
时在相应的地
点发送需要的
信息。

（a） （b）

图 8-17　动态展示车站

（6）电话亭。

随着社会的进步，城市规模的扩大，城市的功能
分区也越来越不明显。在不同的地点，电话亭的外形、
色彩、肌理材质等方面的设计应该成为城市景观。针
对市中心、商业街、文教区或风景区等不同性质、功
能的区域，电话亭在设计上需要作出不同的考虑，但
这并不意味着可以随心所欲采用不同的形式，而是应
建立在电话亭最终属于城市整体的一部分的前提下（图
8-18）。

（7）书报亭。

书报亭记载了一个城市发展的历史，反映了一代
代人对精神世界的追求，也可以说是城市独特的景观。
书报亭现已发展成为一种城市公共设施，功能和外观

图 8-18　电话亭

已经发生很大转变。书报亭增加了信息查询功能，市民还可以在报刊亭中购买报刊、饮料、零食等。如
巴黎 18 区奥那诺书报亭，它不仅考虑到了普通大众的需求，还为残疾人士提供了方便，书报亭的设计
可供坐轮椅的人自由进出。书报亭也提供商品服务，为居民提供便利，也能吸引人流。武汉街头书报亭
采用的是中国传统的建筑样式，也为现代化城市注入了传统文化的气息（图 8-19）。

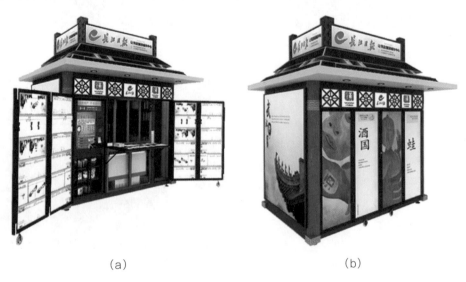

（a） （b）

图 8-19　武汉街头书报亭设计

8.2.1.2 信息设施

信息设施是城市文化的符号，它可以简捷、迅速、准确地向人们传递城市环境信息。用来传递信息的设施种类相对较多，主要包括以下几种。

（1）交通标识。

随着城市的急速扩张，人们生活环境日趋复杂，人们行为变得多样化，未知空间和周围信息量不断增加，人们对城市空间和环境认知产生混乱。交通标识的设计将成为人与空间、人与环境沟通的重要媒介，将成为引导人们在陌生空间中迅速抵达目的地的重要设施。它包括街道上为步行者提供必要信息、文字、图形、影像等的设施，如各种看板（广告牌、招牌、导游图等），为车辆指引方向的各种信息标识等（图8-20）。例如巴黎拉维莱特公园，设计师为伯纳德·屈米。拉维莱特公园曾是巴黎的中央菜场、屠宰场及杂货市场。1947年，百年市场迁走以后，德斯坦总统建议将其建成一座公园，后来密特朗总统又把它列为纪念法国大革命200周年巴黎建设九大工程之一，并要求把拉维莱特建成一个属于21世纪的、充满魅力的、独特的并且有深刻思想含义的公园，它既要满足人们身体上和精神上的需要，同时又是体育文化、娱乐、自然生态、工程

图 8-20　慕尼黑火车站站台上的
列车时刻信息栏

如图8-20所示信息栏的外观造型为两位手提行李即将远行的旅客，既与所处的环境相呼应，又很容易吸引人们的视线，容易被识别，并给旅客留下很深的印象。

211

技术、科学文化与艺术等相结合的开放式绿地，此外公园还要成为世界各地游客的交流场所。而巴黎拉维莱特公园的导视系统，使用了屈米在《点景物》中使用过的红色作为公园的标识颜色，这样既易于识别，又很醒目（图8-21）。其中最主要的标识建筑是公园入口处的水泥字母纪念牌（图8-22）。跟其他箭头指示标识相比，这个标识建筑既起到了指示作用，又具有一定的解说功能，游客很容易看懂。同时这些标识又和公园内的其他具有视觉冲击力的建筑互补。

图 8-21　巴黎拉维莱特公园的红色标识

图 8-22　巴黎拉维莱特公园入口处的水泥字母纪念牌

（2）建筑类别与展会标识。

建筑及建筑周边环境主要为指意性标识和示意性标识，如以商业环境为主的百货商店、专卖店、超市、商业街中的各种标识，或以文化环境为主体的文化馆、展览馆、美术馆、博物馆以及各类观演建筑环境中的标识（图8-23）。

（3）景观标识。

景观标识在美化城市空间环境、强化场所的精神及凸显特定环境的文化内涵等方面具有明显的功能。标识性的建筑、环境设施以及公共艺术等明显表现出这种特征，例如Merri溪路引导标识，引导标识位于户外，需要应对恶劣天气，避免人为破坏，标识应结实、耐用，因此选用了可以长时间保持整体美观

的材料。最终，选择了一种利用搪瓷技术"元件包"式模块设计，使设计团队能够自由创作出达到各种要求的引导标识（图8-24）。

图8-23　展会标识　　　　　　　　　　图8-24　Merri溪路引导标识

（4）商业标识。

商业标识具有表示某种场所意义或体现某种事物的内容、性质、特点的作用，同导向性特征相比，这类标识更具有内在的代言功能（图8-25）。

（5）广告。

广告作为信息传播的媒介，多设置在城市公共空间，因此其设计内容、位置也从侧面反映了整个城市的社会经济和文化水平。广告的类型繁多，就环境设施领域而言，能对环境视觉产生重要影响的广告形式有商业招牌、宣传橱窗、立体POP、宣传海报、活动广告等。

信息设施还包括看板、计时装置、电子信息查询器、音响设施等（图8-26）。

图8-25　商业标识　　　　　　　　　　图8-26　广告

8.2.1.3　休息设施

休息是人们公共活动的主要组成部分，它不仅是体力上的恢复，还包括了精神、情绪上的放松。好的休息设施能使街道广场、公园等公共环境更加人性化。休息设施以休息椅、休闲凳为主，主要设置在社区街道、广场、公园等相对宽敞的城市空间中，以供人们休息放松、闲暇聊天使用（图8-27、图8-28）。休息设施的设计应把握简单、舒适、美观等原则，因其是公共空间的附属物，应注意与周围环境相协调，尽可能营造一种安静、舒缓的情境，一般不应与行人、车辆靠得太近，以免使人产生不安全感。

图 8-27　美国纽约码头前的休息座椅

图 8-28　礁石长凳

图 8-28 所示的礁石长凳位于一座新修的学校中，木质长凳的结构外观看起来像一个个有机的生命体，与周围的学校建筑相比，让人感觉更加温暖。

213

　　休息不仅是体能的休息，还包括人的思想交流、情绪放松、休闲观赏等精神上的休息。休息设施使人在身心放松的同时，感受生活的情趣，是场所多功能性及环境质量的具体表现，例如位于纽约时代广场的临时公共设施"约会碗"，是一个可以容纳 8 人就座的大型碗状物体，人一旦坐进去就会与他人面对面。这些供人"社交"的凳子比普通的公用长凳更能让人们亲密接触，促进人与人之间的交流，让城市变得更加人性化（图 8-29）。

图 8-29　约会碗

　　维也纳博物馆区内的庭园里设有一些文化机构、博物馆和咖啡厅。场地里有 116 个大型发泡聚苯乙烯（expandable polystyrene，EPS）涂装设施。这些设施变化无穷，特色鲜明，在保守复杂的历史建筑中呈现鲜明的现代建筑设计风格（图 8-30、图 8-31）。

图 8-30　Enzo 座椅（一）

图 8-31　Enzo 座椅（二）

Enzo 座椅的造型设计呈现出令人称奇的几何结构——晶体结构。该材料坚固，可以抵御人为破坏，可完全回收利用。这些设计可以展现出公共空间的特色，并突出了建筑的社会角色。

公共座椅不仅是城市公园和广场活动的休息驿站，随着时代的发展，还具备更多新的功能（图8-32）。麻省理工学院的室外休闲椅，太阳能软摇椅，实际上是一款使用能源的智能电器，与其他传统的城市化设计不同，这种软摇椅需要用户参与，坐在摇椅里，白天摇椅可以实时收集太阳能，可以给扬声器和手机等设备充电。到了晚上，可以坐在酷酷的发光摇椅里和朋友交流（图8-33）。

位于桑德兰街道上的路边公共座椅，把行人从市中心引向刚刚翻新过的旧城和花园，椅座颜色富于变化，并安装了照明器，在晚上非常醒目，整个景观设计包括视频投影、照明雕塑和音响装置。

图 8-32 公共座椅

图 8-33 休闲椅通过人的参与来产生电能

公共座椅还应有童趣，将艺术审美、愉悦人心、大众教育等观念融入环境中，使休息服务设施更多地体现社会对公众的关爱，方便公众交往，尊重公众情感。这便是多元化设计的发展趋势（图8-34～图8-36）。

火山湖景观椅的每一个表面都可以供游人坐卧，此外，还有小凳子放在景观中间，人们可以根据自己的喜好把小凳子摆在不同的地方。

图 8-34 双目望远镜造型的座椅

图 8-35 火山湖景观椅

8.2.1.4 卫生设施

巴黎的垃圾箱设计成垃圾从两侧移走的形式，包括一个垃圾分类模块和一个垃圾颜色代码模块，盛放不同垃圾的容器对应不同颜色的代码。

垃圾桶的设计有两点比较重要：第一是容易投放垃圾，第二是容易清除垃圾。方便人们在公共环境中使用是垃圾箱设计的要求之一。这就对垃圾箱的开口形式提出要求，应使人们能在距离垃圾箱30～50厘米处轻易投入垃圾。设计时应注意垃圾箱放置的不同场所，如在人来人往的旅游场所，人们急于赶路，垃圾箱的投放口就应相应地开大，便于投放。其次，清洁工人每天会对垃圾箱进行多次清理，因此，垃圾箱内应避免死角，如果使用塑料袋，就需方便更换，以便提高清洁工人的工作效率（图8-37）。同时，垃圾箱作为城市环境景观，其形象非常重要（图8-38、图8-39）。

图 8-36 将餐桌设计成一种邀请客人的形式

图 8-37　巴黎的垃圾箱

图 8-38　可爱的垃圾箱

图 8-39　法国巴黎拉维莱特公园里的垃圾箱

215

排成一列的垃圾箱外观相似，但颜色不同，用以存放不同的垃圾，里面的装置也不同。这些不同的内置机械装置由高电阻不锈钢制成，防止因与垃圾直接接触而造成腐蚀，同时也避免人们看到垃圾和闻到垃圾气味。

法国巴黎拉维莱特公园里的垃圾箱位于道路中央的长条隔断上，兼具座椅及空间划分功能。

8.2.1.5　游乐设施

游乐设施通常包括静态、动态和复合形式三大类。游乐设施最直观的作用是给人们提供休闲、娱乐、放松的户外公共活动空间。不同人群对游乐设施有不同的需求。例如儿童设施的设计应该遵循安全性原则，从儿童的心理、生理、行为特征需求出发。游乐设施的尺度应该以儿童为标准，造型新颖，色彩明快，能够吸引儿童去玩耍。儿童游乐设施的设计应结合现有的环境，适当地加以分割、引导、组织，使之成为一个充满激情与灵性的活动设施。大多数儿童对游乐设施感兴趣，所以可以考虑集中设计游乐设施。

（1）大型儿童游乐设施。

大型儿童游乐设施主要设置在一些大面积的场地上，具有比较完整的活动空间，在一定的区域空间中，结合泥土、植物和地形等因素因地制宜安排游乐设施。在满足地形条件的基础上，合理安排几何辅助轴线以厘清空间主次关系。如开姆尼茨动物园中的游乐场，在朝向动物园的入口处，一个曲线形的长凳划分了游乐场的界限。一方面，它可以为游客提供休息座位；另一方面，方便家长照顾玩耍的孩子。从停车场到主入口处显眼的步行道上设有独具一格的动物形状的方向牌（图 8-40、图 8-41）。

（2）小型儿童游乐设施。

小型儿童游乐设施主要设置在相对较小面积的场地上，一般以住宅小区游乐区为主。在充分考虑儿童安全性原则的条件下，在一定局限范围中，设置各种儿童活动游乐设施。

图 8-40　攀爬的游乐区　　　　　　　　　　　　　　　图 8-41　火箭公园

其次，在满足功能的前提下，还应该针对儿童群体的特点寓教于乐，增进交往。例如儿童游乐设施应有利于儿童在玩乐的时候学会与人相处（图 8-42），培养儿童的公共意识与创新能力，促进亲子沟通、培养感情。

例如意大利的 UNIRE/UNITE 休闲广场上，造型富有动感的长凳可供休息、放松与娱乐，包含了一个完整的小型儿童游乐体系（图 8-43）。

图 8-42　长椅在符合人体力学规律的前提下，进行了　　　图 8-43　UNIRE/UNITE 休闲广场
　　　　　有益的尝试

老年人因为年龄限制容易疲劳，所以游乐设施应遵循便捷性、安全性、功能性原则。园区应设置足够的休息座椅，而且要有靠背、扶手等防护措施；场地应具备良好的通风、充足的阳光和无障碍游乐设施；步道要采取防跌倒措施，面材要平整；游乐设施尽量不使用反光的材料等。

8.2.2　公共景观系统

8.2.2.1　水景设施

1. 水的形式

自然界中有江河、湖泊、瀑布、溪流和涌泉等自然水景。园林水景设计既要师法自然，又要不断创新。水景设计中水有平静的、流动的、跌落的和喷涌的四种基本形式（图 8-44）。设计中往往不止使用一种，可以以一种形式为主，其他形式为辅，也可以几种形式相结合。水的基本形式还反映了水从源头（喷涌的）到过渡（流动的或跌落的），最后到终结（平静的）运动的一般趋势。在水景设计中可利用这种运动过程创造水景景观，融不同的形式于一体，处理得体，则会有一气呵成之感。例如日本宝家太阳城的内部庭园景观，展示了水体是如何经过重新整合与当代建筑风格融为一体的。入口和喷泉庭园成轴向排列，

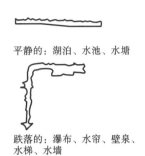

平静的：湖泊、水池、水塘　　　　流动的：溪流、水坡、水道、水涧

跌落的：瀑布、水帘、壁泉、　　　喷涌的：各种类型的喷泉
水梯、水墙

图 8-44　水的四种基本设计形式

在主题和感官上都有联系。一条来自山坡上的水道将入口庭园一分为二，消失在建筑的入口门廊之下，然后在下一层的喷泉庭园重新出现，穿过一个色彩鲜艳、纹理井然有序的现代模纹花圃，继续流向下坡。低矮植被配植于花池中，中间穿插小型喷泉景观，在对植物进行养护的同时，增加了景观的灵动感（图8-45、图8-46）。

图 8-45　山坡上的水道将入口庭园一分为二　　　图 8-46　日本宝冢太阳城小水景

2. 水的特性

水景设计不能只考虑应充分利用水的各种特性，要综合考虑。例如可利用水的一些特性：①水本身透明无色，但水流经水坡、水台阶或水墙的表面时，这些构筑物饰面材料的颜色会随着水层的厚度而变化；②宁静的水面会产生倒影，呈现环境的色彩，倒影与水深、水底和壁岸的颜色深浅有关；③急速流动的、喷涌的水因混入空气而呈现泡沫，例如混气式喷泉喷出的水柱就富含泡沫；④当水面波动时，或因水面流淌受阻不均匀而产生湍流时，水面会扭曲倒影或扭曲水底图案的形状等。在设计水坡或水墙时，除了色彩外，还要考虑坡面和墙面的质感，在表面光滑的坡面或墙面，水的质感细，水层清澈；在表面粗糙的坡面或墙面，水面会激起一层薄薄的细碎白沫层（与坡面的倾角有关）。若在坡面上设计几何图案浮雕，则水层与坡面凸出的图案相激会产生很好的视觉效果（图8-47）。另外，池底可用深色的饰面材料增加倒影的效果，也可用质感独特的铺面材料做成图案（图8-48）。

3. 水和石

水和石相结合创造的空间宁静、朴素、简洁，现代水景设计中用块石点缀或组石烘托的例子很多，尤其是日本传统的庭园置石方法，常被引用到现代水景设计之中，既简朴，又极富变化。日式庭园的设计离不开水，日本人善于在咫尺之地点缀小小庭园，把生活与自然衔接、融会，造园基本不违逆自然。追求声音变化也是日本庭园设计中静动组合的重要特点，所以水景设计处理时要注意静与动的巧妙搭配，例如传统的日式庭园，整个水景由水和石组成，圆形池中央的块石、小溪中的组石、众石堆叠的石园等不同形式的石，与平静的池水、喷涌的泉水、流淌的溪水、跌落的水等相结合，水石交融，创造出了风格不一的空间（图8-49～图8-51）。

图 8-47　在坡面上设计图案，水流下来时产生的
几何图案

图 8-48　水池底用马赛克拼成图案

4. 水的尺度和比例

　　水面的大小与周围景观的比例关系是水景设计中需要慎重考虑的内容，除自然形成的或已具规模的水面外，一般应加以控制。过大的水面散漫、不紧凑，难以组织，而且浪费用地；过小的水面局促，难以形成氛围。水面的大小是相对的，同样大小的水面在不同环境中所产生的效果可能完全不同。把握设计中水的尺度需要仔细地推敲水景设计形式、表现主题、周围的环境景观。小尺度的水面较亲切怡人，适合于宁静、不大的空间，例如庭园、花园、城市小型公共空间；尺度较大的水面浩瀚缥缈，适合大面积自然风景，例如城市公园和巨大的城市空间或广场。无论是大尺度的水面，还是小尺度的水面，关键在于水与环境的比例关系。

　　如中国张家港城南的吴越府示范区，总面积5769平方米，而水景的水面占总面积的2/3，大面积水景与建筑遥相呼应，静水面空间开阔（图8-52），水中室外洽谈的下沉卡座与售楼建筑内的洽谈区通过建筑室外的木平台空间联系在一起，浩瀚的水面与建筑群仍然保持着良好的比例关系（图8-53）。苏州网师园水面的大小不过几百平方米，但它与环绕的月到风来亭、竹外一枝轩、射鸭廊和濯缨水阁等一组建筑物却保持着和谐的比例，堪称小尺度水面的典型例子。伦敦Connaught饭店广场前的"沉默"水景，由安藤忠雄设计。平坦的池塘区域用玻璃板表层上流动的水来表现，旁边是两棵

图 8-49　日式庭园中水与石之间的交融　　　　图 8-50　日式庭园中的小水景　　　　图 8-51　小溪中的水石景观

参天大树，形成相称的构图关系，柔和的曲线形水池和周围的环境关系处理得恰当，使整个空间充满着亲切感（图 8-54）。

图 8-52　大面积水景与建筑相互映照

图 8-53　水面上的下沉卡座

图 8-54　"沉默"水景

5. 水的平面限定和视线

用水面限定空间、划分空间有一种自然形成的感觉，使得人们不知不觉地被一种较亲切的气氛吸引，这无疑比过多地使用单一的墙体、绿篱等方式生硬地隔断空间、阻挡穿行要略胜一筹。由于水面只是平面上的限定，故能保证视觉上的连续性和渗透性。例如，保尔·弗里德伯格（Paul Friedberg）设计的某公共空间（图 8-55），整个设计环境四周高、中央低，中央有一片水面，水中设有一小块平台供各种小型音乐活动使用，用水面划分出来的水上空间有较强的领域性，观众空间和演奏空间既分又连，十分自然。另外，水景设计也常利用水面的行为限制和视觉渗透来控制视距，以此获得相对完美的构图；或利用水面产生的强迫视距达到突出或渲染景物的艺术效果。例

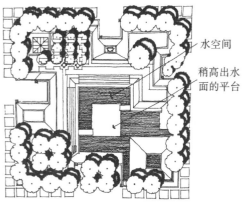

水空间

稍高出水
面的平台

图 8-55　保尔·弗里德伯格设计的某公共空间

如，苏州的环秀山庄，过曲桥后登栈道，上假山，左侧依山，右侧傍水。由于水面限定了视距，使得本来并不高的假山增添了几分巍然屹立之感，这种利用强迫视距彰显出小中见大的手法，在江南园林中较为常见（图8-56）。

用水面控制视距、分隔空间时还应考虑岸畔或水中景物的倒影，这样既可以扩大和丰富空间，也可以使景物的构图更完美（图8-57）。利用水面创造倒影时，水面的大小应由景物的高度、宽度、希望得到的倒影长度以及视点的位置和高度等决定。倒影的长度或倒影的多少应从景物和水面加以综合考虑，视点的位置或视距的大小应达到最佳视角。

图8-56　苏州的环秀山庄　　　　　　　　图8-57　利用水面形成倒影，丰富整个空间

6. 水的几种造景手法

（1）基底作用。

大面积的水面视域开阔、坦荡，有托浮岸畔和水中景观的基底作用（图8-58）。当水面不大，但水面在整个空间中仍具有面的感觉时，水面可作为岸畔或水中景物的基底，以扩大倒影和丰富空间。例如，安徽宏村的池塘水景，宁静的水面使村落丰富的立面更加完整，如果没有这片水面，整个空间的美感就要逊色得多（图8-59）。

图8-58　水边的建筑有被托浮之感　　　　　图8-59　宏村水塘倒影

（2）系带作用。

水面将不同的园林空间、景点连接起来产生整体感，水又使散落的景点统一起来，前者称为线型系带作用，后者称为面型系带作用。例如，扬州瘦西湖的带状延绵数千米，一直可达平山堂。众多的景点依水而建，或伸向湖面，或几面环水，整个水面和两侧景点好像一条翡翠项链（图8-60）。当众零散的景点均以水面为构图要素时，水面就会起到统一的作用。例如，在苏州拙政园中，众多的景点均以水面为底，其中许多建筑的题名都反映了与水面的关系，如海棠春坞（图8-61）、倒影楼（图8-62）、塔影亭等名称中的坞、倒影、塔影都与水有着不可分割的联系，只不过有的直接、有的间接而已。另外，

有的设计并没有大的水面，而只是在不同的空间中重复安排水这一主题，以加强各空间之间的联系，如在空间中设有水墙、喷泉，水渠等景观元素（图 8-63、图 8-64）。水还具有将不同平面形状和大小的水面统一在一个整体之中的能力。无论是动态的水还是静态的水，当其经过不同形状和大小位置错落的容器时，就产生了整体的统一。

图 8-60　扬州瘦西湖把水与建筑联系起来

图 8-61　海棠春坞

图 8-62　倒影楼

图 8-63　奥尔堡亭水阁

图 8-64　水墙与水渠的结合

奥尔堡亭水阁的水墙变幻莫测，高低有致，每 10 秒变换一次阵形。游客可以步入水阁，随着水墙不断变化，会感到自己忽里忽外，不断变换位置,惊喜不断。

（3）焦点作用。

喷涌的喷泉、跌落的瀑布等动态形式的水的形态和声响能引起人们的注意，吸引人们的视线。在设计中除了要处理好水与环境的尺度和比例的关系外，还应考虑水的位置。通常情况下都是将水景安排在向心空间的焦点上、轴线的交点上、空间的醒目处或视线容易集中的地方，使其突出并成为焦点。可以作为焦点布置的水景设计形式有喷泉、瀑布（图8-65）、水帘墙、壁泉等。

（4）整体水环境设计。

美国在20世纪60年代的城市公共空间建设中出现了一种以水景贯穿整个设计环境，将各种水景形式融于一体的水景设计手法。它与以往所采用的水景设计手法不同，这种以整体水环境出发的设计手法将形与色、动与静、秩序与自由的特性和限定与引导等的作用发挥得淋漓尽致，并且开创了一种水景类型，能改善城市小气候，丰富城市街景，提供多种使用目的。例如美国波特兰杰米森广场，水景是广场的中心，人们可以亲水，并且水景可以调节周围居住气候，是最为精彩、别具匠心的水景设计杰作。除此之外，美国俄克拉荷马城万木花园水景，就是把水景与楼梯结合起来，形成一个整体的水环境空间（图8-66）。

图8-65　美国德州沃斯堡水上花园　　　　图8-66　美国俄克拉荷马城万木花园水景

8.2.2.2　绿化设施

以植物为设计素材进行园林景观的创造是风景园林设计所特有的。有生命的植物材料与建筑材料是截然不同的，因此，利用植物材料造景就必须考虑植物本身的生长特性，以及植物与环境及其他植物的生态关系；同时还应满足功能需要，符合审美及视觉原则。总之，种植设计形式受园林风格和形式的影响和制约，以植物材料为基础的种植设计必须既讲究科学性，又讲究艺术性。

1.植物对景观的作用

（1）改善小气候和保持水土。

植物是创造较舒适的小气候最有力、最经济的手段。落叶乔木，夏季的浓荫能遮挡阳光，冬季的枝干又能透射阳光。植物表面水分的蒸发能控制过高的温度、增加空气湿度。植物可以用来挡住冬季的寒风，作为风道又可以引导夏季的主导风。另外，植物的根系、地被等低矮植物可作为护坡的自然材料，减少土壤流失和沉积（图 8-67）。在自然排水沟山谷线、水流两侧种植耐水湿的植物，能稳定岸带和边坡。

（2）主景、背景和季相景色。

植物可作主景，并能创造出各种主题的植物景观。但作为主景的植物景观要有稳定的形象，不能偏枯偏荣（图 8-68）。植物材料还可作背景，但应根据前景的尺度、形式、质感和色彩等决定背景植物材料的高度、宽度、种类和栽植密度，以保证前后景之间既有整体感，又有一定的对比和衬托，背景植物材料一般不宜用花色艳丽、叶色变化大的种类（图 8-69）。季相景色是植物随季节变化而产生的暂时性景色，具有周期性，如春花秋叶便是园中很常见的季相景色主题。由于季相景色较短暂，并且是突发性的，形成的景观不稳定，如日本樱花盛开时花色烂漫，但花谢后景色也极平常。因此，通常不宜单独将季相景色作为园景中的主景。为了加强季相景色背景的效果，应成片种植，同时也应安排一定的辅助观赏空间，避免人群过分拥挤，处理好季相景色与背景或衬景的关系（图 8-70）。

图 8-67　植物护坡

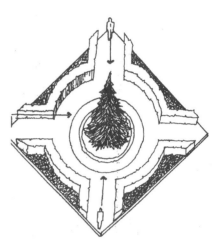

图 8-68　形成焦点

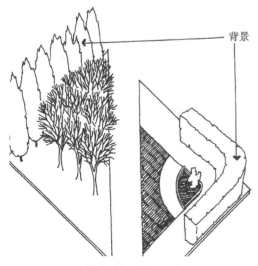

图 8-69　作为背景

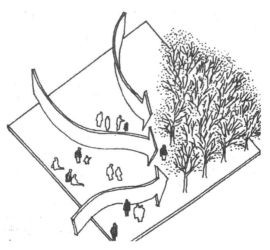

图 8-70　季相色彩变化

（3）植物和视线安排。

利用植物创造一定的视线条件可增强空间感，提高视觉和空间序列质量。安排视线不外乎两种情况，即引导与遮挡。视线的引与挡实际上又可看作为景物的露与藏。根据视线被挡的程度和方式可分为全部遮挡、漏景、部分遮挡及框景几种情况。

①全部遮挡：全部遮挡一方面可以挡住不佳的景色，另一方面可以挡住暂时不希望被看到的景物，以控制和安排视线为主。为了完全封闭视线，应使用枝叶稠密的灌木和小乔木分层遮挡。

②漏景：稀疏的枝叶、较密的枝干能形成面，使其后的景物隐约可见，遮挡相对均匀。漏景若处理得好，便能获得一定的神秘感。因此，可用于组织整体的空间构图或序列。

③部分遮挡及框景部分：遮挡的手法最丰富，可以用来挡住不佳部分，展现出较佳部分。若将园外的景物用植物遮挡加以取舍后借景到园内，则可扩大视域；若使用框景的手段有效地将人们的视线吸引到较优美的景色上来，则可获得较佳的构图。框景宜用于静态观赏，但应安排好观赏视距，使框与景有较适合的位置关系，只有这样才能获得好的构图。另外，也可以通过引导视线、开辟透景线、加强焦点作用来安排对景和借景。总之，若将视线的收与放、引与挡合理地安排到空间构图中去，就能创造出有一定艺术感染力的空间序列，将植物组织起来可形成不同的空间。例如，形成围合空间，增强向心和焦点作用（图8-71），形成只有地和顶两层界面的空透空间，按行列构成狭长的带状过渡空间，植物冠的形状和疏密种植的方式决定了空间围合的质

图 8-71　植物围合空间

量：分枝点高于常规视高的乔木围合的空间较空透；乔灌木分层围合的空间较封闭；交错种植、种植间距小、冠较密的情况下围合的空间较封闭。

（4）其他作用。

植物除了具有上述作用外，还可丰富、过渡空间，增加尺度感，丰富建筑物立面，软化过于生硬的建筑物轮廓等（图8-72）。城市中的一些零碎地，如街角、路边的小块地，特别适合于用植物来填充，充分发挥其灵活的特点（图8-73）。植物材料种类繁多，大小不一，能满足不同空间尺度的需要。大面积的种植具有一定的视觉吸收力，可以遮挡一定规模的不佳景色或杂乱景观。

图 8-72　丰富建筑立面

图 8-73　用植物材料填充零碎的空间

2. 植物配置

植物配置设计时，首先应熟悉植物的大小、形状、色彩、质感和季相变化等内容。植物的配置按平面形式分为规则的和不规则的两种，按植株数量分为孤植、丛植、群植几种形式。孤植中常选用的植物具有高大的体形，独特的姿态或繁茂的花果等特征，如银杏、枫香、雪松等。孤植树多植于视线的焦点

处或宽阔的草坪上、水岸旁。为了突出孤植树的特征，应安排相应的环境衬托。丛植所需树木较多，少则三五株，多则二三十株，树种既可相同，也可不同。为了加强和体现植物某一特征的优势，常采用同种树木丛植来体现植物的群体效果。当用不同种类植物丛植时，应从生态视觉等方面考虑，如喜阳的植物宜占上层或南面，耐阴植物宜作下层或栽种在群体的北面。群植是大规模的植物群体设计，群体可由单层同种组成，也可由多层混合组成。多层混合的群体在设计时也应考虑种植的生态关系，最好以当地自然植物群落结构作为基础。另外，整个植物群体的造型效果、季相色彩变化、林冠林缘线的处理、林的疏密变化等也都是应考虑的内容（图 8-74、图 8-75）。

图 8-74　植物配置中整体构图的平衡

图 8-75　根据季相色彩变化来种植

植物配置应综合考虑植物的形态和生长习性，既要满足植物的生长需要，又要保证能创造出较好的视觉效果，与设计主题和环境相一致。一般来说，庄严、宁静的环境的配置宜简洁、规整；自由活泼的环境的配置应富于变化；有个性的环境的配置应以烘托为主，忌喧宾夺主；平淡的环境宜用色彩、形状对比较强烈的配置；空旷环境的配置应集中，忌散漫（图 8-76）。

图 8-76　市政广场中的树阵景观

作种植平面图时，图中植物材料的尺寸应按现有苗木的一定比例画在平面图上，这样，种植后的效果与图面设计的效果就不会相差太大。无论是视觉上还是经济上，种植间距都很重要，稳定的植物景观中的植株间距与植物的最大生长尺寸或成年尺寸有关。在园林设计中，从造景与视觉效果上看，乔灌木应尽快形成种植效果、地被物应尽快覆盖裸露的地面，以缩短园林景观形成的周期。因此，如果经济上允许的话，一开始可以将植物种得密些，过几年后逐渐减去一部分。例如，在树木种植平面图中，可用虚线表示若干年后需要移去的树木，也可以根据若干年后的长势、种植形成的立地景观效果加以调整，移去一部分树木，使剩下的树木有充足的生长空间。解决设计效果和栽植效果之间差别过大的另一个方法是合理地搭配和选择树种。种植设计中可以考虑增加速生类植物的比例，然后用中生或慢生的种类接上，逐渐过渡到相对稳定的植物景观。

3. 景观设施中植物的运用

绿化设施在景观设计中处于主导地位，因此用以划分植物景观范围，并使之依附于存在的景观设施也成为设计的绝对重点。常见的绿化设施种类有花坛、树池、花架、绿篱及其组合（图 8-77）。

（1）花坛。

花坛一般采用规则式种植设计，多选用时令性花卉组成平面图案纹样，因此需要根据季节变化，满足不同的环境需求，以此保证最佳的观景效果。花坛在以硬质地面为主的休闲空间是最重要的绿化手段，它的位置往往是视线的焦点（图 8-78）。

图 8-77　绿化设施

图 8-78　花坛中的植物种植可以软化硬质地面

（2）树池。

树池作为保护树木生长发育的最基本空间，为广场道路等硬质景观提供了绿化的形式，树池的护树面层所填充材料的形状、质地、纹路与周围环境相协调，共同构成一个整体，成为景观绿化设施中的一个重要组成部分。树池在景观绿化中起到了引导视线、美化欣赏、组织交通、围合分割空间等作用，因而应用形式也十分广泛（图 8-79）。

（3）花架。

花架在景观空间中可做攀援植物种植的支架或艺术观赏的架构性绿化设施，它能够把植物生长和供人们休憩的场所结合起来，提升景观绿化的层次感，并且能够起到点缀风景的作用（图 8-80）。

植物在空间中是一种可塑性很强的元素，利用得好可以成为视觉的中心，既可增加城市绿化，又可丰富城市中的视觉空间（图 8-81）。

（4）公共设施。

绿植可以成为可持续生态环境中的主力军，例如悉尼皇家植物园中的小型停车场，就是对景观本质的一次探索，可持续的生态环境需要最大限度地收集雨水、过滤并重复使用。利用多层材料促进植被生长，同时又不影响该建筑物或其地下土层结构的功能，为此所采用的工程方案包括使用防水膜、排水系统、精细织物以及土和砾石铺地。这种城市结构中的绿色空间通常不会太厚，考虑到将车隐藏其中，因此工程学要求极高（图 8-82）。

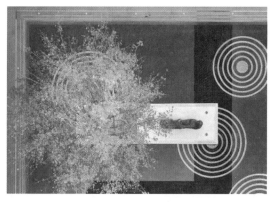

图 8-79　树池

图 8-80　绿化设施

图 8-81　位于法国巴黎拉德方斯新城公共休闲区域

图 8-82　城市停车场绿化

（5）绿化设施。

绿化设施是直接与人接触并为人服务的，因而在设计中应体现人性化的设计原则，满足人的生理、心理及行为需求。其次，满足人们不同性质的休闲活动要求，以大小不同，种类不同的绿化设施创造私密或开放的绿化空间形态。绿化设施还应遵循整体性原则，同一设计元素只能在同一空间中重复出现，才能够起到很好的贯穿作用，并且在造型上符合统一、均衡、韵律、尺度等形式美法则，在一个整体的基调中给观者带来统一的视觉体验。

8.2.2.3　景观雕塑

景观雕塑，与周围的其他景观要素共同构成了整体的景观设计，是景观的重要组成部分，对周围环境起到装饰作用，也是文化底蕴的体现。在景观专业的发展史上，景观雕塑一直扮演着不可或缺的角色，景观雕塑是一种环境艺术，介于绘画和建筑之间。在设计景观雕塑时要考虑诸多因素，如景观的主题、功能、历史文化、周围建筑环境等，这些外在的因素构成了雕塑设计的要点。

雕塑在环境设计过程中被广泛运用，按照艺术形式可分为具象景观雕塑和抽象景观雕塑。具象景观雕塑是以写实和再现客观对象为主的雕塑，在实际应用中一般是人物雕塑和动物雕塑。人物雕塑大多来源于生活，如湖南橘子洲头的毛泽东青年艺术雕塑，以毛泽东的形象为艺术原型，为橘子洲增色（图8-83）。而动物雕塑则体现装饰性、趣味性等，活跃空间氛围。如米兰大教堂的蓝色蜗牛景观雕塑，很多蜗牛攀爬于教堂各处，以神圣而悠久的教堂作为背景，俯瞰着繁华的城市（图 8-84）。具象雕塑特别是人物雕塑和动物雕塑往往通过塑造的形象来启迪人，拉近人与艺术之间的距离。因此这类雕塑在设计中比较容易被人们接受。

图 8-83　橘子洲头

图 8-84　米兰大教堂的蓝色蜗牛景观雕塑

抽象雕塑指具有一定象征意义的抽象几何形象的雕塑，在现代景观中运用得十分广泛。这类雕塑往往是以独特的造型和抽象的形体来表达其象征意义（图 8-85）。如麦吉尔大学健康中心前的拥抱雕塑。它的外形像"雕塑的怀抱"，可以通过三道"门"进入这件景观雕塑内，提供一种人性化的体验。白天，自然光透过这件雕塑，投映出的阴影随不同时刻、日期和季节发生着变化；夜间，三道连续的光线洒向它，这些颜色让人联想到空气、天空和水，这些都是生命的基本元素（图 8-86）。

图 8-85　麦吉尔大学健康中心前的拥抱雕塑

图 8-86　广场前的抽象雕塑

8.2.2.4　建筑小品

建筑小品一般布置在城市街头、广场、绿地等室外环境中，属于小型建筑设施。大部分小品除具有使用功能外，还具有观赏或装饰功能，以及造型上的艺术性。因此，建筑小品可分为观赏小品和集观赏与实用于一体的建筑小品。例如位于布拉迪斯拉发市的 BA-LIK 亭子，建造在一个历史悠久的广场上，是"城市干预"项目之一。政府希望在城市环境中，小改变可以有大效果，这个亭子的主要特点是灵活和可移动。建筑本身由 5 个带脚轮的个体组成，可移动，也可拆分，因此亭子既可以紧凑连在一起呈封闭状，也可各自开分开呈开放状，可以根据不同的场合做出相应的调整，以适应音乐会和剧场演出等不同场地的需求。位于伦敦靠近大英博物馆的贝德福广场，Space DRL10 阁为民众提供了休憩和非正式聚会的场所，这个具有视觉冲击力的建筑在远处就很吸引人的眼球（图 8-87）。

其底部有一个厚厚的、为满足不同用途而呈台阶和倾斜式分布的基座，很多分散的平坦水泥板与单一弯曲的外形相结合。当人走动时，亭子的外观由不透明变换成透明，产生一种绝妙的三维叠纹建筑的效果，12 米长的跨越式结构围绕着小亭，为来往的行人提供了一个休憩的场所，但常使路人分不清是置身亭内还是亭外，是在小屋里还是在舞台上。

观赏小品主要通过作品本身的美感与艺术感来激发人们视觉感官上美的情趣、美的联想。叠石盆景、雕塑喷泉这类装饰物在景观中设置，不单单要求它美丽，风格新颖，还要与周围的环境相协调，以此形成一个系统的整体性，把整体环境衬托得更加和谐。观赏小品其实就是艺术品，使人得到美的感受，提

图 8-87　Space DRL10 阁

升人们的精神生活。例如重庆凤鸣山公园的建筑小品，绵延的山峰、四川盆地的山谷、水稻梯田等在公园周围形成了巨幅的自然背景，建立了强烈的视觉联系。因此，因时、因地、因人形成协调统一的美才是真正的美（图 8-88）。

　　景观建筑小品集观赏与实用于一体，是景观环境中数量最多、体积最大的人工景观。在园林景观中比较常见的亭、廊、架、椅都具有其自身的特点。如苏州留园景观亭，既可以供人休憩、赏景，同时又是园中的一景，起到装饰景观环境的作用（图 8-89）。

图 8-88　重庆凤鸣山公园

图 8-89　景观亭

8.3　庭园景观设计

　　庭园是指建筑物前后左右或被建筑物包围的场地中经过适当区划后种植树木、花卉、果树、蔬菜，或相应地添置设备和营造有观赏价值的小品、建筑物等以美化环境，供游览、休息之用的园林，现在一般指低层住宅内外、多层和高层居住小区中以及大型公共建筑室内外相对独立设置的园林。

　　庭园分实用型和审美型两种形式。实用型庭园主要为人的生活服务，审美型庭园则是纯粹出于提供观赏和装饰现代环境的需要。具有传奇色彩的巴比伦空中花园及中外许多著名的庭园仍然是现代环境设计的典范。

8.3.1　现代庭园景观

随着公共空间的不断创建与改造、城市小区规划各种方案的实施，以及市民在知识和审美层次的提高，今天庭园设计的类型与风格更加丰富多彩，有欧式的，东方自由式的，还有传统式的。但是无论怎样变化，庭园景观设计始终离不开对实用性与艺术性的追求，在有限的空间中创造无限的理想空间。在公共场所或其他室外空间，只要阳光充足，人们随时可以营造一处绿意盎然的庭园空间，如屋顶、公共场所前后空地、馆舍厅堂、阳台、车库上方等位置，都可以精心地策划。如位于美国旧金山的电报山住宅景观（图8-90），将景观作为一种资源，以提供迷人的景色。在入口台阶设计中，充分将不利的空间条件转换为供欣赏场地美景的平台，并且扩大了现有坡地住宅的入口广场和外部空间。在庭园尽头，设置了玻璃观景平台，形成了惊心动魄的悬崖景观，形成层次丰富而且易于维护和养植的庭园，显得自然得体，并且结合大胆的几何造型，这种非规则的设计是借景造园的杰作。北京泰禾院子景观是现代中式院落，依照"一池三山"的设计手法，有山园，有水园，山水相望，各有千秋，大门—院门—宅门，三重递进仪式，体现的是一种皇家造院的雍容气派，但采用现代化的材质和更为精炼的景观形态，在经典式庭园的规格中赋予了强烈的现代意境（图8-91）。

图 8-90　电报山住宅景观　　　　　　　　　　　　图 8-91　北京泰禾院子

　　无论选择何种设计方式，一定要考虑庭园植物的大小、种植规模以及庭园的整体平衡比例。为了达到整体的和谐效果，应始终保持一个主题，形成一种风格，并与房屋的风格相得益彰。如果想让庭园具有某种独特的风格与情调，那么，可借鉴某些设计方案再进行设计。当然首先得满足自己的需要和爱好，必须在规则和非规则式的庭园布局之间作出选择，并确定是建成观赏性庭园还是实用性庭园。如果想在其中留出娱乐和休闲的空间，那么在规划阶段就应该预先考虑。

　　一个好的基本设计方案是必要的，但是不应该过分强调它的重要性。如果有充足的资金，完全可以请一位职业设计师。有了一份切合实际的草图之后，就可以在庭园中根据需要布局主题和规划种植园木了。庭园设计其实就是设计师和大自然的桥梁。气候、季节以及选址及土壤质量，无一例外地都会影响设计的实施。时间也会对设计产生影响，这是因为植物在不断地生长变化，所以设计也会处于一种变化状态之中。一个庭园通常需要经过数年时间才能真正建成，它不可避免地会经历一定的反复试验。但令人欣慰的是，许多大庭园起初都比较粗陋，但是随着时间的推移，不断发展，形成独特的风格。

8.3.2　庭园设计风格

　　庭园设计也受时尚的影响，它总是随着人们的品位和生活方式的改变而改变。庭园设计常从其他时代和其他地方借用或改造一些有特色的设计，来获得新的设计方案。历史风格是在世界各地演变发展起来的，并建立在当地的气候、风俗甚至哲学观念基础上。设计师应不断学习那些经典设计，才可营造一个令人愉悦的、个性化的现代庭园风格。

8.3.2.1　欧式庭园

　　欧式庭园基本上是以规则式为主的古典型庭园，非常庄严雄伟，而且隐含着丰富的想象力（图8-92）。那时的庄园住宅不但建有规则式的内院，而且还建有平台、传统式柱廊、回廊和围栏水池，然而现代欧式庭园大多是从文艺复兴时期同类布局的花园中汲取灵感的，法国人、意大利人的设计最显著，其面积都很广阔，且把平衡和比例放在第一位。复杂的花坛设计远远地就可以看到，从不遮遮掩掩，而是让人们尽情地观赏。修剪整齐的灌木和纪念喷泉也是这类庭园的主要组成元素（图 8-93）。尽管法国和意大利的风格各有不同，但是它们的相似之处还是显而易见的。事实上，许多法国著名庭园都采用了意大利人所钟爱的几何风格，但是由于法国地势比较平坦，设计中通常缺乏意大利常见的那种漂亮的装饰性庭园。虽然当代庭园中很少有属于这一类型的，但我们可以在比较有限的空间里取得形似的效果。这些古典庭园里的许多景观都与那种并非纯正的欧洲传统规则式庭园景观相关联。

图 8-92 整齐雄伟的欧式庭园

图 8-93 整齐的绿植

（1）法国凡尔赛宫。

法国凡尔赛宫占地极广，有 600 余公顷，包括"宫"和"苑"两部分。广大的苑林区在宫殿建筑的西面，由著名的造园家靳诺特（Andri Le Notre）设计规划。它有一条自宫殿中央往西延伸长达 2000 米的中轴线，两侧大片的树林使中轴线成为一条宽阔的林荫大道。林荫大道的设计分为东西两段：东段的开阔平地上是左右对称布置的几组大型的"绣毯式植坛"；西段以水景为主，包括十字形的大水渠和阿波罗水池，饰以大理石雕像和喷泉（图 8-94）。大林荫道两侧的树林里隐蔽地布列着一些洞府、水景剧场、迷宫等。树林里还开辟出许多笔直交叉的小林荫路，它们的尽端都有对景，形成系列的视景线，故此种园林又叫作视景园。中央大林荫道上的水池、喷泉、台阶、雕像等建筑小品以及植坛、绿篱均严格按对称的几何式布局。法国凡尔赛花园被认为是法国最美的花园，以绿毯大道为中心大道，连接着喷泉、水池与雕像，夏夜喷泉开放，五颜六色的灯光交相辉映，使花园呈现出一派辉煌的景象。凡尔赛宫的建成显示了法国处于鼎盛时期的实力，当时成为欧洲风靡一时的古典建筑设计的标杆，被各国皇室相争推崇，直到今日欧洲依然有许多类似的几何布局园林。

图 8-94 法国凡尔赛宫花园

（2）英国自然式园林。

到了18世纪，设计师抛弃了绿色雕刻、图案式的植坛和几何式的规则格局，取而代之的是弯曲的道路，自然式的树丛、草地和蜿蜒的河流，讲究借景和与园外的自然环境相融合（图8-95）。英国自然式园林的总体特征是自然、舒朗，色彩明快，富有浪漫情调。"源于自然，高于自然"的艺术法则在英国自然园林的设计中得以体现，与中国园林"虽为人作，宛如天开"的观念相似。英国学派的设计均是以崇尚自然、讴歌自然作为美学目标的。同时英国的造园家也深知适当地去修饰自然的重要性。钱伯斯认为自然需要经过加工才会赏心悦目，对自然要进行提炼修饰才能使景致更为新颖。英国自然式园林代表为布伦海姆园，也就是人们常说的丘吉尔庄园。大型的几何花坛、天然湖泊、草场和瀑布成为庄园的主要景观元素，整个庄园虽然加入了很多人工景色，却透露着田园般的自然风光（图8-96）。

图8-95　自然式的私家园林　　　　　　图8-96　布伦海姆园

8.3.2.2　东方式庭园

东方式庭园，特别是中国的传统庭园，一直是东西方文化灵感的源泉。中国美学主张"法天地、师造化、再现自然"，在构图上追求出"诗"入"画"，与山水诗、山水画同出一源，崇尚幽远、恬静、雅致、含蓄之境界。中国园林独一无二地体现了"天人合一"的建筑思想（图8-97）。堆山、叠石、理水、植物、造景、建筑小品等，均为中国式庭园的构成要素。如气势恢弘的皇家园林，既宽阔又气派，且美得令人难以置信，其特点就是山和水是最主要的组成元素，然后是建筑风格，最后才是花草、灌木和树木。东方的设计风格基本上是一种趋向于自然的风格，经常借自然山水表意。

中国古典园林是相对于世界园林发展史第二阶段的中国园林体系而言，它比前一个阶段的其他体系历史更久、持续时间更长、分布范围更广。这是一个博大精深而又源远流长的风景园林体系。中国古典园林有私家园林、皇家园林和寺观园林三种类型。

（1）私家园林。

私家园林通常为民间的官僚、文人、地主、富商们所有。园林是财富、身份的象征。曹雪芹笔下的大观园，可谓为私家园林的代表。私家园林受到封建理法的制约，无论内容上或形式上都不同于皇家园林。私家园林绝大多数为宅园，形成前宅后园的格局，园林位置在邸宅的后部，常称为"后花园"。郊外山林风景的私家园林大多数是"别墅园"（图8-98）。

（2）皇家园林。

皇家园林属于皇家私有苑，如宫苑、苑囿、御园等。皇家建筑利用其建筑形象和总体布局以显示气派和皇家的至尊，例如故宫、天坛、地坛、日坛、月坛、天安门等。对于城市、宫殿、寺院等建筑，中式风格喜爱用轴线引导和左右对称的方法以求整体统一性。北京紫禁城南北9.8千米，气势之恢宏为古今之罕见，按棋盘式划分坊里，横平竖直，秩序井然。住宅建筑也多以轴线对称和一正厢的形式而形成方方正正的四合院。

图 8-97　自然式的私家园林（一）

图 8-98　自然式的私家园林（二）

　　皇家园林的特点是既营造山水风景，又要体现皇家气派和皇权至尊。皇家园林也称为"大内御园""行宫御园"和"离宫御园"。大内御园建在皇城之内，清代大内御园有 200 多处，如北海、中南海、故宫御花园（图 8-99）、建富宫西御花园、慈宁宫花园（图 8-100）、宁寿宫西路花园（乾隆花园）。行宫御园和离宫御园建在都城的近郊或远郊，前者供皇帝游憩或驻驿之用，后者可作为皇帝长期居住、处理朝政之处。

图 8-99　故宫御花园

图 8-100　慈宁宫花园

　　（3）寺观园林。

　　寺观园林即佛寺与道观的附属园林，包括寺观内外的园林环境。中国的佛教和道教，一直是政教分离。在中国，相对于皇权来说，宗教始终处于次要的、从属的地位。中国传统社会以儒家为正统，儒、道、佛互补互渗。因此寺观园林在建筑上无特殊的要求，只是世俗住宅的扩大和宫殿的缩小。寺观园林追求人间的恬适宁静，讲究内部庭园的绿化，多以栽培名贵花木而闻名于世。寺观园林大多修建在风景优美的地带，形成"自古名山僧占多"的格局。如中国的佛山——五台山、九华山、峨眉山、普陀山、天目山，道教圣地——十大洞天、十二小洞天、七十二福地等。寺观园林周围禁止伐木采薪，因而古木参天、绿树成荫；再配以小桥流水或少许亭榭点缀，又形成寺观外围的园林绿化环境。寺观园林及其内外环境雅致、幽静，文人名士往往慕名而至，借住其中，读书养性（图 8-101）。

8.3.2.3　日式庭园

日式庭园以周围地形、景色为基础。庭园构成的要素之一就是自然风景，人工构筑的效果要与自然相融，与周边环境和谐。因季节、光线或植物生长阶段的不同，景观富于变化。日本庭园重视氛围的营造，主要通过石头、植物完成，以幽玄、侘寂[①]等气氛为主，贯彻留白的美学思想。因此，日本庭园常使用枯山水的设计手法，枯山水是将氛围营造和留白美学发挥到极致的日本庭园的特例。

图 8-101　成都昭觉寺

日本庭园的各个样式在不同时期相继登上历史舞台并历经演变。最开始，建造庭园是平安时代的贵族才可享受的特权。随着佛教的传入和禅宗思想的发展，出现了庙宇庭园，多为净土庭园、枯山水庭园。武士阶级崛起的过程中，出现了武家书院庭园。这个时期的庭园正从观赏型向融入型过渡。到了江户时期，大型池泉回游庭园大量出现，可以游览的庭园成为主流。明治维新以后，庭园建造受到西方文化影响，独具特色。

1.日本庭园的分类

（1）日本庭园按照表现形式可以分为平庭庭园、池泉庭园、筑山庭园、枯山水庭园、坪庭庭园。

①平庭庭园。全局高低起伏不大，几乎是在一个水平面上建造起来的庭园，称作平庭庭园（图 8-102）。

②池泉庭园。表现要素中包含了真实的水，称作池泉庭园（图 8-103）。由于深受中国道教蓬莱神仙思想的影响，日本庭园中常有象征蓬莱仙岛的元素，人们远眺仙岛，祈求长寿。另一说法是因为京都气候闷热，有水的庭园更加舒适，所以这是一种特别常见的庭园样式。池泉庭园根据鉴赏方式的不同，可分为池泉舟游式、池泉回游式、池泉观赏式。

图 8-102　平庭庭园

图 8-103　池泉庭园

③筑山庭园。含有自然山丘或人工筑丘的庭园称为筑山庭园（图 8-104）。日本庭园中常见人工构筑的山和谷，人工构筑的缓坡叫作野筋，是更加接近自然原貌的作庭手法。

④枯山水庭园。不用水，不引流，主要用沙砾和石组抽象地表现山水风景的庭园，称为枯山水庭园（图 8-105）。不用水的特点与池泉庭园相对。前期式枯山水多建于山体斜坡上。山体斜坡处输水不便，面积有限，若要作庭必然采取脱离水的方法。后期式枯山水多建于寺院内平坦的庭园中。原本禅寺的方丈庭园这一空间用来举行仪式，表示清净，铺上白色沙砾的方丈庭园叫作"无尘之庭"。后来，仪式的举行场所改为室内，庭园空了出来，作为禅师冥想、坐禅的场所，添加了枯山水的造景。

① 侘寂是日本美学意识的一个组成部分，一般指朴素又安静的事物。它源自小乘佛法总的三法印（诸行无常、诸法无我、涅槃寂静），尤其是无常。

图 8-104　筑山庭园

图 8-105　枯山水庭园

⑤坪庭庭园。位于室内或建筑物之间、面积较小的庭园，称为坪庭庭园。京都中心的町家住宅（京都的一种职住一体的传统民居形式），通常利用靠近街道的那部分用于经营店铺，里面部分面积用于生活起居。狭长的中庭可以起到通风、采光、隔断的作用。渐渐地，人们开始在中庭或放一尊石灯笼（图8-106），或置几块飞石，作为可以放松心灵的治愈空间。

（2）日本庭园按照思想内容分为净土庭园和蓬莱庭园、枯山水庭园、露地庭园。

①净土庭园和蓬莱庭园。平安时代后期至镰仓时代，佛教盛行，以佛教极乐净土世界为原型建造的庭园称作净土庭园（图 8-107）。池水和阿弥陀堂是基本要素，阿弥陀堂前设池水，表现跨越海洋登上净土的意境。同样，以蓬莱神仙思想，即不老不死的道教思想为基础的庭园称作蓬莱庭园。象征不老不死的蓬莱岛、鹤岛、龟岛，通常用池中人工岛或石组的形式表现。

图 8-106　石灯笼

图 8-107　净土庭园

②枯山水庭园。在室町时代，禅宗全面盛行，发祥于禅寺，基于禅学顿悟等思想建造的庭园，称作枯山水庭园。所以，枯山水即指表现形式，也指思想内容。

③露地庭园。安土桃山时代以来，配合茶道的机能而出现的庭园称作露地庭园（图8-108）。通常建在茶席的对面。

2. 日本枯山水庭园的样式

枯山水庭园对于禅师来说，是冥想和坐禅的场所。所以它与露地庭园不同，不具有游览或散

图 8-108　露地庭园

步等功能。它的主要功能是让观赏者静静与之对峙并有所思考。基于禅宗的思想内涵，枯山水庭园的坐观、静观的方式都是固定的。枯山水庭园的样式如表 8-1 所示。

235

表 8-1　枯山水庭园的样式

序号	样　式	内　容	图　片
1	平庭式枯山水	白砂完全平整铺设	
2	准平庭式枯山水	平铺的白砂中有人工堆积的砂石	
3	枯池式枯山水	用石组围出池子，设有石桥。池中并无水，而是用设有纹路的白砂喻指静止的池水	
4	枯流式枯山水	使用很多象征陆地的石组，并用有纹路的白砂象征水流。砂中有石组，白砂寓意的水流遇到石组会形成新的纹路，即砂纹	
5	筑山式枯山水	和水面相接的沙洲一般具有坡度，利用这种坡度，再结合沙洲的轮廓，做出白砂的纹路。筑山式枯山水多建于有坡度的地方	
6	特殊形式的枯山水	如银阁寺的向月台银沙滩，没有石头，也没有其他元素，只用沙砾表现纹路和砂山	

3.枯山水主要构成要素

日本庭园的构成要素中，除去主建筑和表示界限的围墙或篱笆，主要为水、石、植被、物件四种。具体来说，包括池泉、瀑布、水流、岛、桥、石道、踏脚石、台阶、石砌、挡土墙、石组、白砂、植栽、地被、洗手钵、灯笼等。而枯山水的主要构成要素即白砂和石组。此外，也有用木头代替石组，或用青苔遮盖白砂等涉及植被的情况。三、五、七为奇数，三个数字的和为十五，亦是阳数，因此三、五、七被认为是十分吉祥的数字，也是造庭常用的石块数量。由板石、桥石、连接石、桥脚石、桥挟石等组成一套完整的石桥石组。

4.枯山水的视点

枯山水的视点十分重要。观赏枯山水时，不能踏入庭园，应该从建筑物内观赏，然而建筑中的地点繁多，到底从哪些视角观赏才能领悟到枯山水的美呢？

（1）走廊。

从走廊观赏枯山水是较为普遍的做法。一般来说，观赏庭园要有一种开阔之感，在走廊上可以欣赏到枯山水的全貌，近距离感受枯山水的魅力。

（2）室内。

室内观赏枯山水则更为有趣，门窗讲庭园分隔，形成了观赏庭园的"画框"（图8-109）。

图8-109　室内观赏图（一）

京都东福寺龙光明院的枯山水石组的布置是，主石立于庭园中心，其余石头呈现放射状分布。尽管从不同的房间向外观赏，庭园的景色会各不相同，但画面构图都具有平衡的美感（图8-110）。

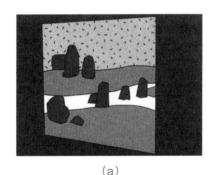
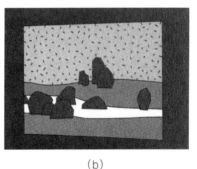

（a）　　　　　　　　　　　　　（b）

图8-110　室内观赏图（二）

被称为"雪舟寺"的东福寺芬陀院的枯山水庭园由室町时代的画师雪舟创作，由重森三玲修缮完成。中心的石组代表仙人所居的蓬莱山，从房中拉开门，雪舟的泼墨山水画呈现于眼前（图8-111）。

（3）窗户。

枯山水也可以透过窗户来欣赏，圆窗在禅宗中代表悟性，包含世间万物的真理，透过圆窗来看枯山水，可以说是在窥探大宇宙（图8-112）。

图 8-111　室内观赏图（三）　　　　　　　　　　图 8-112　从窗户看出去的观赏图

8.3.3　庭园设计类型

为了把庭园设计得丰富多彩，可以把它划分为几个具有不同主题的园区，如玫瑰园、药园、岩石园、水花园和神秘花园等。庭园的基本类型有规则庭园和不规则庭园两种。

8.3.3.1　规则庭园

规则庭园的特色是笔直、对称和平衡。修剪整齐的树篱、草坪和灌木是这类庭园的特色，院中的装饰品类，风格上应力求大胆，与较为古典的形式形成对照，切忌刻板。如位于意大利卡尔纳特的绿色建筑庭园，在这里，所有不相干的元素全都被清理掉，凌乱的月桂树和修建整齐的绿柏交相辉映，石头整齐摆放在景观空间中。整个庭园呈现一种整洁却不单调的美。整齐环绕的花草和像地毯一样平整的草坪正好体现出这类庭园规则置景的风格（图 8-113）。在西方，宫殿和城堡里大多建有巨大的规则式庭园，如凡尔赛宫、汉普顿宫的庭园，都属于这一类型。在维多利亚式庭园内，建有十分规则的地毯式花坛，花坛里整齐地种有各种植物，构成一幅美丽的镶嵌图案。维多利亚时代的人们还喜欢构筑规则式玫瑰园，芳香的玫瑰呈几何形状排列，园子中有四条园径，分别通向花坛的四个角落，或者有一条规则式园径从中间穿过。同样，现代的许多庭园风格仍然以规则形状构筑。如沙利马尔花园是"世界上最华丽的花园之一"。它有着精致的地面造型和稳定的几何结构，它的设计样式十分丰富，有多级阶地、亭子、宽阔的水道、喷泉和一个巨大的水池，水池中央还有一个大理石平台，它的设计就是以规则式展开的（图 8-114）。在我国，北京四合院就是规则的庭园构筑，内宅的院落中有正南北十字形的甬道，除此之外都是土地，可以用来植树、栽花、种草。在十字形甬道的中心位置，常常放置荷花缸或鱼缸，缸内种荷养鱼，在正房前的绿地上，一般都植两株树。四合院景观更多体现的是秩序（图 8-115）。

8.3.3.2　不规则庭园

不规则庭园的典型特征是用柔和的曲线和不规则花坛进行组合，可任凭植物长到草坪和块石铺地上，以显示景观的随意。不规则庭园内通常建有岛屿状花坛，具有灵动性。在已有景观的树木和灌木丛周围构筑花坛，而且把地面的自然凹凸考虑在内（图 8-116）。如英国黑麦庭园中墙壁和道路的旧红砖，给人一种古旧又陈朴的感觉，设计两个花坛放在门口的入口处，也给花园增添了一份自然的景致。在不规则庭园中，岛屿状花坛大小不一，形式也稀奇古怪，花坛中会留出一定的空间。当然，野生园、林地和

图 8-113　绿色建筑庭园　　　　　　图 8-114　沙利马尔花园　　　　　　图 8-115　北京四合院

238

草甸也都是不规则的。如美国图森庭园是以不规则山石组叠成的不规则现代庭园，在靠墙的一侧铺上土质砂砾，种上颜色鲜艳的自然花卉，几棵翠柏，都让原本平淡的庭园变得明亮起来（图 8-117）。庭园设计师放弃了规则庭园设计的方法，在选择植物时，他们往往主张少一点做作而多一点自然。所以，现代庭园设计师多取法于此。

图 8-116　英国黑麦庭园中自然的材质

图 8-117　不规则的图森庭园

本章思考

（1）如何在环境设计外部空间的景观设施中很好地运用植物？

（2）中西方庭园的区别在哪？它们各有什么魅力？

参考文献
References

[1]   郑曙旸.环境艺术设计 [M].北京:中国建筑工业出版社,2007.

[2]   董万里,许亮.环境艺术设计原理(下)[M].3 版.重庆:重庆大学出版社,2009.

[3]   贝利厄.当代建筑的窗 [M].李信,译.南京:东南大学出版社,2004.

[4]   刘昆.室内设计原理 [M].2 版.北京:中国水利水电出版社,2012.

[5]   王烨,王卓,董静,等.环境艺术设计概论 [M].2 版.北京:中国电力出版社,2015.

[6]   潘谷西.中国建筑史 [M].北京:中国建筑工业出版社,2015.

[7]   席跃良,李珠志.环境艺术设计概论 [M].北京:清华大学出版社,2006.

[8]   赵辰."立面"的误会:建筑·理论·历史 [M].北京:生活·读书·新知三联书店,2017.

[9]   楼庆西.中国古建筑二十讲 [M].北京:生活·读书·新知三联书店,2004.

[10] 茶乌龙.知日·枯山水 [M].北京:中信出版社,2017.

[11] 王震亚,赵鹏,高茜,等.工业设计史 [M].北京:高等教育出版社,2017.

[12] 鲍威尔.旧建筑改建和重建 [M].于馨,杨智敏,司洋,译.大连:大连理工大学出版社,2001.

[13] 徐芬兰.高迪的房子 [M].石家庄:河北教育出版社,2003.

[14] 黄艳,王富瑞,沈劲夫.环境艺术设计概论 [M].北京:中国青年出版社,2011.

[15] 董万里,许亮.环境艺术设计原理(下)[M].2 版.重庆:重庆大学出版社,2007.

[16] 文健.建筑与室内设计的风格与流派 [M].2 版.北京:北京交通大学出版社,2018.

[17] 格赖斯.建筑表现艺术 2[M].天津:天津大学出版社,1999.

[18] 格赖斯.建筑表现艺术 3[M].天津:天津大学出版社,2000.

[19] 《中国建筑史》编写组.中国建筑史 [M].3 版.北京:中国建筑工业出版社,1993.

[20] 丰子恺.认识建筑:丰子恺建筑六讲 [M].北京:北京日报出版社,2017.

[21] 《世界室内设计集成》编写组.世界室内设计集成 [M].李婵,译.沈阳:辽宁科学技术出版社,
      2016.

[22] 董万里,段红波,包青林.环境艺术设计原理(上)[M].重庆:重庆大学出版社,2003.

[23] 赵广超.不只中国木建筑 [M].北京:生活·读书·新知三联书店,2006.

[24] 侯林.室内公共空间设计 [M].北京:中国水利水电出版社,2006.

[25] 香港科讯国际出版有限公司.米兰家具 SHOW[M].大连:大连理工大学出版社,2009.

[26] 蔡易安.清代广式家具 [M].上海:上海书店出版社,2001.

[27] 高祥生.室内装饰装修构造图集 [M].北京:中国建筑工业出版社,2011.

[28] 郝大鹏.室内设计方法 [M].重庆:西南师范大学出版社,2000.

[29] 汤重熹. 室内设计 [M]. 北京：高等教育出版社，2003.

[30] 施胤，梁展翔. 室内设计 [M]. 2 版. 上海：上海人民美术出版社，2009.

[31] 盖永成. 室内设计思维创意 [M]. 北京：机械工业出版社，2011.

[32] 张绮曼. 室内设计的风格样式与流派 [M]. 2 版. 北京：中国建筑工业出版社，2006.

[33] 汤麟. 外国美术史 [M]. 武汉：湖北美术出版社，1991.

[34] 林晓东. 建筑装饰构造 [M]. 天津：天津科学技术出版社，2012.

[35] 杜红伟，方玲. 建筑材料 [M]. 沈阳：东北大学出版社，2016.

[36] 丁圆. 景观设计概论 [M]. 北京：高等教育出版社，2008.

[37] 席跃良. 环境艺术设计概论 [M]. 北京：清华大学出版社，2006.

[38] 张金红，李广. 光环境设计 [M]. 北京：北京理工大学出版社，2009.

[39] 刘观庆. 工业设计资料集 [M]. 北京：中国建筑工业出版社，2010.

[40] 张书鸿. 室内设计概论 [M]. 武汉：华中科技大学出版社，2009.

[41] 夏燕靖. 艺术设计原理 [M]. 上海：上海文化出版社，2010.

[42] 薛恩伦. 现代建筑名作访评——勒·柯布西耶 [M]. 北京：中国建筑工业出版社，2011.

[43] 冉茂宇. 生态建筑 [M]. 武汉：华中科技大学出版社，2007.

[44] 来增祥. 室内设计原理 [M]. 北京：中国建筑工业出版社，2006.

[45] 安勇. 室内设计创意 [M]. 长沙：湖南大学出版社，2010.

[46] 冯信群. 设计表达 [M]. 北京：高等教育出版社，2008.

[47] 潘召南. 生态水景观设计 [M]. 重庆：西南师范大学出版社，2008.